図でわかる
溶接作業の実技

小林一清
著

本書を発行するにあたって，内容に誤りのないようできる限りの注意を払いましたが，本書の内容を適用した結果生じたこと，また，適用できなかった結果について，著者，出版社とも一切の責任を負いませんのでご了承ください．

本書に掲載されている会社名・製品名は一般に各社の登録商標または商標です．

本書は，「著作権法」によって，著作権等の権利が保護されている著作物です．本書の複製権・翻訳権・上映権・譲渡権・公衆送信権（送信可能化権を含む）は著作権者が保有しています．本書の全部または一部につき，無断で転載，複写複製，電子的装置への入力等をされると，著作権等の権利侵害となる場合があります．また，代行業者等の第三者によるスキャンやデジタル化は，たとえ個人や家庭内での利用であっても著作権法上認められておりませんので，ご注意ください．
本書の無断複写は，著作権法上の制限事項を除き，禁じられています．本書の複写複製を希望される場合は，そのつど事前に下記へ連絡して許諾を得てください．

出版者著作権管理機構
（電話 03-5244-5088，FAX 03-5244-5089，e-mail：info@jcopy.or.jp）

JCOPY ＜出版者著作権管理機構 委託出版物＞

はしがき

　現場で実際に溶接作業に携わっている方々が，仕事に必要な基礎的知識や基本技能を，書物を通して独りで学ぼうとするとき，書店の専門書コーナーに行っても，「溶接の本はたくさんあるけれど，本当に知りたいこと，教わりたいことが書いてある親切な指導書が見当たらない」ということをよく口にされる．本書は，そんな空白を埋めてみたいという一念から，浅学非才を顧みず著したものである．

　"溶接"が金属を接合する技法の代名詞となって久しいが，その間，ハイテクあるいはメカトロニクスの波は溶接業界にも押し寄せ，時代の要請としての省力（人件費削減），高能率生産の必要性とも相まって，ロボット溶接に代表される各種の自動溶接装置を採用することが，昨今では，中小の企業においても当たり前になってきている．

　しかし，いかにロボットや自動溶接装置が導入されるようになっても，それに指示を与え，操作するのがあくまでも人であること，また，こと現場の溶接作業に関しては，まだまだ被覆アーク溶接や炭酸ガス半自動アーク溶接，ティグ溶接といった，いわゆる手溶接作業に負わざるを得ないことは否定できず，それら手溶接の知識や技能の習得をないがしろにはできない．

　本書は，これら現場で多用される各種手溶接作業について，現場技術者がぜひ知りたいと思われる基本的実技，および最低限知っておいてほしい電気や溶接材料などの基本的知識を，長年，新人溶接作業者の養成現場で実技指導してきた経験にもとづいて一冊にまとめたものである．

　各種手溶接の実技，たとえば被覆アーク溶接，炭酸ガス半自動アーク溶接，ティグ溶接，さらにガス溶接（切断を含む），火炎ろう付け法などに関しては，それぞれ個別に解説された優れた書物がすでに数多く存在しているが，本書は，これらを一人の著者の手で，リアルな図を駆使して，本当に知りたいことを懇切丁寧に説明したつもりであり，その点では，他に類を見ないものと自負している．

　本書の初版は，前著「機械工学入門シリーズ　溶接技術入門（第2版）」（1991年，初版発行）の姉妹編として2007年に発行されたもので（いずれも初版は理工学社），以来，実に多くの読者の方々に手にしていただき，また「解説や図が丁寧でわかりやすい」という望外の評価をいただくことができた．その後，溶接に関係するJIS規格の改正が行われたこともあり，このたび，第2版として改訂版を刊行する運びとなった．

改訂にあたっては，規格の改正に準拠した内容にすることはもちろん，より視覚効果を高め，独習者の理解をより助けられるように，多数の図版・写真を補充した．

本書が，前著ともども今後も，溶接作業に携わる多くの技術者の方々や，溶接作業を自ら学ぼうとする方々の手引書として大いに活用していただけるならば，著者としてこのうえない喜びである．

最後に，初版に引き続き，数多くの文献から図表等を引用，参考にさせていただいたことに対し，深く感謝申し上げるとともに，改訂にあたりご尽力いただいたオーム社書籍編集局の皆さんに厚く御礼を申し上げたい．

2016 年 5 月

著 者

目次

1章　溶接について

1・1　溶接とは何か……………………………………………………001
1・2　溶接の長所と短所………………………………………………002
1・3　溶接法の種類……………………………………………………003
1・4　金属材料と溶接法の相性………………………………………004
1・5　自動溶接とロボット溶接………………………………………005

2章　主な溶接法と切断法

2・1　融接法の仲間……………………………………………………009
　2・1・1　被覆アーク溶接　　　　　　　　　　　　　　　009
　2・1・2　マグ溶接　　　　　　　　　　　　　　　　　　010
　2・1・3　ミグ溶接　　　　　　　　　　　　　　　　　　012
　2・1・4　ティグ溶接　　　　　　　　　　　　　　　　　014
　2・1・5　ノーガスアーク溶接　　　　　　　　　　　　　015
　2・1・6　サブマージアーク溶接　　　　　　　　　　　　016
　2・1・7　ガス溶接　　　　　　　　　　　　　　　　　　017
2・2　その他の融接法…………………………………………………018
　2・2・1　プラズマ溶接　　　　　　　　　　　　　　　　018
　2・2・2　アークスポット溶接　　　　　　　　　　　　　020
　2・2・3　アークスタッド溶接　　　　　　　　　　　　　020
　2・2・4　エレクトロスラグ溶接　　　　　　　　　　　　021
2・3　特殊な熱源を用いる融接法……………………………………021
　2・3・1　電子ビーム溶接　　　　　　　　　　　　　　　022
　2・3・2　レーザビーム溶接　　　　　　　　　　　　　　024
2・4　圧接法の仲間……………………………………………………026

2・4・1	スポット溶接	026
2・4・2	フラッシュ溶接	028

2・5　その他の圧接法………………………………………………………………… 029
　2・5・1　冷間圧接　　　　　　　　　　　　　　　　　　　　　　　029
　2・5・2　超音波圧接　　　　　　　　　　　　　　　　　　　　　　030
　2・5・3　ガス圧接　　　　　　　　　　　　　　　　　　　　　　　030
　2・5・4　摩擦圧接　　　　　　　　　　　　　　　　　　　　　　　031
　2・5・5　鍛　接　　　　　　　　　　　　　　　　　　　　　　　　032
2・6　ろう接法の仲間……………………………………………………………… 032
2・7　熱切断法………………………………………………………………………… 034
　2・7・1　溶接と切断　　　　　　　　　　　　　　　　　　　　　　034
　2・7・2　熱切断法の種類　　　　　　　　　　　　　　　　　　　　034

3章　溶接母材の基礎知識

3・1　鋼　材………………………………………………………………………… 041
　3・1・1　鋼の分類　　　　　　　　　　　　　　　　　　　　　　　041
　3・1・2　溶接と関係の深い普通鋼（軟鋼）　　　　　　　　　　　　044
　3・1・3　溶接と関係の深い特殊鋼　　　　　　　　　　　　　　　　045
3・2　鋼の溶接……………………………………………………………………… 048
　3・2・1　鋼の溶接部の構造と性質　　　　　　　　　　　　　　　　048
　3・2・2　ガス成分が鋼の溶接部に及ぼす害とその対策　　　　　　　051
　3・2・3　各種鋼材の溶接特性　　　　　　　　　　　　　　　　　　052
3・3　アルミニウムとその合金…………………………………………………… 055
　3・3・1　アルミニウムとその合金の一般的性質　　　　　　　　　　055
　3・3・2　アルミニウムとその合金の種類と用途　　　　　　　　　　056
　3・3・3　アルミニウムとその合金の溶接特性　　　　　　　　　　　058

4章　溶接材料の基礎知識

4・1　被覆アーク溶接棒の基礎知識……………………………………………… 061
4・2　溶接ワイヤの基礎知識……………………………………………………… 066
　4・2・1　マグ溶接・ミグ溶接用ソリッドワイヤ　　　　　　　　　　066
　4・2・2　マグ溶接・ミグ溶接用フラックス入りワイヤ　　　　　　　068
4・3　ティグ溶接・ミグ溶接用溶加材の基礎知識……………………………… 069
4・4　ティグ溶接用タングステン電極棒………………………………………… 070

4・5	シールドガスの基礎知識	071
4・5・1	シールドガスの種類	071
4・5・2	シールドガスのはたらき	073
4・6	溶接材料の管理	074
4・7	溶接材料の選び方	075
4・7・1	軟鋼と高張力鋼用溶接材料の選び方	075
4・7・2	ステンレス鋼用溶接材料の選び方	077
4・7・3	アルミニウムとその合金用溶接材料の選び方	078

5章　アーク溶接機の基礎知識

5・1	電気の基礎知識	079
5・2	アークとその性質	082
5・3	アーク溶接機の外部出力特性	084
5・4	アーク溶接機	087
5・4・1	被覆アーク溶接用アーク溶接機	087
5・4・2	マグ半自動溶接用アーク溶接機	094
5・4・3	ティグ溶接用アーク溶接機	094
5・4・4	アーク溶接機の特性	096
5・4・5	自動電撃防止装置	098

6章　被覆アーク溶接の実技

6・1	被覆アーク溶接作業の準備	101
6・2	被覆アーク溶接の基本実技	105
6・2・1	下向き溶接のかまえ方	105
6・2・2	アークの出し方とアーク長さの保ち方	105
6・2・3	ビードの置き方	107
6・2・4	水平すみ肉溶接の練習	111
6・3	下向き突合せ溶接の実技	114
6・3・1	中板裏当て金あり下向き突合せ溶接（A-2F）の実技	114
6・3・2	薄板裏当て金なし下向き突合せ溶接（N-1F）の実技	119
6・4	立向き溶接の実技	121
6・4・1	立向き溶接のかまえ方	121
6・4・2	立向きストリンガビードの置き方	122
6・4・3	立向きすみ肉溶接の実技	123

6·4·4　立向きウィービングビードの置き方 … 124
6·5　立向き突合せ溶接の実技 … 125
6·5·1　薄板裏当て金なし立向き突合せ溶接（N-1V）の実技 … 125
6·5·2　中板裏当て金あり立向き突合せ溶接（A-2V）の実技 … 126
6·6　横向き溶接の実技 … 127
6·6·1　横向き溶接のかまえ方 … 127
6·6·2　横向きビードの置き方 … 127
6·6·3　中板裏当て金あり横向き突合せ溶接（A-2H）の実技 … 129
6·7　上向き溶接の実技 … 130
6·7·1　上向き溶接のかまえ方 … 130
6·7·2　上向きビードの置き方 … 131
6·7·3　中板裏当て金あり上向き突合せ溶接（A-2O）の実技 … 132
6·8　固定管の突合せ溶接の実技 … 134
6·8·1　固定管の突合せ溶接について … 134
6·8·2　中肉固定管裏当て金なし突合せ溶接（N-2P）の実技 … 135

7章　炭酸ガスアーク溶接の実技

7·1　炭酸ガスアーク溶接装置の構成 … 137
7·2　溶滴の移行現象 … 141
7·3　炭酸ガスアーク溶接の作業条件 … 145
7·4　炭酸ガスアーク溶接の実技 … 149
7·4·1　溶接作業の準備 … 149
7·4·2　炭酸ガスアーク溶接の基本練習 … 150
7·5　突合せ溶接の実技 … 163
7·5·1　薄板裏当て金なし下向き突合せ溶接（SN-1F）の実技 … 163
7·5·2　中板裏当て金なし下向き突合せ溶接（SN-2F）の実技 … 164
7·5·3　中板裏当て金あり下向き突合せ溶接（SA-2F）の実技 … 165
7·5·4　薄板裏当て金なし立向き突合せ溶接（SN-1V）の実技 … 166
7·5·5　中板裏当て金なし立向き突合せ溶接（SN-2V）の実技 … 167
7·5·6　中板裏当て金あり立向き突合せ溶接（SA-2V）の実技 … 167
7·5·7　中板裏当て金なし横向き突合せ溶接（SN-2H）の実技 … 168
7·5·8　中板裏当て金なし上向き突合せ溶接（SN-2O）の実技 … 170
7·5·9　中肉固定管裏当て金なし突合せ溶接（SN-2P）の実技 … 170

8章　ティグ溶接の実技

- 8・1　直流と交流のティグ溶接……………………………………………… 173
- 8・2　ティグ溶接装置の構成………………………………………………… 176
- 8・3　ティグ溶接機に必要な機能…………………………………………… 181
- 8・4　ティグ溶接作業の準備………………………………………………… 182
  - 8・4・1　溶接の準備　182
  - 8・4・2　溶接条件　184
  - 8・4・3　ティグ溶接装置の接続と点検・準備作業　186
- 8・5　アルミニウム溶接の基本練習………………………………………… 188
- 8・6　アルミニウム溶接の実技……………………………………………… 193
  - 8・6・1　薄板の水平すみ肉溶接の実技　193
  - 8・6・2　薄板下向き突合せ溶接（TN-1F）の実技　195
  - 8・6・3　薄板立向き突合せ溶接（TN-1V）の実技　197
  - 8・6・4　薄板横向き突合せ溶接（TN-1H）の実技　198
- 8・7　ステンレス鋼溶接の基本練習………………………………………… 199
- 8・8　ステンレス鋼溶接の実技……………………………………………… 202
  - 8・8・1　水平すみ肉溶接の実技　202
  - 8・8・2　下向き突合せ溶接（TN-F）の実技　203
  - 8・8・3　立向き突合せ溶接（TN-V）の実技　206
  - 8・8・4　横向き突合せ溶接（TN-H）の実技　206

9章　ガス溶接とガス切断の実技

- 9・1　ガス溶接作業の実技…………………………………………………… 209
  - 9・1・1　酸素とアセチレンの性質　211
  - 9・1・2　ガス容器とその取扱い　212
  - 9・1・3　ガス集合装置について　215
  - 9・1・4　ガス溶接に用いる器具とその取扱い　216
  - 9・1・5　ガス溶接作業の準備　226
  - 9・1・6　ガス溶接作業の基本実技　229
  - 9・1・7　薄板の下向き突合せ溶接の実技　234
  - 9・1・8　やや厚い板の下向き突合せ溶接の実技　236
  - 9・1・9　水平すみ肉溶接の実技　237
  - 9・1・10　立向き突合せ溶接の実技　238

9・2　ガス切断作業の実技……………………………………………………… 239
　9・2・1　ガス切断作業の準備 239
　9・2・2　ガス切断作業の実技 242
9・3　火炎ろう付け作業の実技………………………………………………… 248
　9・3・1　黄銅ろうによる軟鋼板の火炎ろう付け 248
　9・3・2　銀ろうによるステンレス鋼板の火炎ろう付け 250

溶接関連の主な資格試験について…………………………………………… 253

索　　引……………………………………………………………………… 255

1
溶接について

1・1　溶接とは何か

　溶接とは，たとえば2枚の金属の板を向かい合わせて並べておき，この向かい合った場所近辺を加熱して溶かし，液状になった金属組織を混ぜ合わせた後に冷却して固め，バラバラだった2枚の板をまるで1枚の板のように接合したり，同じく2枚の板を重ねて密着させておき，局部的に大きな電流を通したときの抵抗発熱を利用して，板の接触部を半ば溶けるまで加熱し，さらに圧力も加えて強固に張り合わせるなどの方法や技術のことをいう．ボルト・ナットや接着剤を使って板を接合する方法に比べてはるかに強く，軽くて作業能率もよいなどの理由から，溶接は工業のあらゆる分野で利用されている．

　溶接の技術は，大きなところでは橋・ビル建築（図1・1）・圧力タンク・化学プラントなどの構造物，中くらいなところで飛行機・電車・自動車などの乗り物類から，小さなところではテレビやパソコンといった私たちが家庭で使っている品物にいたるまで，たいへん幅広く利用されている．溶接（図1・2）は，私たちがよく"鉄"と呼んでいる鉄鋼材料はもちろん，ステンレスを代表とする合金鋼から，アルミニウムや銅・チタンといった鉄以外の金属とその合金，さらにはセラミックス・プラスチックスなどの金属ではない材料にまで応用され，文字どおり工業界の屋台骨を支えているといってもよい．

図1・1　高層ビルは代表的な溶接構造物

図1・2　溶接（アーク溶接ロボット）

1·2 溶接の長所と短所

溶接は，材料をつなぐ方法としては，ずば抜けた強さと信頼性をもっているが，その反面，きわめて高い温度のもとで，なおかつ，非常に短い所要時間で行われる工法であることを原因とする短所も数多くもっている．溶接の現場で働く人びとは，これらの短所にもつねに目を向け，よりよい溶接を行うために日ごろから勉強する心構えをもたなければならない．

（1） 溶接の長所

① 接合部分の強度が高いため，大形の構造物をつくることができる．
② ボルトやナットを使用する場合〔図1·3(a)〕と違って板に穴を開ける必要がなく，作業工程数が減るので，工期が短くなる．
③ ボルト・ナットや当て板を使わない分，製品の重量を減らすことができる．
④ つながれた部分が互いに溶け合っているので，液体や気体が漏れない．
⑤ 単純な溶接の反復作業や，変化のない長い溶接線の溶接作業などは，人手を省いてロボットや自動溶接装置にやらせることができる．
⑥ リベット止め作業（図1·4）などに比べて騒音の発生が少ない．

（2） 溶接の短所

① 急激に材料を加熱するので，材料が変質しやすい．
② 溶接された場所が冷えると，接合部分が縮んで板が変形することがあり，変形が起こらないよう板を無理に押え付けて溶接すると，板の内部にストレスがたまり，後で溶接部分が割れて事故につながることがある．
③ 作業者の腕前によって，溶接の品質に大きな差が出る．
④ よい溶接が行われているかどうか，溶接部内部の状態を調べることがむずかしい．
⑤ 十分な教育を受けずに溶接機器を使用すると，事故が発生することがある．
⑥ 有害なガスが発生することがあり，とくに屋内作業では十分な換気が必要となる．
⑦ ろう付けやはんだ付けなど一部の例外を除いて分解することはできない．

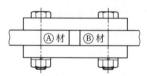

（a） ボルト・ナットによる接合

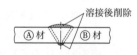

（b） 溶接による接合

図1·3 溶接と機械的接合との相違

図1·4 機械的接合（リベット止め）

1・3 溶接法の種類

溶接法には多くの種類があるので，頭を整理するために，なんらかの方法で分類しておくと便利である．溶接の分類には，つぎの方法がある．
① 接合されるときの材料の状態によって分ける方法（図1・5）．
② 材料を接合するために使う熱源の種類，たとえば電気抵抗熱，ガスの燃焼熱，化学反応熱，摩擦熱などによって分ける方法（表1・1）．

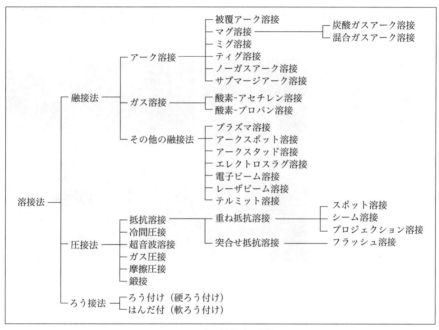

図1・5　主な溶接法の種類

表1・1　熱源による溶接法の分類

熱源	溶接法
アーク熱	被覆アーク溶接，マグ溶接，サブマージアーク溶接，ティグ溶接，ミグ溶接，プラズマ溶接など
電気抵抗熱	スポット溶接，シーム溶接，アプセット溶接など
ガスの燃焼熱	酸素-アセチレン溶接，酸素-プロパン溶接など
化学反応熱	テルミット溶接
摩擦熱	摩擦圧接，超音波溶接など

図 1·5 の中で，**融接法**（ゆうせつほう）というのは，たとえば図 1·6 に示す被覆（ひふく）アーク溶接のように，二つの母材を融点以上の温度に加熱して液状にし，混ぜ合わせた後に冷却して固める接合の方法をいい，**圧接法**（あっせつほう）は，たとえば図 1·7 のスポット溶接のように，高い温度に加熱されて半ば溶けた 2 枚の母材に圧力を加えて接合する方法である．また，**ろう接法**は，たとえばはんだ付けのように，二つの母材の間に母材よりも低い温度で溶ける別の材料（はんだ）を流し込み，母材とはんだとの間の"ぬれ現象（2·6 節参照）"を利用して接合する方法のことをいう．

図 1·6 融接法の例（被覆アーク溶接）

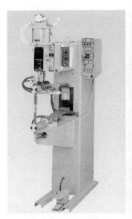 

（a）スポット溶接機　　　　　　　（b）スポット溶接ロボット

図 1·7 圧接法の例（スポット溶接）

1·4　金属材料と溶接法の相性

やや乱暴ではあるが，"物をつくるには，切って張れればよい"と，昔からいわれてきた．つまりこれは，工業的に製品を形づくるには，まず材料を所定の寸法に切断して，これらをしっかりと接合するという一連の工程が，最低限必要ということを意味している．これは言い換えれば，どんなに優秀な工業材料が考案され，生み出されても，それに適する接合技術が追いつかなければ，これを工業的に利用することができないということを表わしている．

材料を接合するための方法には多くの種類があるが，なかでも溶接がその主流を占めており，溶接を無視しては，とても現代の工業界を語ることができないことは，前節ま

1・5 自動溶接とロボット溶接

表1・2　溶接法と金属材料との適合性

溶接法の種類＼金属材料の種類	被覆アーク溶接	マグ(CO$_2$)溶接	ティグ溶接	ミグ溶接	ノーガスアーク溶接	サブマージ溶接	電気抵抗溶接	プラズマ溶接	電子ビーム溶接	レーザビーム溶接	ガス溶接	ろう接
低炭素鋼（軟鋼）	◎	◎	△	△	◎	◎	◎	○	○	○	◎	○
高張力鋼	◎	◎	△	△	○	◎	◎	○	○	○	○	○
ステンレス鋼	◎	○	◎	◎	—	○	◎	◎	◎	◎	○	◎
鋳　鉄	◎	—	△	△	○	—	△	—	—	△	○	○
銅とその合金	○	—	◎	◎	—	—	○	○	○	—	○	◎
アルミニウムとその合金	△	—	◎	◎	—	—	○	○	◎	—	○	○
ニッケルとその合金	○	—	◎	◎	—	△	○	○	◎	—	○	○
チタンとその合金	—	—	◎	◎	—	—	○	○	◎	—	—	—
マグネシウム合金	—	—	◎	◎	—	—	○	—	○	—	○	—

〔注〕　1. ◎：よく適用されるもの．○：適用されるもの．△：適用できるが，あまり用いられないもの．—：適用されないか，ほとんど適用された例をみないもの．
　　　2. 上表は，主な溶接法が，各種金属材料に適用できるかどうかをおおまかに示したものにすぎないので，詳細についてはそれぞれの専門書を参照してほしい．

ででみてきたとおりである．ところで，ひと口に材料を溶接するといっても，溶接法にはさまざまな種類があり，またこれらの溶接法には，それぞれ得意とするあるいは，相性のよい材料と苦手な材料とがあって，もしもこの組合わせを誤ると，溶接能率を低下させたり，期待された溶接部の品質が得られなくなったりするばかりか，最悪の場合，溶接継手の破壊事故につながる可能性もあるので，注意が必要である．表1・2は，主な溶接法と金属材料との間の適合性を大まかに示したものである．

1・5　自動溶接とロボット溶接

たとえば，炭酸ガスアーク溶接やミグ溶接のように，ワイヤがモータの力でトーチ（図2・3参照）内に自動的に送られ，このトーチを作業者が手にもって操作しながらビード（6・2・3項参照）を置く溶接法を**半自動溶接**〔図1・8(a)〕と呼ぶ．これに対して，トーチの操作そのものも自動化して，機械にやらせてしまおうというのが**全自動溶接**もしくは**自動溶接**〔同図(b)〕である．

かつて自動溶接というと，サブマージアーク溶接やエレクトロスラグ溶接のように，人間の手では施工が困難であったり，極端に能率が悪かったりする極厚板や長尺物を用いる大形構造物のための溶接法というイメージがあったが，現在では，炭酸ガスアーク溶接やミグ溶接，ティグ溶接の分野にも自動化の波が及んだことにより，自動溶接が採用される範囲は，船舶や車両などの大形構造物を製造する大企業だけでなく，小さな電機，機械部品の製造を受けもつ中小の工場にまで拡大している．

（a）炭酸ガス半自動アーク溶接

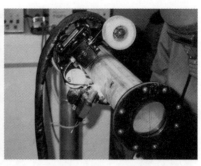
（b）全自動ティグ溶接

図1・8 溶接の自動化

　溶接には，どちらかといえば単調な繰返し動作が含まれることが多く，もともと自動化向きの作業分野とされてきた．溶接を自動化するメリットは，生産性の向上によるコストの低減にもちろんあるが，他方で，溶接には継手品質の高さと均一性とがきびしく要求される．その点，被覆アーク溶接や炭酸ガスアーク半自動溶接などは，製品の出来・不出来が作業者の熟練の程度によって大きく左右されるという側面がある．

　また溶接は，高温度，有害光線，ヒューム（浮遊固体微粒子）などにさらされながら行われる作業であることから，きつい，汚い，危険といった文字どおり"3K"仕事の代表のようにもいわれ，優秀な人的資源，つまり熟練技術者の確保が困難なことでは筆頭格の職種でもある．

　そこで，この劣悪な作業環境から人を解放し，同時に高い生産性と品質，品質の均一性をも得ることを目的として研究され，エレクトロニクス技術の発達と歩調を合わせて開発されてきたのが各種産業用ロボット（インダストリアル ロボット）であり，**アーク溶接ロボット**はその代表的な例である（図1・9）．

　溶接用ロボットをはじめとする産業用ロボットは，日本では1962年ころからアメリカに次いで研究が始められた．1970年代には，生産ラインの無人化のために実用的なロボットの量産が開始され，現在では日本が，生産台数，稼働台数ともに産業用ロボット王国といわれるまでになった．産業用ロボットを導入するメリットは，つぎのような点にある．

　① 単調な繰返し作業や危険な作業を，人に代わって行わせることができる．

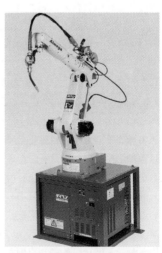
図1・9 溶接ロボット（炭酸ガスアーク溶接ロボット）

② 人件費を節減でき，また就業時間の制約を受けずに連続操業ができる．
③ 製品の品質が均一で，不良品の発生率を大幅に減少させることができる．
④ 製品の仕様が変わっても，それに応じた動作をインプットし直せばよく，機械そのものを交換する必要がないので経済的である．

溶接ロボットは，最初は自動車製造業の車体組立てラインにおけるスポット溶接工程に用いられたが，つづいて炭酸ガスアーク溶接ロボットが開発されるに及んで，その需要は，工場の省力化をめざす大企業だけでなく，熟練した溶接作業者の人材確保に悩む中小の企業にも急速に増加し，またその業種も，自動車，金属，電機，鉄工，土木建設，化学と多岐にわたっている．

しかし，溶接ロボットが施工した製品の品質がいかにすぐれていて均一であり，またその導入によって，いかに人材の不足が補われるといっても，ロボットに適正な溶接条件や動作を教え込んで（ティーチング）正しく動作させるのは，あくまでも人間であることを考えると，溶接ロボットを取り扱う職場には，広範な溶接の素養をもった技術者が不可欠であることを忘れてはならない．

2
主な溶接法と切断法

　この章では，数ある溶接法の種類を分類した1章の図1・5の中から，主なものをとりあげて，その原理や用途，特徴を説明する．

2・1　融接法の仲間

2・1・1　被覆アーク溶接

　被覆アーク溶接（図2・1）は，被覆アーク溶接棒と溶接される母材とを，交流または直流のアーク溶接機（アーク溶接電源）に接続し，溶接棒の先端と母材との間にアーク（5・2節参照）を発生させ，その高温により溶接棒と母材の接合したい部分とを溶かして混ぜ合わせることにより接合する方法である（図2・2）．

　被覆アーク溶接棒の心線（主として軟鋼製の細長い丸棒）の周囲には**被覆剤**（**フラックス**と呼ばれる物質）が塗られている．発生したアークの熱で分解された被覆剤は，シールド（shield；遮へい）ガスとなってアークと溶けた金属との周囲を

図2・1　被覆アーク溶接作業

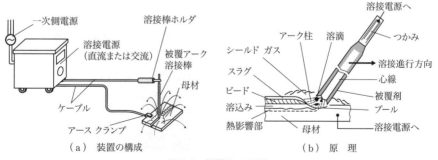

図2・2　被覆アーク溶接

包み，接合される部分が空気中の酸素（O）や窒素（N）の悪影響を受けないようガードする．

現在では，能率のよい半自動溶接に主役の座を奪われたが，その手軽さ・便利さ・応用の広さは捨てがたく，"アーク溶接の基本"としてもしっかりと学んでおく必要がある．

(1) 被覆アーク溶接の用途

① 主として軟鋼・高張力鋼の溶接．
② 比較的溶接線の短い中・厚板の，下向き・立（たて）向き・横向き・上向きの全姿勢溶接．
③ 自動・半自動溶接前の仮付け溶接．
④ 硬化・肉盛溶接．

(2) 被覆アーク溶接の特徴

① 比較的安価な設備で，手軽にアーク溶接作業を行うことが出来る．
② 使用目的に応じて，非常に多くの種類の溶接棒を入手することができる．
③ 溶接速度が遅く溶込みも浅いなど能率的でないが，自動・半自動溶接を用いるほどではない比較的短い溶接線の溶接には高能率である．
④ 薄板の溶接に不向きである．
⑤ 溶接部の品質が作業者の腕前によって，大きく左右される．

2・1・2　マグ溶接

マグ溶接（炭酸ガスアーク溶接を含む．図2・3）は，アークや溶接部の周囲をなんらかのガスで包み，大気中の酸素や窒素の悪影響を受けないように保護しながら行う溶接法（ガスシールドアーク溶接法）の仲間で，現在主流となっている半自動溶接の中でも代表格である．

マグとは，アルファベットのM，A，Gを並べて読んだものである．最初のMはmetal（メタル）で"金属"を，中央のAはactive（アクティヴ），すなわち化学でいうところの他の物質と化合する性質である"活性"を，そして最後のGはgas（ガス）で，読んで字のごとく"ガス"を表わしている．

マグ溶接とは，図2・4に示すように，被覆アーク溶接における溶接棒の軟鋼製心線の代わりに金属製（M）の溶接ワイヤを使用し，被覆剤から発生するシールドガスの代わりに炭酸ガス，または，アルゴンガスにある割合の炭酸ガスもしくは酸素を混合した酸化

図2・3　マグ溶接作業

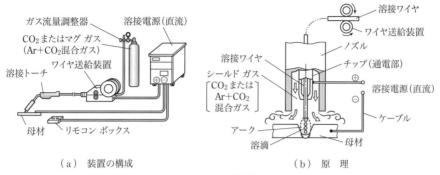

(a) 装置の構成　　　　　　　　　　　　(b) 原理

図2・4　マグ溶接

性（A）のガス（G）を用いて，これでワイヤ先端と母材との間に発生させたアークや溶けた金属を周辺の空気中の酸素や窒素の悪影響からガードしながら行う溶接法である．溶接ワイヤは，作業者が手で操作する溶接トーチ内にモータの力で自動的に送り込まれ，炭酸ガスや混合ガスは溶接トーチからやはり自動的に噴出する．

　このように，ワイヤとシールド ガスの供給は自動的に行われ，溶接トーチの操作は作業者が自分の手で行う溶接法を，半分だけ自動的という意味を込めて**半自動溶接**と呼んでいる．非常に能率がよいため，いまでは溶接の主役の座を被覆アーク溶接から奪い取ってしまった（図2・5）．

　ところで，アークや溶けた金属を空気中の酸素や窒素から保護する必要があるといいながら，"酸化性"のシールド ガスでガードするというのは矛盾しているように思われるはずである．"炭酸ガス"はアークの高熱で一酸化炭素（CO）と酸素（O）とに分離して，強力な酸化性の環境を形成するので，高温下で非常に酸化されやすいアルミニウムなどの金属の溶接に，炭酸ガスをシールド ガスとして使うことは確かにできない．しかし，この酸化性を見込んで，あらかじめ溶接ワイヤの成分の中に適量のけい素（シリコン；Si）やマンガン（Mn）などの還元剤を入れておくことによって，鋼について

(a) マグ半自動溶接作業　　　　　　　(b) 全自動サブマージアーク溶接機

図2・5　半自動溶接と自動溶接

は十分に優秀な高能率溶接ができる．

マグ溶接のうち，シールド ガスとして炭酸ガスを単独で使う場合を**炭酸ガスアーク溶接**と呼び，不活性ガスと活性ガス，それぞれの長所を生かすため，アルゴン ガスに少量の炭酸ガスや酸素を混合したガスを用いる場合を**混合ガスアーク溶接**と呼んで区別している．一方，アルゴン ガスを単独で用いる場合は，ミグ溶接という名の別の溶接法になってしまうので，後で説明する．

上記のように，マグ溶接は，炭酸ガスアーク溶接と混合ガスアーク溶接とに分けられるが，これらの用途や長所・短所には微妙な違いがある．

(1) マグ溶接（炭酸ガスアーク溶接）の用途
① 中・大形構造物の溶接．
② 主として軟鋼や高張力鋼の高能率溶接．

(2) マグ溶接（混合ガスアーク溶接）の用途
炭酸ガスアーク溶接の用途と基本的には同じであるが，炭酸ガスアーク溶接よりもビードの外観が重視され，スパッタ〔飛散物質；7・2節（3）項参照〕の発生量が問題となるような場所に用いられる．

(3) マグ溶接（炭酸ガスアーク溶接）の特徴
① 直径の細いワイヤに大きな電流を流すため，被覆アーク溶接よりもはるかに高い電流の密度が得られ，溶接速度が増すとともに，溶込みも深いので，能率がよい．
② 連続溶接ができるので，自動化に適する．
③ シールド ガスとして用いる炭酸ガスが安価である．
④ 薄板の溶接が困難である．
⑤ せまい溶接個所にはトーチが入らない．
⑥ シールド ガスが風で吹き飛ばされる屋外での作業には向かない．
⑦ 大きな電流を用いるので，アーク光が強く，スパッタも多い．

(4) マグ溶接（混合ガスアーク溶接）の特徴
炭酸ガスアーク溶接の特徴①，②のほかに，つぎのような特徴がある．
① スパッタの発生が少なく，美しいビードが得られる．
② 比較的薄い板の溶接ができる．
③ 溶接金属の機械的性質が炭酸ガスアーク溶接よりもすぐれている．
④ 混合ガス中のアルゴン ガス量が増えるに従ってコスト高となる．

2・1・3　ミ グ 溶 接

ミグ溶接のミグとは，アルファベットのM，I，Gを並べた造語である．最初のMと最後のGは前項で説明したマグ溶接と同じ意味を表わしている．中央のIは inert（イナート）のイニシャルのIである．イナートとは，やはり化学でいうところの，他の物質とまったく反応しない性質，"不活性"を意味している．つまりイナート ガスとは，

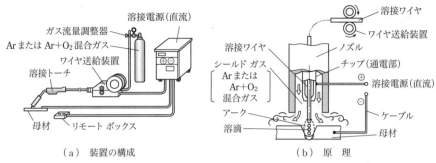

図 2·6　ミグ溶接

他の物質とまったく化合しない性質のガス，不活性ガスを意味している．

不活性ガスとしてはアルゴン（Ar）またはヘリウム（He）が用いられるが，日本ではヘリウム ガスが非常に高価である（アルゴン ガスも決して安くはないが）ため，アルゴン ガスが用いられる場合が多い．

正確には，図 2·6 に示すように，ミグ溶接はシールド ガスとして基本的に純アルゴンを用い〔まれにアルゴンに少量の活性ガス（2% 以下の酸素，もしくは 5% 以下の炭酸ガス）を混合して用いる場合もある〕，アークと溶接部を保護しながら行う溶接法である．

図 2·7　IC・サイリスタ制御ミグ溶接機

したがって，ミグ溶接においては，マグ溶接と違って母材が空気中の酸素はもちろん，シールド ガスによっても酸化される心配がないため，マグ溶接ではできないアルミニウムなどの酸化されやすい金属の溶接を容易に行うことができる．

（1）　ミグ溶接の用途

① 炭素鋼の高品質溶接のほか，高温で活性を示す，アルミニウム，銅，チタンなどの非鉄金属，ステンレス鋼の溶接．
② ティグ溶接よりも高い能率を要求される場所の溶接．

（2）　ミグ溶接の特徴

① 電流密度が高く，深い溶込みが得られ，能率がよい．
② アークが安定しているため作業性がよく，ビードも美しい．
③ 溶接部の機械的性質がすぐれている．
④ マグ溶接と同様，せまい溶接個所にトーチが入らない．
⑤ シールド ガスとして使用するアルゴンやヘリウムが高価である．

2･1･4　ティグ溶接

ティグ溶接のティグとは，アルファベットのT，I，Gを並べたものである．真中のIと最後のGはミグ溶接のときと同じ意味を表わし，最初のTは，tungsten（タングステン；元素記号W）の頭文字をとったものである．つまりティグ溶接は，図2･8に示すように，ミグ溶接の金属電極（metalのM）に代えて，融点が非常に高く消耗しにくいタングステン（T）を電極材料として使い，これと母材との間にアークを発生させ，その周囲をアルゴンやヘリウムなどの不活性ガスで包んで，溶加材すなわち溶加棒を補給しながら溶接を行う方法である（図2･9）．

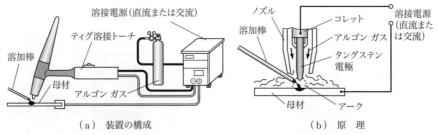

図2･8　ティグ溶接

（1）　ティグ溶接の用途

① ミグ溶接と同様の材種に用いられる．ただし，ミグ溶接ほど高能率を求められない短い溶接線や薄板の溶接．

② 裏波溶接（たとえば，突合せ溶接の初層溶接を行う際，母材の裏側まで溶かし込んでビードを形成すること）に適するため，管の突合せ溶接における，最初の層の溶接．

図2･9　ティグ溶接作業

（2）　ティグ溶接の特徴

① 電極が消耗しないので，アークが安定しており，美しいビードが形成できる．

② アークと溶接部が，不活性ガスによっておおわれ，大気が完全に遮断されているため，非常にすぐれた品質の溶接部が得られる．

③ 下は数アンペアから，上は数百アンペアまで，安定したアークが維持できるので，非常に薄い板から厚板まで溶接することができる．

④ スパッタやスラグ〔6･2･3項（1）参照〕がなく，有害なヒュームもほとんど発生しない．

⑤ マグ溶接，ミグ溶接に比べて，溶接の能率が低い．

⑥ アルゴンガスや，タングステン電極が高価である．
⑦ 風の影響を受ける屋外作業には向かない．

2・1・5　ノーガスアーク溶接

屋外の現場作業で，炭酸ガスや混合ガスアーク溶接を行うと，風でシールドガスが流され，期待される溶接部の品質が得られないことがある．そこで，溶接ワイヤの内部に，熱で分解してシールドガスを発生する成分をもつフラックスを巻き込み，ワイヤのみで，屋外における健全なガスシールドアーク溶接を可能にしようという目的で開発されたのが**ノーガスアーク溶接**（**セルフシールドアーク溶接**ともいう）である（図2・10）．

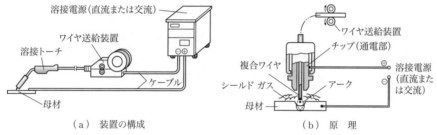

（a）装置の構成　　　　　　　　　（b）原理

図2・10　ノーガスアーク溶接

ワイヤ内部のフラックスには，シールドガスを発生する成分のほかに，強力な脱酸性，脱窒性物質が含まれているため，溶接部にシールドガスを供給する必要がなく，ガス容器やホース類がない分，装置は非常に手軽なものになる（図2・11）．ただし，あまりに風が強い場合には，ノーガスアーク溶接にもなんらかの防風対策が必要になる．

（1）ノーガスアーク溶接の用途

主として鋼材が対象で，風の強い屋外の，たとえば建築工事現場における基礎パイルの接続などの用途に用いられる．

図2・11　ノーガスアーク溶接機

上記のようなコンセプトで開発されたノーガスアーク溶接ではあるが，いくらシールドガスが必要ないとはいっても，やはり大気のシールド性能はマグ溶接などのシールドガスを用いる方法に比べると劣り，溶接金属の機械的性質，とくに，じん（靭）性（粘り強さ）が大気中の窒素の影響により低下するといった欠点がみられ，さらに大量に発生するシールドガスのため**プール**〔**溶融池**；6・2・3項（1）参照〕の観察がしづらいという作業性の問題もあって，その用途はごく限られている．

(2) ノーガスアーク溶接の特徴

① シールドガスを供給するためのガス容器やホース類が不要で，装置が手軽になる．

② 手溶接用の交流アーク溶接機をそのまま利用できる．

③ アークの長さが増すと，大気からの溶接部のシールドが不完全になり，**ブローホール**（**気孔**；溶接金属中にガスが閉じ込められてできた丸い空洞）を発生しやすくなる．そのため，アークの長さを適正に維持するための，アーク電圧の微妙な調整が必要になる．

2·1·6　サブマージアーク溶接

サブマージアーク溶接は，直訳して**潜弧**（せんこ）**溶接**ともいい，アークがサブマージ，つまりおおい隠されていて外から見えないことから，この名で呼ばれている．溶接線の長い厚板の高能率溶接法の代表として，造船をはじめとする大形構造物の連続溶接に威力を発揮する．

図2·12，図2·13に示すように，溶接装置はモータによって移動する台車と，その上に取り付けられた溶接ワイヤ送給装置，粒状のフラックスを溶接線上に供給するホッパからなる．微細な粒状のフラックスが，ホッパから溶接線上にあらかじめ散布され，その後方でワイヤ送給装置から自動的に送り込まれた溶接ワイヤが，散布されたフラックスの中で母材との間にアークを発生して溶接を開始する．溶接ワイヤの溶接線上の送りは，台車がレール上を（レールを使わない方法もある）自走することによって行われる．アークの長さは，自動的に制御される．アークが散布されたフラックスの中で発生するので，外から見えないのが大きな特徴である．

(1) サブマージアーク溶接の用途

① 軟鋼，高張力鋼の中厚板の下向き直線連続溶接．

② 造船，鉄道車両をはじめとする大形構造物の溶接．

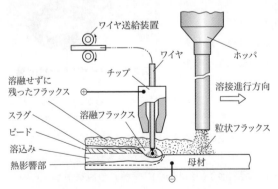

図2·12　サブマージアーク溶接の原理

図2·13　サブマージアーク溶接機

(2) サブマージアーク溶接の特徴

① 溶接速度が速く，溶込みも深いため，厚板の高能率溶接ができる．
② アーク光が外に漏れないので，遮光設備がいらない．
③ 突合せ溶接される母材を，かなり正確に位置決めしておく必要がある．
④ 溶接部の状態を外から観察できない．
⑤ 溶接終了後，散布されたフラックスを回収しなければならない．

2・1・7　ガス溶接

ガス溶接は，図 2・14 に示すように，可燃性ガス（それ自体，燃焼する性質のあるガス）と支燃性ガス（それ自体は燃焼せず，他の物質の燃焼を支援する性質をもつガス）とを溶接用の吹管（すいかん；一般的には**トーチ**と呼んでいる）の中で混合した後，噴出させて点火し，この混合ガスが燃焼するときの高温を利用して金属を溶かし，溶接を行う方法である．ふつう，ガス溶接というと，可燃性ガスとしてアセチレン（C_2H_2），支燃性ガスとして酸素（O_2）を用いる**酸素-アセチレン溶接**を指すのが一般的であるが，水素やプロパンガスも，可燃性ガスとして利用されることがある．

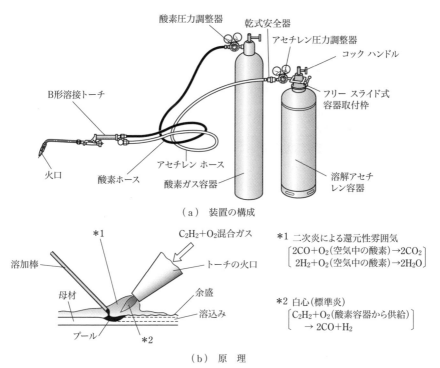

図 2・14　ガス溶接

図 2·15　ガス溶接作業

図 2·16　ガス切断作業

　ガス溶接（図 2·15）は，手軽な設備で溶接ができ，薄板の溶接にも利用できるので，広く用いられてきたが，母材にひずみ（溶接熱による母材の変形）が発生しやすいこと，溶接能率が悪いことなどから，板を接合する"溶接法"として利用されることは少なくなった．

　しかし，熱源としてガスの燃焼熱を利用するこの方法は，溶接用の吹管を切断用の吹管に交換することによって，鋼材，しかも厚板の切断（図 2·16）に応用することが可能で，この分野では他の追随を許さない最も高能率な方法として，現在も広く利用されている．

（1）ガス溶接の用途
① 薄鋼板や薄肉鋼管の現場溶接．
② 鋳鉄などの補修溶接．

（2）ガス溶接の特徴
① 設備費が安く，手軽に溶接作業ができる．
② 火炎の強弱，母材への加熱量を容易に加減できるので，薄物の溶接ができる．
③ 火炎の温度が低く（3000～3300℃），集中性もよくないので，溶接能率が低い．
④ 火炎の集中性が悪いため，母材が広い範囲に加熱され，溶接ひずみが大きい．
⑤ ガスやガス容器の取扱いを誤ると，大きな事故を招くことがある．

2·2　その他の融接法

　ここでは，図 1·5 の融接法のうち，2·1 節で説明した以外のものについて，その原理や特色を簡単に説明しておく．

2·2·1　プラズマ溶接

　物質は，ちょうど氷が溶けて水になり，さらに水蒸気になるのと同じように，一般に

温度が高くなると固体から液体へ，また気体へとその状態を変化させる．ところで，この気体になった状態の物質を，さらに加熱して高温（5000～7000℃程度以上）にすると，気体は電離し，原子が陽イオンとマイナスの電子とに分離した状態になるが，これを**プラズマ**という．

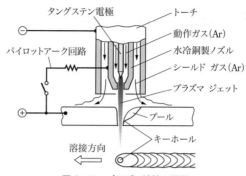

図2·17　プラズマ溶接の原理

プラズマ溶接は，図2·17に示すように，特殊なトーチの内部で発生させたアークに，アルゴンや窒素などのガス（プラズマ ガス）を送り込み，アークの高温で加熱され膨張した高熱のガスを，トーチ先端のノズルから高速度で噴出させて，これを溶接に利用する方法である．このとき，高速度で噴出する高温のガスを**プラズマ ジェット**という．

図2·18に示すように，アークの発生形式には，① ちょうどティグ溶接のときのように，ノズル内部のタングステン電極と母材との間にアークを発生させる方法（**移行アーク**と呼ぶ）と，② タングステン電極とノズル先端部との間にアークを発生させる方法（**非移行アーク**と呼ぶ）がある．

プラズマ ジェットは，溶接のほかに切断作業にも応用される（プラズマ ガスとしては空気または酸素が用いられる）が，②の非移行アークを用いれば，不導体の非金属材料も切断できる〔2·7·2項(3)のプラズマ切断を参照〕．プラズマ溶接は，プラズマジェットを直径2mm程度にまで細く絞ることができるため，エネルギー密度が高く，ティグ溶接に比べてはるかに高速な溶接が可能である．また，数アンペア程度の低い電流値でも安定したアークが得られるので，極薄板の溶接もできる．

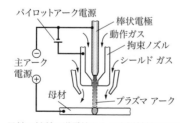

母材の材質は導電性をもつ金属材料に限られるが，熱効率が高い．

（a）移行アークによるプラズマ溶接

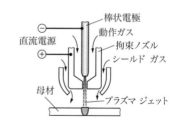

プラズマを，電極と拘束ノズル間で発生させるので，非金属材料の溶接もできる．

（b）非移行アークによるプラズマ溶接

図2·18　アークの発生形式

2・2・2　アークスポット溶接

　アークスポット溶接は，図2・19に示すように，接合しようとする2枚の母材を重ねて密着させておき，その片側からアークの熱を当てて，裏側の板をも溶かして溶接してしまう方法で，ステンレス鋼や軟鋼の薄板の接合に利用される．アークの発生には，特殊なティグ溶接トーチが用いられる．アークスポット溶接は，後で説明する重ね抵抗溶接の一種であるスポット溶接とちがい，2枚の母材を両側から電極ではさんで圧迫する必要がないので，手軽な設備で行うことができるが，作業能率は低い．

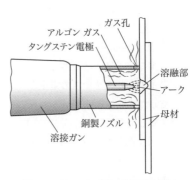

図2・19　アークスポット溶接の原理

2・2・3　アークスタッド溶接

　アークスタッド溶接は，単にスタッド溶接ともいい，図2・20に示すように，金属の丸棒やボルトすなわちスタッドを広い母材面の上に植え付ける溶接法である．原理は被

図2・20　橋脚工事におけるアークスタッド溶接の施工例

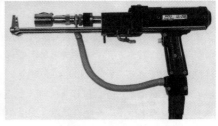

図2・21　スタッドガン

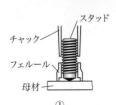 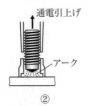

① 溶接するスタッドを溶接ガンのチャック内に挿入し，母材表面に当てる．

② 通電後，制御装置により引き上げると，フェルールと呼ばれる磁器性の筒内でアークが発生する．

③ 一定時間アークを発生させ，プールが形成されたところでスタッドを母材に押しつけて溶着させる．

④ 溶接完了　フェルールを破壊して除去する．スタッドの周囲は，フラッシュと呼ばれる余盛により取り囲まれている．

図2・22　アークスタッド溶接の原理

覆アーク溶接と似ていて，スタッドガン（図2・21）と呼ばれる電極に保持したスタッドを，図2・22に示すように，まず母材面に接触させて電流を流し，続いてスタッドを母材面から少し離したときに発生するアークの熱によって，スタッドの端部と母材面とが溶融状態になったところで，いったん離したスタッドを再度，母材面上に押し付けて溶着させるものである．この間の一連の溶接操作は自動的に行われる．

2・2・4　エレクトロスラグ溶接

エレクトロスラグ溶接は，極厚板の高能率立向き自動溶接を行うために開発され，船舶，圧力容器などの大形構造物の組立てに威力を発揮する．溶接ワイヤを溶かすための熱源は，アークではなくて（溶接開始初期だけ，粒状のフラックスを溶かすためにアークの熱を用いる），主として，溶接ワイヤと溶融したスラグ浴（溶融スラグ；図2・23参照）と溶融金属の中を流れる電流の抵抗発熱（ジュール発熱；2・4・1項参照）であり，この抵抗発熱によって，ワイヤと母材とを連続的に溶解して溶接を進行させるのが特徴である．

原理を図2・23に示す．母材の開先（突合せ溶接の部材に加工された溝）部両面が，水冷式の銅製当て金で囲われ，その内部に粒状のフラックスが入っている．このフラックス内に溶接ワイヤを挿入して，母材の溶接線下端に設けたアークスタート板上でアークを発生させる．このアークの熱によって適量のフラックスが溶融状態になるとアークは消滅し，その後は溶融したフラックスの抵抗発熱によって残りのフラックスも溶融され，スラグ浴が形成される．スラグ浴が形成されると，その1800℃に達す

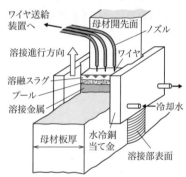

図2・23　エレクトロスラグ溶接の原理

る高温により，溶接ワイヤと母材の開先部が溶け，溶接が進行する．溶接が進行するに従って，銅製の当て金は，ワイヤ供給装置，水冷装置とともに案内レールに沿って上方に移動する．大きな板厚をカバーするため，複数本のワイヤを用いたり，ワイヤを板厚方向に往復運動させたりする．

2・3　特殊な熱源を用いる融接法

ここでは，融接法のうち，特殊な熱源を使用して溶接を行う電子ビーム溶接とレーザビーム溶接をとりあげて説明する．これらは，2・2節までに解説してきた他の融接法と異なり，近年になって開発され，そのすぐれた特性から急速に実用化されるようになったもので，将来的にもその応用分野がいっそう拡大することが期待される．

2·3·1　電子ビーム溶接

電子ビーム溶接（図2·24）は，真空中でタングステン フィラメントを加熱して放出させた熱電子を，高電圧で加速して電子線（電子ビーム）とし，この加速された高速の電子ビームを電磁レンズで絞った後，母材に向けて衝突させたときに生じる衝撃発熱を利用して，溶接を行う方法である．

真空中で行われるため，大気の悪影響を受ける心配がない．大気中ではシールド ガスを用いても溶接がむずかしいチタン（Ti）やジルコニウム（Zr），タンタル（Ta）などの活性金属の溶接を本来最も得意な分野とする．非常に高いエネルギー密度をもつ電子ビームが，せまい範囲に集中的に供給されるという特性から，図2·25（b）にその原理を示すように，幅に比べて溶込みがきわめて深い溶接ビードが得

図2·24　電子ビーム溶接装置

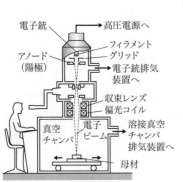

(a) 装置の構成

① 強く絞られて，エネルギー密度を高められた電子ビームを金属面に照射すると，金属は溶融し，溶融部の中心は西洋梨形の金属蒸気となる．

② 金属蒸気の高温と圧力とによって西洋梨形部分の周囲が液状化するとともに，O_1が開口する．さらにこの金属蒸気に大量の電子が送り込まれることによりプラズマが発生する．

③ このプラズマのレンズ作用によって電子が再び収束され，西洋梨形部分の底部P_2が突き破られて，つぎの西洋梨形の高温部分が形成される．

④ ②と同様にO_2が開口し，西洋梨形部分の周囲が液状になる．

⑤ ③と同様に，電子が収束され，底部のP_3が突き破られる．このように，金属蒸気→プラズマ→収束→溶融を反復して金属の深部まで溶融が進み（これを**キーホール効果**と呼ぶ），この結果，非常に溶込みの深い溶接部が得られる．

(b) 原理

図2·25　電子ビーム溶接

られ，熱影響部の範囲もせまく，ひずみも少ないので，現在では，合金鋼やステンレス鋼，アルミニウム，銅など，通常の溶接が可能な金属の分野にも，精密・高精度溶接法として進出が目立ってきている．また，異種金属間の溶接や，極端に板厚の異なる材料間の溶接も容易である．

表2・1に，電子ビーム溶接を用いて異種金属（純金属）間の溶接を行う際の溶接性のレベルを示す．

電子ビームは，気体の中では散逸し，エネルギーが減少する傾向があるため，通常，電子ビーム溶接は真空中で行われるが，大気中で行われる場合もある．ただし，溶込み深さは真空中に比べて大幅に減少する．

電子ビーム溶接の特長を以下にまとめておく．
① 真空中で行うので，従来は不可能だった活性金属（合金）の溶接ができる．
② 高温が得られるので，タンタルなどの，非常に高融点の金属の溶接ができる．
③ 高速溶接が可能なため，非常に熱伝導率の高い金属も容易に溶接ができる．
④ 熱影響部の範囲がせまいため，溶接ひずみが起きにくく，精密溶接ができる．
⑤ 微細ビームを用いるので，薄板の突合せ溶接や，細穴の奥の溶接ができる．
⑥ 溶加材が不要なので，異種金属間の溶接や，一部の非金属の溶接ができる．
⑦ キーホール効果〔図2・25(b)〕があるので，肉厚ものの深溶込み溶接ができる．

表2・1 電子ビーム溶接による異種金属間の溶接性

〔注〕 5：非常によい　4：可能　3：困難だが可能性あり　2：困難　－：不可能

Ag：銀　Al：アルミニウム　Au：金　Be：ベリリウム　Cd：カドミウム　Co：コバルト　Cr：クロム　Cu：銅　Fe：鉄　Mg：マグネシウム　Mn：マンガン　Mo：モリブデン　Nb：ニオブ　Ni：ニッケル　Pb：鉛　Pt：白金　Re：レニウム　Sn：錫　Ta：タンタル　Ti：チタン　V：バナジウム　W：タングステン　Zr：ジルコニウム

	Ag	Al	Au	Be	Cd	Co	Cr	Cu	Fe	Mg	Mn	Mo	Nb	Ni	Pb	Pt	Re	Sn	Ta	Ti	V	W
Al	4																					
Au	5	-																				
Be	-	4	-																			
Cd	4	-	-	2																		
Co	3	-	4	-	3																	
Cr	4	-	3	-	3	4																
Cu	4	4	5	-	-	4	4															
Fe	3	-	4	-	3	4	4	4														
Mg	-	4	-	5	-	-	-	-	3													
Mn	4	-	-	-	3	4	4	5	4	-												
Mo	3	-	4	-	2	-	5	3	4	3	3											
Nb	2	-	2	-	2	-	-	-	4	-	2	5										
Ni	4	-	5	-	3	4	5	4	-	4	-	-	-									
Pb	4	4	-	2	4	4	4	4	-	4	3	2	4									
Pt	5	-	5	-	-	5	4	5	5	-	-	4	-	5								
Re	3	2	2	-	2	5	3	-	2	2	-	3	2	4								
Sn	4	4	-	3	4	-	4	4	-	-	-	-	-	4	-	3						
Ta	-	-	2	2	2	-	-	-	3	-	-	2	-	5	-	-						
Ti	4	-	-	-	5	-	3	-	-	3	-	-	2	-	5							
V	3	-	-	2	-	3	3	5	-	-	2	-	3	-	5							
W	3	-	-	2	-	5	3	-	-	3	-	3	3	5	4	5						
Zr	2	-	-	3	-	-	3	-	-	-	-	-	-	-	4	5	-					

2·3·2　レーザビーム溶接

　レーザ光（レーザ ビーム）は，非常に強い指向性（太陽光線のようには広がらずに，一定の方向に向かって突き進む性質）をもつ強力な光線で，1960年に発見された．

　レーザ（laser）とは，light amplification by stimulated emission of radiation（放射の誘導放出による光の増幅と訳される）のイニシャル L，A，S，E，R を並べた言葉で，レーザビーム溶接は，溶接の熱源としてレーザ光のエネルギーを利用するものである（図2·26）．レーザ光は指向性がよいほか，これをレンズで絞り，微細なスポットに集めたときのエネルギー密度が高いため，溶接，切断，せん（穿）孔などの材料加工の分野をはじめ，医療，情報，計測など多くの領域で用いられている．

　レーザ光を発振するレーザ物質は，外部から特定の光を受けたり，電子のエネルギーを受けたりすると，それ自身で発光する性質をもつ（これを光の**誘導放出**という）．誘導放出された光は，反射鏡で反射された後，再度レーザ物質に入射し，増強された光となってレーザ物質の外に放出される（これを**光の増幅**と呼ぶ）．この反射鏡による反射を繰り返すことにより，光の強さはさらに増幅され，最終的に反射鏡を突き抜けて外部に光線を発する．この外部に取り出された光がレーザ光である（図2·27）．

　最初にレーザ光の発振に成功したときのレーザ物質はルビーの結晶であったが，その後，それ以外の固体，気体，液体，半導体の各種物質でレーザ光の発振に成功し，波長 0.05 μm から 1000 μm の遠赤外域の光まで得られている．

　溶接を含むレーザ ビーム加工に用いるためには，大きな出力をもつことが必要

図2·26　レーザビーム溶接装置

① レーザ光は，同一位相，同一波長の，非常に高品質なコヒーレント（coherent；凝集性，指向性の高い）光で，空間を直進する．
② またミラーで方向を変えたり，集光レンズで微小な直径に収束したりすることもできる．
③ たとえば 700 W 級の CO_2 レーザ発振器の場合，レーザ光は焦点距離 125 mm の集光レンズを用いて，直径 0.2 mm 程度のポイントに収束され，焦点面では，10^6 W/cm^2 に達する高いエネルギー密度が得られる．

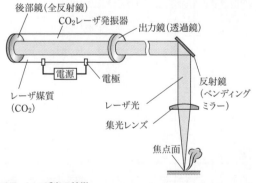

図2·27　レーザ光の特徴

で，その代表として，放電励起形気体レーザの**炭酸ガス レーザ**（CO_2 レーザ），光励起形固体レーザの **YAG（ヤグ）レーザ**が多く用いられている．励起（れいき）とは，エネルギーレベルの低い安定した状態から，高いエネルギー状態に移行することをいい，**放電励起**とは，電子によって励起されることを，**光励起**とは光によって励起されることをいう．また，YAGは，yttrium（イットリウム），aluminum（アルミニウム），garnet（ガーネット）の単結晶を表す．

炭酸ガス レーザは，気体レーザの中で最大の出力をもち，波長 10.6 μm で発振し，発振効率が約 10% と，高いのが特長である．その原理は，図 2・27 に示すように，直径数 cm，全長数 m の細長いガラス製のレーザ管に炭酸ガスと窒素，ヘリウムとの混合ガスを流しながらグロー放電させ，炭酸ガスの発光および増幅を行わせるものである．

一方，固体レーザの YAG レーザは，1.06 μm の波長で発振し，固体レーザ中最大の出力をもつが，発振効率が炭酸ガス レーザの約 10% と低いのが難点である．その原理を図 2・28 に示す．直径数 mm，全長数 10 mm の，両端部を精密研磨した結晶レーザ棒を励起ランプで励起してレーザ光を得る．YAG レーザによって得られたレーザ光は，炭酸ガス レーザに比べて波長が短く，微細加工に向いている．

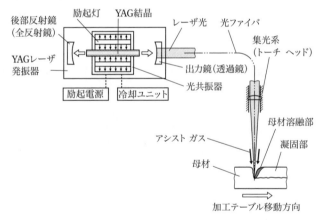

図 2・28　YAG レーザビーム溶接の原理

レーザビーム溶接は，前項の電子ビーム溶接とちがって真空を必要としないため，装置は比較的小形である（真空中で，より高品質なレーザビーム溶接を行うこともできる）．溶接母材は局部的に，また瞬間的に加熱溶融されるので，熱影響部の範囲もせまく，ひずみの少ない精密高速溶接が可能になる．板厚の異なる材料同士や，異なる種類の金属材料同士の溶接も容易にできるのも特長である．表 2・2 にレーザビーム溶接による異種金属（純金属）間の溶接性のレベルを示す．

溶接を含めた広い意味でのレーザ ビーム加工の特長をつぎにまとめておく．

表 2·2 レーザビーム溶接による異種金属間の溶接性

〔注〕
- 5 : 非常によい
- 4 : 可能
- 3 : 困難だが可能性あり
- 2 : 困難
- – : 不可能

W : タングステン	Pd : パラジウム
Ta : タンタル	Cu : 銅
Mo : モリブデン	Au : 金
Cr : クロム	Ag : 銀
Co : コバルト	Mg : マグネシウム
Ti : チタン	Al : アルミニウム
Be : ベリリウム	Zn : 亜鉛
Fe : 鉄	Cd : カドミウム
Pt : 白金	Pb : 鉛
Ni : ニッケル	Sn : 錫

	W	Ta	Mo	Cr	Co	Ti	Be	Fe	Pt	Ni	Pd	Cu	Au	Ag	Mg	Al	Zn	Cd	Pb
Ta	5																		
Mo	5	5																	
Cr	5	2	5																
Co	3	2	5	4															
Ti	3	5	5	4	3														
Be	2	2	2	2	3	2													
Fe	3	3	4	5	5	3	3												
Pt	4	3	4	4			2	4											
Ni	3	4	3	4	5	3	3	4	5										
Pd	3	4		4	5	3	4	5		5									
Cu	2	2	2	3	3	3		5	5	5	5								
Au	–	–	2	3	2	3		3	5	5	5	5							
Ag	2	2	2	2	2	3		2	3	5	3	5							
Mg	2	–		2	2		2	2	2	2	2	3	3	3					
Al	2	2	2	2	3	2	3	2	3	2	3	3	3	3	3				
Zn	2	–	2	2	3	2	2	3	3	3	3	4	3	4	2	3			
Cd	–	–	2	2	2	–		2	3	3	3	3	4	5	2	2			
Pb	2	–	2	2	2	2	2	2	2	2	2	2	2	2	2	2	2	2	
Sn	2	2	2	2	3	2	3	2	3	2	3	3	2	2	2	2	2	2	3

① 高パワー・高密度により，溶接，切断，せん孔，熱処理などの多彩な加工ができる．
② 超硬，難削，高融点金属のほか，セラミックス，高分子材料も加工できる．
③ 非接触加工により加圧がないため，加工ひずみの少ない精密加工ができる．
④ 局部加工により，周辺の温度上昇が少なく，熱変質層のせまい加工ができる．
⑤ 大気中でも溶接でき，また真空を利用すると，より高品質な溶接ができる．
⑥ 出力，焦点などを自由に制御できるため，精密部品や量産加工に対応できる．
⑦ 光ファイバケーブルを用いて光線を送ることにより，遠隔加工ができる．

2·4 圧接法の仲間

2·4·1 スポット溶接

金属材料に電流が流れると，金属材料には電気抵抗があるため，内部で電力が消費されて発熱し，温度が上がる．これを**抵抗発熱（ジュール発熱）**と呼び，抵抗発熱を利用した溶接法を**抵抗溶接法**という．

さらに，抵抗溶接法は，**重ね抵抗溶接**（薄い板状の母材を重ね合わせて行われる抵抗溶接）と，**突合せ抵抗溶接**（棒状の母材の端面同士を突き合わせて行われる抵抗溶接）とに分類される．

スポット溶接（**点溶接**ともいう．図2・29）は，この重ね抵抗溶接の代表としてあげられるもので（図1・5），薄板の高能率溶接に適した溶接法である．他の多くの溶接法と異なり，作業者の熟練を必要としないため自動化・ロボット化がしやすく，自動車や家電メーカーなどの多量生産現場で多く用いられている．

図2・30に示すように，接合したい2枚の金属板，つまり母材を重ね合わせ，電極の間にはさんで圧迫しておき，大きな電流を流すと，母材の電極間にはさまれた部分が抵抗発熱によって局部的に急速加熱される．この加熱温度は，とくに母材が触れ合う接触面では，接触抵抗によってさらに高まって半溶融状態となり，電極の圧迫力も手伝って，2枚の母材の接触面同士が接合される．

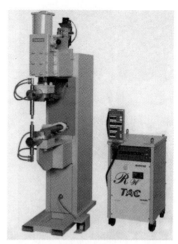

図2・29　スポット溶接機（インバータスポット溶接機）

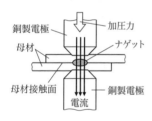

抵抗Rの金属材料に電流Iを流すと，金属材料内で電力が消費されて発熱する．このように抵抗によって温度が上昇する現象を**抵抗発熱**（**ジュール発熱**）と呼ぶ．
このとき発生する熱量をH（J：ジュール），時間をt（s）とすると
$$H = VIt = RI^2t$$
これをカロリーに換算すると
$$Q = 0.24RI^2t$$
これを**ジュールの法則**という．

図2・30　スポット溶接の原理

（1）　スポット溶接の用途
① ボルト，リベット接合に代わる，軟鋼，ステンレス鋼薄板の重ね接合．
② 自動車，鉄道車両，家電，建築金物などの分野．

（2）　スポット溶接の特徴
① 溶接時間が短く，作業能率がよい．
② 溶接が，密着された母材の合わせ面内で行われるため，シールドガスが必要ない．
③ 加熱が局部的に行われるので，溶接ひずみが少ない．
④ 作業にほとんど熟練を必要とせず，溶接部の品質が，作業者の腕に左右されない．
⑤ 大きな溶接電流を必要とするため，溶接機および受電設備の電気容量が大きくなる．
⑥ 溶接電流，通電時間，加圧力，電極形状などの溶接条件を，母材の材質や板厚ごとに設定する必要がある．
⑦ 装置の運搬が不便である．

図2·31 プロジェクション溶接機

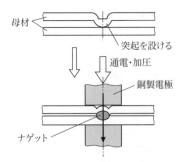

図2·32 プロジェクション溶接の原理

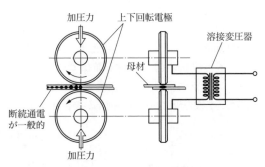

図2·33 シーム溶接の原理

なお，重ね抵抗溶接法には，このスポット溶接のほかに，プロジェクション溶接（図2·31），シーム溶接などの種類がある．その原理を，それぞれ図2·32，図2·33に示す．

2·4·2　フラッシュ溶接

フラッシュ溶接は，重ね抵抗溶接法である前項のスポット溶接とちがい，突合せ抵抗溶接法の仲間で，溶接の過程で激しく火花が飛び散ることから，この名がある．

図2·34に示すように，突合せ接合したい二つの部材の端面同士を向い合わせ，一方を固定し，他方を軸方向に移動できるように溶接装置上に保持する．向い合った母材の端面同士を軽く接触させ，両母材に大きな電流を流すと，接触抵抗により接触面が集中的に加熱される．やがてこの部分が溶融して火花となって飛び散り，接触部にすき間ができるので，可動側の部材を前進させ，再度固定側の部材の端面に接触させて通電し，加熱する．この動作を繰り返し，抵抗発熱と火花の作用とによって両母材の端面が十分に加熱され，溶融状態になったとき，カム機構によって可動部材に圧力を加えて固定部材に押し付け〔この工程を**据込み（アプセット）**と呼ぶ〕，圧接する．このアプセット時に，スラグや不純物を含む溶融金属が，接触面の外に排除されるため，健全な溶接部が得られる．

（1）フラッシュ溶接の用途

① 丸棒，鋼管，鋼板の突合せ溶接．
② 機械，建設工業における大形部材の接合．

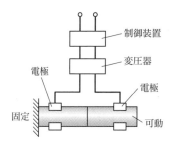

① 軽く接触させて通電．
② 接触点の発熱によって火花が生じ，接触を断絶．
③ 材料を前進させて，通電，発熱を繰返し，
④ 接合面が十分加熱されたところで，加圧して圧接．

図 2・34　フラッシュ溶接の原理

（2）フラッシュ溶接の特徴
① 溶接部の品質がよく，接合強度も高い．
② 溶接速度が速く，能率がよい．
③ 熱影響部の範囲がせまい．
④ 母材の接合面を仕上げておく必要がない．
⑤ 火花で飛散する分，材料の寸法にロスが生じる．
⑥ ばり（溶接部の周囲に不規則な環状にはみ出た部分）の除去に手間がかかる．

2・5　その他の圧接法

2・5・1　冷間圧接

冷間圧接は，主としてアルミニウムや銅，錫（すず），亜鉛など，展性（薄い板状に広がる性質），延性（細長い針金状に延びる性質）に富む非鉄金属，もしくは鋼を，電気やガス，化学薬品などの熱源を一切用いずに，常温のもとで，機械的に圧力を加えるだけで接合させる方法である（図 2・35）．

接合は，表面を密着させた 2 枚の母材に，大きな圧力を加え，金属の原子同士を限りなく接近させることによって起きる**拡散現象**（二つの母材表面の金属原子が相互に移動して，相手方の原子間に入り込む現象．図 2・36）によると説明される．したがって，接合前の母材表面は，その汚れや酸化皮膜などを完全に除去し，清浄な状態にしておくことが必要である．

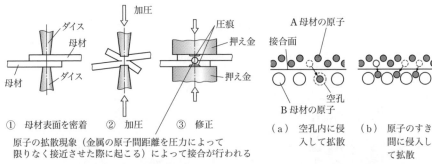

図 2·35 冷間圧接の原理　　　　　図 2·36 拡散現象

　板の重ね冷間圧接を行った場合，母材表面に深い圧迫痕が残り，この部分の板厚が減少することによる強度の低下や，材質の局部的な硬化が起きるのが欠点である．

2·5·2　超音波圧接

　超音波圧接は，**超音波溶接**と呼ばれるのが一般的であるが，母材の融点以下の温度で接合が行われる点に特徴がある．図 2·37 に示すように，接合する二つの母材を重ね合わせ，振動する音極（おんきょく）と受台との間に保持する．母材に上下方向から軽い圧力を加えた状態で，振動音極に横方向の超音波振動を数秒間与えると，これとともに上に重ねられた母材が，下側の母材に対して振動し，接触面の温度が局部的に上昇し，前項の冷間圧接における拡散と同様の表面変化を生じて接合が行われる．

　超音波圧接は，シールドガスを使わずに，アルミニウムやチタン，ジルコニウムなどの活性金属を容易に溶接できるのが最大の特徴であるが，異なる種類の金属間の接合も得意で，また，抵抗溶接では困難な，板厚が大幅に異なる母材同士の接合も問題なくこなせる．さらに，接合部が高温にならないため，熱の影響による材質の変化が少ないのも大きな利点である．

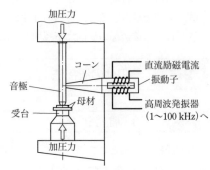

図 2·37　超音波圧接の原理

2·5·3　ガス圧接

　ガス圧接は，鉄道レールや丸棒，鋼管を突合せ接続するための圧接法で，とくに建設現場で鉄筋を接合するのによく活用される．加熱の熱源として，酸素-アセチレン炎や酸素-プロパン炎が用いられる．接合方法には，クローズバット法とオープンバット法の 2 種がある（図 2·38，図 2·39）．

2・5 その他の圧接法

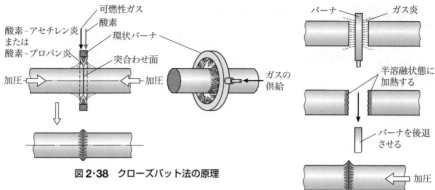

図 2・38 クローズバット法の原理

図 2・39 オープンバット法の原理

　クローズバット法は，母材の端面同士を最初から突き合わせて密着させておき，圧力を加えながら突合わせ面の周囲をガス炎で加熱して圧接する方法である．

　オープンバット法は，間隔をおいて配置した母材の端面をガス炎で別個に加熱し，端面が融点に達したところで，もう一方の母材に圧力を加えて他方の部材に押し当て，ちょうど 2・4・2 項のフラッシュ溶接のように，溶融金属を接合面から押し出して接合する方法である．クローズバット法が，円環状のトーチで母材の外周面から目的の端面を加熱しなければならないのに対し，オープンバット法では，接合する端面を火炎で直接加熱できるので，熱効率がよい．

　ガス圧接の特徴としては，フラッシュ溶接と同様に，溶接部の品質がすぐれている，フラッシュ溶接に比べて装置が簡単である，ガス炎が熱源であるために予熱と後熱を簡単に行うことができるなどがあげられる．

2・5・4　摩擦圧接

　摩擦圧接は，図 2・40 に示すように，互いに端面同士を突き合わせた両母材に圧力を掛け，一方の母材のみを回転させたり，または両方の母材を逆方向に回転させたりして相対運動を与え，これによって生じた摩擦熱で接触面が適切な温度に達したときに両母材間の相対運動を止め，同時に圧力を増して圧接する方法である．

　丸棒や管など，断面が円形の部材の接合によく用いられる方法である

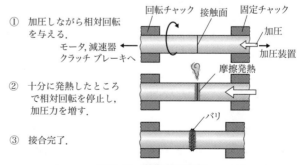

図 2・40 摩擦圧接の原理

図 2·41　摩擦圧接装置

図 2·42　摩擦圧接された製品の例

が，異種材料間の溶接にも利用される（図 2·41，図 2·42）．摩擦圧接の特徴としては，フラッシュ溶接と比べて，据込み（アプセット）量が少ないため，材料のロスが減ること，火花が飛び散らないので安全であること，ばりの形が規則的で美しく，除去も容易であることなどがあげられる．しかしその一方，母材の断面の形が円形のものに限られることや，母材の大きさが，溶接装置のチャックに取付け可能なものに制限されるなどの欠点がある．

2·5·5　鍛接

鍛接は，次節のろう接法と並んで，あらゆる溶接法の中でも最も古くから行われてきたとされる金属の接合技法である．加熱した金属を，ハンマなどで強打して，目的の形状に成形加工することを**鍛造**というが，鍛接は，この鍛造の鍛の字を取ったもので，重ね合わせた母材の接合面を融点以下の温度に加熱した後，ちょうど鍛造のように強打もしくは圧迫して接合させる方法である．

日本刀が，切れ刃部を形成する硬質な材料と，その外周を包む柔軟な材料（皮鉄）との組合わせで構成されていることはよく知られているが，この両者の接合は鍛接による（図 2·43）．上手に接合を行うためには，接合面に酸化皮膜などがなく清浄であることが条件で，そのためにフラックスが用いられるのがふつうである．

図 2·43　鍛接された製品の例（打ち刃物）

2·6　ろう接法の仲間

ろう接法とは，母材の接合したい部分に，母材よりも低い温度で溶ける**ろう材**を溶かして流し込み，母材はまったく，もしくはほとんど溶かさないで，ろう材の母材に対する**ぬれ現象**（ろう材が母材表面の隅々にまで一様に広がる現象）と，ろう材と母材との

接触部の薄い表面層に起こる**拡散現象**（2・5・1項参照．本節の場合，ろう材の原子が，母材の原子のすきまに割り込んだり，逆に母材の原子が，ろう材の原子の中に染み出したりする現象）とを利用して，接合を行う溶接法の一種である（図2・44）．

ろう材として，融点が450℃以上のものを用いる場合を**ろう付け**，450℃未満のものを用いる場合を**はんだ付け**と呼ぶ〔JIS（日本工業規格）による．ろう付けを硬ろう付け，はんだ付けを軟ろう付けと呼ぶ区別のしかたもある〕．

ろう付けの代表的なものとしては，銅ろう付け，銀ろう付けが，はんだ付けの代表格としては，錫-鉛はんだ付けがある．いずれの場合も，上手に接合するには，母材の表面に"ろう材"がよくなじんで"ぬれる"ことが大切で，そのためには，母材表面を清浄にしておくのはもちろん，母材の表面に形成されている強固な酸化皮膜を取り除く目的で，接合する金属の材種や，ろう材の種類，加熱方法などに応じて，適切なフラックスが用いられる．

（a） 部材の組立て

（b） ろう接部の加熱

図2・44 ろう接法

（1）ろう接法の分類

① 使用する熱源や加熱方法（装置）による分類…たとえば，火炎ろう付け，炉中ろう付け，真空ろう付け，高周波ろう付け，抵抗ろう付け，ディップろう付け，こてはんだ付けなど．

② 使用するろう材や，接合する母材の種類による分類…たとえば，銅ろう付け，黄銅ろう付け，金ろう付け，銀ろう付け，ニッケルろう付け，アルミニウムろう付けなど．

（2）ろう接法の用途

① 通常の溶接法（融接法や圧接法）が利用できない細かい継手や極薄板の接合．
② 複雑な形状をもつ継手の接合．
③ 加熱による変形をきらう母材の接合．
④ 融接法や圧接法の利用が困難な異種材料間の接合．
⑤ 溶かして目減りさせることのできない貴金属や美術工芸品の接合．

（3）ろう接法の特徴

① 母材をまったく，もしくはほとんど溶解しないので，非常に薄い板や精密な継手の接合ができる．

② ぬれ現象によって，ろう材がすみずみまで流れるので，複雑な形状の継手でも比較的容易に接合できる．

③ ろう材の融点が，母材のそれよりも低いので，再加熱することにより，ろう材のみ溶かして継手を分解することができる．
④ 一般に，融接法や圧接法に比べて接合部の強度が劣る．

2・7　熱切断法

2・7・1　溶接と切断

溶接は，なんらかの熱エネルギーによって材料を加熱して溶かし，あるいは，ほぼ溶けた状態にして一体に接合する技法であるが，この熱エネルギーはその利用のしかたを変えると，そのまま材料接合とは逆の操作，すなわち切断の熱源としても応用できる．

一般に，"およそ物をつくるには，切って張ることが必要"といわれるが，いくら材料を"張る"，つまり接合するための溶接法が進歩して高品質・高能率化されても，その前段階ともいえる"切る"，つまり材料切断の技法のレベルが低く，非能率であったらなんにもならない．つまり溶接と切断は，つねに表裏不可分の関係にあるといえる．

ところで，この"切断"と似た作業で，金属材料の表面に幅のせまい溝を掘る**ガウジング**と呼ばれる技法がある（金属材料の表面を広範囲に薄く削り取る**スカーフィング**という技法もある）．目的はちがうが，これも切断法の一種と考え，ここで取り扱う．

ここでは，最も古くから用いられていてなじみの深いガス切断法や，最近急速に利用範囲が広まってきたプラズマ切断法をはじめとして，現在実用化されている各種の熱を利用した材料切断法のいくつかを紹介する．

2・7・2　熱切断法の種類

（1）ガス切断

ガス切断は，軟鋼（低炭素鋼）切断の方法としては，適用が可能な板厚，切断速度のどちらにおいても非常に高い生産性をもつ方法で，その原理はつぎのとおりである．

まず，アセチレンやプロパンなどの可燃性ガスと，支燃性ガスである酸素との混合ガスが燃焼する火炎により，鋼材を 800～900℃に予熱する．

やがて赤熱状態になったところに高圧の酸素気流を吹き付けると，その部分は急速に燃焼して融点の低い酸化鉄となり，高圧・高速の酸素気流の勢いで吹き飛ばされ，連続的に溝が掘られて切断される．図 2・45 にガス切断の原理，図 2・46 にガス切断機の例，図 2・47 に突合せ溶接部の開先加工を示す．ガス切断が円滑に行われるためには，つぎのような条

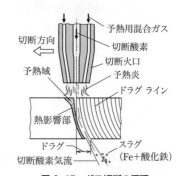

図 2・45　ガス切断の原理

図2・46　ガス切断機の例（大径パイプの自動ガス切断装置）　　図2・47　自動ガス切断機による突合せ溶接部の開先加工

件が必要である．
① 燃焼によって生成した酸化物の融点が，母材のそれよりも低いこと．
② 母材が，その融点よりも低い温度で燃焼すること．
③ 母材の成分に，燃焼しにくい物質が多く含まれていないこと．

　軟鋼がガス切断しやすいのは，この三つの条件に最もよく適合しているからである．これに対して鋳鉄，高合金鋼であるステンレス鋼，非鉄金属であるアルミニウムなどは，ガス切断しにくい材料である．まず鋳鉄は，その燃焼温度よりも融点が低く，また含まれている黒鉛が連続的な燃焼を妨害するので上記②，③の条件に反し，さらにステンレス鋼やアルミニウムは，生成する耐火性酸化物の融点が母材のそれよりもはるかに高いため，上記①の条件に反するためである．これらの材料は，次項で説明するパウダ切断を利用して切断することができる．

　なお，具体的なガス切断の実技については，9章の解説を参照してほしい．

(2) パウダ切断

　パウダ切断（粉末切断ともいう）は，前項で説明したガス切断で切断できる材料の"三つの条件"に適合しない材料，すなわち鋳鉄，高合金鋼，非鉄金属を切断するための方法である．

　その原理は，図2・48に示すように，ガス切断の切断酸素気流の中に，圧縮空気もしくは圧縮窒素を用いて微粒子状の鉄粉や，けい酸塩などのフラックスの粉末を連続的に供給し，これらが急激に酸化したときに発生する高温の反応熱で，切断部に生じた融点の高い酸化物を溶かすとともに，切断酸素気流の圧力で吹き飛ばして切断するというものである．

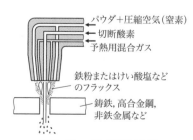

図2・48　パウダ切断の原理

(3) プラズマ切断

プラズマ切断（図2·49）は，2·2·1項のプラズマ溶接におけるプラズマ ジェットを材料切断の分野に応用した方法である．プラズマ ジェットを得るためのアークの発生法には，移行アークと非移行アークとがあることを説明したが，このうち非移行アーク，すなわち切断トーチの内部で発生させたアークによってプラズマ ジェットをつくり，これを材料の切断線上に吹き付け，材料を溶融させるとともに吹き飛ばして切断を行う方法では，切断される材料は不導体のものであってもかまわない．

図2·49 プラズマ切断

プラズマ切断は，金属の酸化・燃焼反応を利用して切断を行うガス切断や，パウダ切断などと異なり，プラズマ ジェットの高熱・高速度と高いエネルギー密度を利用して材料を強制的に溶融飛散させるのが特徴である．したがって，ステンレス鋼などの高合金鋼，アルミニウムや銅合金などの非鉄金属材料の切断も原理的に可能である．従来，プラズマ ジェットを発生させる電極の材料としてはタングステンが，またプラズマ ガス（動作ガスともいう）としては窒素や，窒素とアルゴンとの混合ガスが用いられるのが通例であったが，ハフニウム（Hf）やジルコニウムなど空気や酸素中でも消耗の少ない電極材料がタングステンに代わって開発され，これにともなってプラズマ ガスも，低コストな圧縮空気や圧縮酸素を利用することが可能となった．これが現在主流のエアプラズマ切断，酸素プラズマ切断である．図2·50～図2·52にエアプラズマ切断の原理と切断機，切断作業の例を示す．

エアプラズマ切断は，ガス切断と比較して，つぎのような特徴をもっている．

① 軟鋼はもちろん，ステンレス鋼，アルミニウム，銅，黄銅，塗装鋼板，亜鉛めっき板などあらゆる金属に適用が可能で，応用分野が広い．

② 高速切断が可能である．

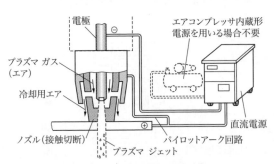

図2·50 エアプラズマ切断の原理

図2·51 エアプラズマ切断機

（a）円切り切断　　　　（b）開先切断　　　　（c）直線切断

図2・52　エアプラズマ切断作業

③ 切断にともなって発生するひずみが少ない．
④ 安全で，操作が容易である．
⑤ 中・厚板までの切断においてはランニングコストが低い．

反面，エアプラズマ切断には，切断面が空気に触れて窒化するため，切断面をそのまま溶接すると，ブローホールが発生しうる欠点があるので，エアプラズマ切断法を開先加工に利用した場合には，注意が必要である．

酸素プラズマ切断は，エアプラズマ切断のもつこの欠点を改善したもので，切断精度が高く，切断面に窒化層が形成されないため，切断後直ちに溶接できるという利点がある．ただし，酸素ガスを用いるため，エアプラズマ切断に比べてランニングコストが高くなる．このため，切断後直ちに溶接する必要がある場合や，特別に高い切断精度が求められる場合を除いて，エアプラズマ切断を用いることが多い．

プラズマ切断機（プラズマ切断電源）には，表2・3に示すようにサイリスタ制御形，トランジスタチョッパ制御形，インバータ制御形があり，現在では，小形・軽量化が

表2・3　プラズマ切断機（プラズマ切断電源）の出力制御方式の種類とその特徴

出力制御方式と構成の模式図	特　徴
サイリスタ制御形：交流→変圧器→交流→サイリスタ→直流→直流リアクトル→直流	大電流化，遠隔制御が容易にできる．出力リップルが大きい．
トランジスタチョッパ制御形：交流→変圧器→交流→整流器→直流→パワートランジスタ→直流リアクトル	出力波形の高速制御が容易にできる．
インバータ制御形：交流→整流器→交流→パワートランジスタ→高周波交流→変圧器→高周波交流→整流器→直流→直流リアクトル	出力波形の高速制御が容易にできる．性能が向上する．装置の小形・軽量化ができる．

（株）ダイヘン：溶接講座（プラズマ切断編）より

可能なインバータ制御形のプラズマ切断機が主流となっている．外部特性（5・3 節参照）は，アークの安定化を図るために，定電流特性を採用するのが一般的である．

（4） 電子ビーム切断

2・3・1 項で説明した電子ビーム溶接は，広い意味での"電子ビーム加工"の一形態である．電子ビーム加工は，溶接の分野で広く利用されているが，電子ビームの非常に高いエネルギー密度と，これがきわめてせまい範囲に集中的に供給されるという特性は，そのまま材料切断の分野にも応用することができる．すなわち，通常の方法では加工しにくい金属や，ガラス，セラミックス，半導体材料，宝石などの微細穴加工，切断である．

ただし，電子ビーム加工は真空チャンバ（真空室）内で行われるため，加工される材料の大きさが制約されるのが難点である．

（5） レーザビーム切断

レーザビーム切断は，2・3・2 項のレーザビーム溶接におけるレーザ光の熱エネルギーを材料の切断に応用した方法で，広い意味でのレーザ加工（図 2・53）の一種である．

レーザ光は指向性，集中性が非常にすぐれており，レンズで絞ることによってきわめて高いエネルギー密度を容易に得ることができる．レーザ加工は，図 2・54 に示すように，この高エネルギー密度のレーザ光を工作物の表面に照射して，その部分を瞬間的に溶融もしくは蒸発させ，せん孔や溶接，切断などの加工を行う方法である．

切断に限らずレーザ加工には，一般的につぎのような利点がある．

① 金属材料に限らず，セラミックス，プラスチック，複合材料など，ほとんどの材種に適用できる．

② 非接触加工のため加工反力を生じず，加工物のセッティングが簡素化でき，また複雑な形状の工作物にも対応しやすい．

③ レーザ光の操作が容易で，自動化に適している．

④ 熱影響が小さく，材料のロスが少ない高品質な加工ができる．

図 2・53　レーザビーム加工機

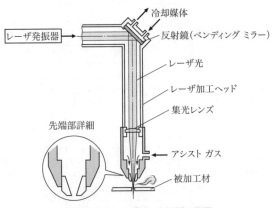

図 2・54　レーザビーム切断の原理

反面，レーザ加工には，
① 他の精密機械加工に比べて，やや加工精度が劣る．
② 加工条件の規格化が困難で，加工データの信頼性や再現性に欠ける．
③ 設備費が高価である．
などの欠点もある．

しかし，レーザ加工は，ふつうの切断砥石（といし）では加工ができない複雑な自由形状の微細切断や，通常の機械加工では困難な複合材料やセラミックスの高速切断などを可能にするという，レーザ加工ならではのメリットを多くもっており，以上の欠点が解決されることによって，ますますその用途を拡大していくものと考えられる．

(6) ガウジング

ガウジングとは，板の表面に溝を掘る作業のことで，厳密には切断ではないかもしれないが，原理的には切断加工の一種とみなすことができる．たとえば，欠陥のある溶接部や，仮付け溶接のビードを取り除いたり，裏溶接をするための前処理として，欠陥を含むことが予想される開先内の第1層目のビードをはつり取るときなどに，このガウジングが行われる．これには，ガス切断の原理を応用した火炎ガウジング（フレームガウジング）とアーク熱を利用した方法とがある．材料表面を広く浅く削り取る**スカーフィング**とあわせ，図 2·55 に材料表面の切削法の分類を示す．

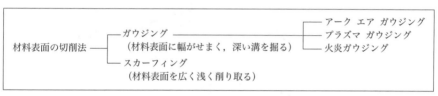

図 2·55 材料表面の切削法の分類

（i）アーク エア ガウジング これは，図 2·56 に示すように，特殊なガウジングトーチに取り付けられたカーボン電極と母材との間にアークを発生させて母材を溶解すると同時に，カーボン電極と平行に圧縮空気を噴出させて溶けた金属を吹き飛ばし，板の表面に溝を掘る方法である．カーボン電極には，通常，外径 3.5〜11 mm の丸棒電極が用いられる．また，ガウジング用電源としては，一般に作業能率が高い直流電源が用いられるが，作業量が少ない場合は，手溶接用の交流電源も使用される．

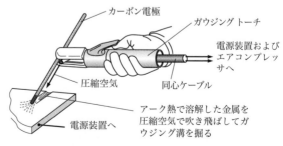

図 2·56 アーク エア ガウジングの原理

図2・57に，手溶接もできるガウジング兼用タイプの電源装置の例を示す．

アーク エア ガウジングは，電源装置，ガウジングトーチとケーブル，エアコンプレッサがあれば手軽にガウジング作業ができるというメリットがあり，広く利用されているが，対象金属が鉄鋼系材料に限られるほか，ヒュームの発生量が多い，加工面の仕上がり状態もつぎのプラズマ ガウジング法に比べて劣るなどの欠点がある．

図2・57　アーク エア ガウジング手溶接兼用電源装置

(ii) プラズマ アーク ガウジング　これは，(i)項のアーク エア ガウジングに代わって急速に普及している技法で，移行式のプラズマ アークをガウジング作業に利用したものである．一般に**プラズマ ガウジング**と呼ばれている（図2・58）．

プラズマ ガウジング法は，プラズマ トーチ（電極）をマイナス（陰極）側に，切断する母材をプラス（陽極）側に接続し，チップから噴出した高温のプラズマ流でプラズマ アークをつくる．プラズマ ガウジング用のガスには，一般にアルゴン（Ar）と水素（H_2）との混合ガスが用いられる．

表2・4は，プラズマ ガウジングとアーク エア ガウジングとの特徴の比較を示す．また図2・59に，プラズマ ガウジング・プラズマ切断兼用電源装置の例を示す．

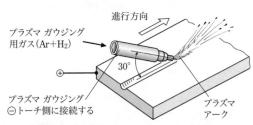

図2・58　プラズマ アーク ガウジングの原理

表2・4　プラズマ ガウジングとアーク エア ガウジングの特徴の比較

比較する項目	プラズマ ガウジング （120 A 時）	アーク エア ガウジング （350〜400 A 時）
ヒューム	少ない．	多い．
騒音	比較的少ない．	比較的多い．
仕上がり状態	美しい（WES1級）．	凹凸あり（WES級外）．
溝内の付着物	ほとんどない．	カーボン，銅などが付着．
使用ガス	アルゴン＋水素	空気
電極	非消耗タングステン	消耗カーボンロッド
対象金属	ステンレス・アルミニウムにも適用可能．	鉄系材料に限られる．

図2・59　プラズマ ガウジング・プラズマ切断兼用電源装置

〔注〕　WES：日本溶接協会規格

3
溶接母材の基礎知識

　この章では，溶接母材，つまり溶接される側の材料の代表として，鉄鋼材料（ステンレス鋼を含む）とアルミニウム材料をとりあげ，その種類と性質，溶接特性などについて解説する．

3・1　鋼　　材

3・1・1　鋼の分類

　鉄（Fe）に少量の炭素（C）を混ぜ合わせた合金を**鋼**（steel）と呼んでいる．混合される炭素の割合は，学術上は 0.02〜2.14％とされるが，一般に多用されるのは 0.05〜1.5％の範囲である．また，0.02％以下のものは，**純鉄**とみなされ，2.14％をこえると**鋳鉄**と呼ばれる．

　鋼は，一般に炭素鋼とも呼ばれる**普通鋼**と，合金鋼とも呼ばれる**特殊鋼**とに分けられる．特殊鋼はさらに，構造用合金鋼，工具鋼，特殊用途鋼に分類される（図3・1）．ここでは数多くある鋼材のうち，溶接と縁の深い材種について説明する．

図3・1　鋼の分類

（1）普通鋼について

　普通鋼は，**炭素鋼**と言い換えることができる．JISによると，炭素鋼とは，"鉄と炭素との合金で，炭素含有量が通常 0.02〜約2％の範囲にある鋼のことで，少量のけい素，マンガン，リン，硫黄などを含む"ものとされている（JIS G 0203 より）．

　炭素鋼は，その用途によって，図3・2に示すように構造用炭素鋼（炭素の含有量がおおむね0.6％以下）と工具用炭素鋼（同じく0.6％以上）とに分類することができる．

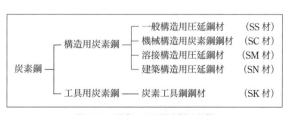

図3・2　用途による炭素鋼の分類

構造用炭素鋼としては，一般構造用圧延鋼材（SS 材）や溶接構造用圧延鋼材（SM 材），機械構造用炭素鋼鋼材（SC 材）などが代表的で，工具用炭素鋼としては，炭素工具鋼鋼材（SK 材）がよく用いられている．ただし，JIS では，SC 材は構造用合金鋼とともに，SK 材は特殊用途鋼の一つに分類されている．

普通鋼（炭素鋼）の分類のしかたには，含んでいる炭素の分量によって，図 3・3 に示すように，低炭素鋼（炭素含有量が 0.3% 以下），中炭素鋼（同じく 0.3〜0.6%），高炭素鋼（同じく 0.6% 以上）に分ける方法もある．この炭素量によって分ける方法のうち，炭素量 0.3% 以下の低炭素鋼は，**軟鋼**（なんこう）とも呼ばれ，焼入れ硬化性（焼入れすると硬くなる性質）をもたないために割れにくく，したがって，溶接性がよい（溶接しやすい）のが特徴である．この軟鋼には，値段が安い SS 400 や，SS 400 よりも厳しく不純物量が管理された SM400 などがあり，重要な溶接構造物には，主として SM 材が用いられる．

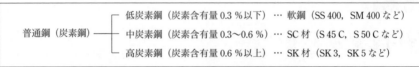

図 3・3　炭素含有量による炭素鋼の分類

（2）特殊鋼（合金鋼）について

特殊鋼は，普通鋼である炭素鋼に，炭素以外の特殊な元素を混ぜて，特別な性質を与えた鋼で，さらに構造用合金鋼，工具鋼，特殊用途鋼に分類される．

（i）構造用合金鋼の規格

① マンガン鋼鋼材（SMn 材）… 最初の S は steel の S つまり鋼を，つぎの Mn はマンガンを表す．以下の合金鋼も同様に，最初の S は鋼を，つぎのアルファベットは主に含有している合金元素を表す．

② クロム鋼鋼材（SCr 材）

③ ニッケルクロム鋼鋼材（SNC 材）… この場合の C は，炭素ではなくクロム（Cr）の C なので注意．つぎも同じ．

④ ニッケルクロムモリブデン鋼鋼材（SNCM 材）

このほかに

⑤ 機械構造用炭素鋼鋼材（SC 材）… この場合の C は，炭素を表している．

これも，同じ合金鋼の仲間に分類されているが，SC 材の主成分は炭素のみであるので，やや異質である．

これらはいずれも，焼入れの後，400℃ 以上の高温で焼戻しをする，いわゆる調質処理を行って強度やじん性を高めてから使用するのが原則である（**補足説明 1 参照**）．

(ii) 工具鋼の規格

① 炭素工具鋼鋼材（SK材）…Sは鋼を，Kは工具つまりkouguの頭文字である．SK材もSC材と同様に主成分は炭素のみで，成分的には炭素鋼である．ただし，工具に必要な硬さを得るために意図的に炭素量を増やしてあることから，JISでは特殊鋼に分類されている．

② 合金工具鋼鋼材（SKS，SKD，SKT材）…SKS材の3番目のSは，旧規格の特殊工具鋼の特殊，つまりspecialのSが残ったとされる．

③ 高速度工具鋼鋼材（SKH材）…3番目のHは高速度，つまりhigh speedのHで，現場ではハイスピードを縮めて"ハイス"と呼び習わしている．"高速度"とは，高速度での切削ができる，すなわち，高速切削によって発生する高温に耐えうることを意味する．

(iii) 特殊用途鋼の規格

① ばね鋼鋼材（SUP材）…Uは特殊用途，つまりspecial useのU，Pはspringの2番目のPである．最初のSを使うと，SUSとなり，ステンレス鋼になってしまう．

② 軸受鋼鋼材（SUJ材）…Jは軸受，つまりjournalのJである．

③ 耐熱鋼鋼材（SUH材）…HはheatのH．

④ ステンレス鋼鋼材（SUS材）…おなじみの鋼で，3番目のSはstainlessのS．

合金鋼は，JIS G 0203の定義によると，"鋼の性質を改善向上させるため，または所定の性質をもたせるために，合金元素を1種または2種以上含有させた鋼"のことで，含んでいる合金元素の多少によって，低合金鋼と高合金鋼に分類されることもある．

前者は，炭素のほかに，合計5〜6%，多くても10%以下の合金元素を加えて，引張

補足説明 1　熱処理

鋼は，同じ成分でも加熱や冷却の操作を加えることによって，多彩な性質の変化を示す．鋼に，加熱や冷却の操作を加えて，意識的に組織を変化させ，異なる性質の鋼を作り出すことを熱処理と呼び，つぎのような種類がある．

① **焼入れ**…鋼をA_3変態点（0.8%C以下の鋼），またはA_1変態点（0.8%C以上の鋼）よりも30〜50℃高温に加熱・保持した後，急速に冷却して，硬さを増し，強くする操作．

② **焼戻し**…焼入れによってマルテンサイト化した鋼を，適温に加熱・保持した後に冷却し，内部応力を除去するとともに，硬化した不安定な組織を改善し，じん性を回復する操作．

③ **焼なまし**…加工により硬化した鋼を，所定の温度に加熱・保持した後，炉中で極めてゆっくりと冷却することによって，内部ひずみを解消し，軟化させて，展延性を復活させる操作．

④ **焼ならし**…鋼を所定の温度に加熱後，一定時間保持した後に空冷することで，内部ひずみの除去，粗大化した結晶粒の微細化，加工によって乱れた組織の標準化などを達成する操作．

り強さやじん性，硬さなどの機械的性質を向上させたもので，この仲間に属するものとして，低温用鋼や高張力鋼（低合金高張力鋼）がある．

後者は，さらに多くの（10％以上）の合金元素を加えることによって，機械的性質だけでなく化学的性質をも改善して，特殊な用途に用いられるようにしたもので，ステンレス鋼は高合金鋼の代表的な存在である．

次項以下では，溶接に多用される鋼の代表として，低炭素鋼（軟鋼）の SS 材や SM 材，および合金鋼の仲間である高張力鋼とステンレス鋼について簡単に説明する．

3・1・2　溶接と関係の深い普通鋼（軟鋼）

（1）SS 材（一般構造用圧延鋼材）

SS 材は，正しくは一般構造用圧延鋼材といい，JIS G 3101 に SS 330，SS 400，SS 490，SS 540 の規格がある．代表的なのは SS 400（旧 SS 41）で，JIS に規定されている鋼材の中でも生産量が多く，広く用いられている．現場ではよく "ナマ" などと呼ばれている．

SS の最初の S は，steel（鋼）を表わし，つぎの S は，structure（構造物）を表す．SS のつぎの数字 400 は，保証されている引張り強さの最低値が 400 MPa（メガパスカル），つまり 400 N（ニュートン）/mm^2 であることを表わしている（400 N は，重力単位系では約 41 kgf に当たる．旧 SS 41 の 41 は，最低保証引張り強さが 41 kgf/mm^2 であることを表す．重力単位の kgf を約 9.8 倍すると，現行の SI 単位の N に換算できる）．

このように SS 材は，最低の引張り強さだけは定められているが，化学成分についての規定がゆるく（SS 400 に関していうと，炭素とマンガン量には規定がなく，リンと硫黄の上限値が規定されているだけ），また，脱酸が不十分で価格の安いリムド鋼塊から製造されるため，鋼材の性質をもろくするリン（P）や硫黄（S）といった有害物質が偏析（中心部に偏在すること）している可能性があり，とくに板厚 50 mm をこえる厚板を溶接構造物に用いるのは避けたほうがよい．

（2）SM 材（溶接構造用圧延鋼材）

SM 材は，正しくは溶接構造用圧延鋼材といい，JIS G 3106 に SM 400 A・B・C，SM 490 A・B・C・YA・YB，SM 520 B・C，SM 570 の規格がある．SM 400 はいわゆる軟鋼で，SM 490 以上は，次項で説明する高張力鋼に含まれる．

SM の S は，steel（鋼）を，M は，marine（船舶）を表わしている．これからもわかるように，もともと SM 材は，かつてはリベット構造であった船が溶接構造に変わり，大形化していくのと歩調を合わせて開発されたもので，溶接性にすぐれた材種である．その名から，造船専用の鋼材と誤解されることがあるが，そうではなくて，大形の船舶の建造にも使用できるほど溶接性にすぐれた構造用鋼材であると解釈するのが正しい．

SM 材は，SS 材と違って，十分に脱酸された高級なキルド鋼塊や，セミキルド鋼塊から製造され，その化学成分も，SM 400 A のけい素（Si）量を除いて，鋼の 5 元素で

ある炭素，けい素，マンガン，リン，硫黄すべてにわたって厳密に上限値が規定されている．一般に，鋼の強さを大きく左右するのは炭素で，炭素量を増やせば鋼の強度を高めることができるが，炭素が増えると，焼きが入りやすくなって溶接性が悪くなる．その点SM材は，炭素量が原則として0.2%以下に抑えられており，けい素，マンガンも厳密に規定されていて，溶接性の向上を主眼にしていることがわかる．

ところで，軟鋼の仲間であるSS 400やSM 400などに比べて強度が高く（つまり，引張り強さや降伏点が高い），溶接性にもすぐれた構造材料を**高張力鋼**（こうちょうりょくこう）と呼ぶが，SM材の中ではSM 490やSM 520，SM 570などがこれに当たる．これについては次項で説明する．

3·1·3 溶接と関係の深い特殊鋼

（1） 高張力鋼

（i） 高張力鋼の目的　高張力鋼（high tensile strength steel）は，略して"ハイテン"と呼ばれる（引張り強さの従来単位kgf/mm^2の値を付けて，たとえばHT 50，HT 70などと表記する習慣がある）．この鋼は，SS 400やSM 400などの軟鋼に比べて降伏点や引張り強さが高く（降伏点300 MPa以上，引張り強さ490 MPa以上），またより多くの合金元素を含んでおり，溶接構造物の大形化にともなって，構造物の自重を減らす必要から開発された鋼材である．

通常よりも強度が大きい高張力鋼板を使用して構造物を設計すると，板厚が減って，構造物を軽量化することができる．これを造船に当てはめると，船の自重が減ることにより，貨物の積載量を増やすことができ，建築物では，板の重量が減る結果，より高層の建築が可能になるし，また同じ高さの建物ならば，建築物の総重量が減った分，基礎の施工が簡略化できるなど，その経済的なメリットは大きい．

（ii） 高張力鋼の種類　JISには高張力鋼という名称そのものの規格はないが，前項（i）で記したように，SS 400やSM 400などの一般の軟鋼に比べて強度，つまり降伏点や引張り強さが高く，より多くの合金元素を含んでいる鋼のことをいう．高張力鋼には，高い強度が求められることはもちろんであるが，同時に溶接性がよいことも必要条件である．そのため，高張力鋼は，炭素を0.2%程度以下に抑え，代わりに合計2〜3%の少量の合金元素を加えることによって強度を高める工夫がされている．

また高張力鋼は**非調質高張力鋼**と**調質高張力鋼**とに分けることができる．

非調質高張力鋼は，圧延のまま，または焼ならし処理，あるいは焼ならしの後に焼戻し処理を施した高張力鋼である．SM材を例にとると，50キロ級ハイテンの大部分がMn-Si系の非調質高張力鋼である．

調質高張力鋼は，高温から焼入れをした後，焼戻し処理を施した高張力鋼である．焼入れをすると鋼は硬化し，強度は大きく上昇するが，そのままでは延性やじん性が低下していてもろいので，焼戻し処理を施すことによって延性やじん性を回復させる．

鋼の焼入れ性は炭素量が多いほどよくなるが，炭素量を増やすと溶接性が悪くなるので，これを 0.2% 以下に制限し，代わりにニッケル（Ni），クロム（Cr），モリブデン（Mo），バナジウム（V），銅（Cu），チタン（Ti），ニオブ（Nb）などの合金元素を，必要な引張り強さに応じて適量加えることによって，焼入れ性が確保されている．

SM 570（60 キロ級ハイテン）は，SM 490 を調質して強度を高めた調質高張力鋼である．

（2）ステンレス鋼

鉄に 13% のクロムを混ぜるとさびにくくなることを，1912 年にイギリスの研究者ブリアンが発見したのが，13 クロム鋼すなわちステンレス鋼のはじまりとされている．また同じころ，この 13 クロム鋼にさらにニッケルを加えると，よりさびにくくなるとともに，じん性も増すことをドイツの研究者が発見した．これが，18-8 ステンレス鋼として知られ，家庭の浴槽や食器などに用いられている 18% クロム-8% ニッケルステンレス鋼の起源といわれている．

（ⅰ）ステンレス鋼の性質　鋼材の最大の欠点は，水分や薬品に腐食されやすいことである．ステンレス鋼は，この欠点を補うために，鋼にクロムなどの元素を，低合金鋼よりも多量に合金したものである．より正確にいうと，ステンレス鋼は，炭素量を低めに抑えた鋼に，12% 以上（ブリアンの研究では 13% クロムがさびにくくなるための境界線であったが，JIS ではやや低く設定されている）のクロムを合金した高合金鋼のことで，耐食・耐熱用材料として用いられる．

ステンレス（stainless）を直訳すると，"汚れがない" こと，つまりいつまでもさびずに美しいことを意味しているが，ステンレス鋼が腐食に強く，さびない（正確にはさびにくい）のは，薄くて緻密（ちみつ）な酸化クロムの膜が表面をおおっていて，腐食物質の攻撃から内部を保護しているからである．仮にクロムの分量が少なすぎて 12% 未満であると，酸化クロムの膜が十分に形成されず，ステンレス鋼といえども，普通の鋼と同様に，たちまち腐食してしまうことになる．

また，このステンレス鋼にニッケルを加えると，高温強度や低温じん性が向上し，加工性や溶接性も良好になるため，用途が拡大する．18-8 ステンレス鋼などと呼ばれる SUS 304 は，その代表格である．

（ⅱ）ステンレス鋼の種類　ステンレス鋼（SUS 材）は "サス" とも呼ばれる．最

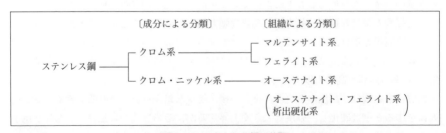

図 3・4　ステンレス鋼の分類

初の S は steel，U は special use つまり特殊用途鋼の U，最後の S は stainless の S を表す．図3・4 に示すように，成分によってクロム系とクロム・ニッケル系の2系統に，また組織によって，マルテンサイト系，フェライト系，オーステナイト系の3系統に分類され（オーステナイト・フェライト系，析出硬化系の2系統を加えて5系統に分類する場合もある），それぞれの特徴に応じて使い分けられる（**補足説明2**参照）．

（a） マルテンサイト系ステンレス鋼　マルテンサイト系ステンレス鋼は，13クロムステンレス鋼とも呼ばれ，0.2〜0.9％の炭素と，12〜16％のクロムを含む．

他のタイプのステンレス鋼に比べると，クロムの量が少なく，耐食性がやや劣るが，焼入れ硬化性があり，機械的性質もすぐれているため，耐食性を必要とする構造用材料や，工具，刃物類，耐摩耗性を必要とするバルブや軸受などに用いられる．ただし，溶接性はよくない．

組織は，変態点以上の高温ではオーステナイト組織を示すが，非常にゆっくりした速度で冷却すると，オーステナイト中のクロムが拡散し，常温ではフェライトと炭化物との混合組織となる．しかし冷却速度を上げると，クロムの拡散が十分に行われず，硬くてもろいマルテンサイト組織になる．

この系のステンレス鋼の代表として，SUS 410 や刃物によく使われる SUS 440 がある（ス

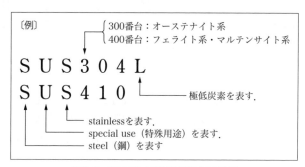

図3・5　ステンレス鋼の材種記号の意味

| 補足説明 | 2 | 鋼の変態と組織の変化 |

1. 高温で溶融状態にある純鉄をゆっくり冷却していくと 1390℃，910℃，768℃で**変態**という現象が起こる．変態とは，温度変化によって金属が固体のままで，その内部状態に変化が生じる現象である．

    これら三つの変態点を，A_4 変態点，A_3 変態点，A_2 変態点とよび，A_4 変態点以上の温度の鉄を δ（デルタ）鉄，A_3 から A_4 変態点までの鉄を γ（ガンマ）鉄，A_3 変態点以下の鉄を α（アルファ）鉄という．

    さらに，純鉄の α 鉄，γ 鉄，δ 鉄に炭素を固溶したものを，それぞれ α 固溶体，γ 固溶体，δ 固溶体という．

    また，純鉄に炭素が混入して炭素鋼になると，純鉄のときにはなかった変態点が現れる．これを A_1 変態点といい，炭素量に関係なく 723℃で変態が起きる．

2. α 鉄固溶体の組織をフェライトといい，γ 鉄固溶体の組織をオーステナイトという．

    また，炭素を多く固溶するオーステナイト組織から急冷されたために，炭素を過飽和に固溶したまま冷却した α 鉄の組織を，マルテンサイトと呼ぶ．

テンレス鋼の材種は，SUSに続く3桁の数字で表す．その意味を図3・5に示す）．

（b）フェライト系ステンレス鋼　フェライト系ステンレス鋼は，18クロムステンレス鋼とも呼ばれ，0.15％以下の炭素と，12～18％のクロムを含む．フェライト系ステンレス鋼は，マルテンサイト系ステンレス鋼よりも軟らかくて加工性・溶接性ともによく，耐食性もすぐれている．

組織は，高温から常温にいたるまでフェライトで，マルテンサイト系ステンレス鋼と違って，A_1，A_3変態点がないため，急冷しても硬化しないのが大きな特徴である．耐食・耐熱性と加工性のよさを利用して，自動車の排気系部品など，薄板プレス製品の材料として用いられるほか，炉や化学設備，装飾品などにも用いられる．

この系統のステンレス鋼の代表として，SUS 430，SUS 405がある．

（c）オーステナイト系ステンレス鋼　オーステナイト系ステンレス鋼は，17～20％のクロムと，8～14％のニッケルを含み，常温でもオーステナイト組織を示すため，オーステナイト系と呼ばれる．この系統のものは，ステンレス鋼の系統の中でも最も耐食性にすぐれており，加工性や溶接性もよく，外観も美しい高級品種である．また，耐熱性や耐低温性にもすぐれているが，高温から急冷しても硬くならない，つまり焼入れ硬化性がないため，強度や硬さはマルテンサイト系ステンレス鋼よりも劣っている．

代表的なのは，18-8ステンレス鋼（じゅうはちはちステンレス，またはエイティーンエイトステンレス）と呼ばれ，0.1％以下の炭素，18％のクロム，8％のニッケルを含む材種で，耐食性，耐熱性にすぐれることはもちろん，加工性も非常によいので，各種タンク類，熱交換機，浴槽，厨房機器などに広く利用されている．

この系統のステンレス鋼の代表としては，SUS 304，SUS 316などがある．

3・2　鋼の溶接

3・2・1　鋼の溶接部の構造と性質

溶接は，母材の接合部が非常に短い時間内に加熱と冷却を繰返し受ける加工であるため，溶接部の組織や性質には複雑な変化が起きる．ここではまず，鋼材の溶接部が溶接熱の作用によって受ける質的な変化について説明する．

炭素鋼や高張力鋼などの，低合金鋼の溶接部の断面は，図3・6のように，溶接金属部，ボンド部，熱影響部，母材部から構成される．

（1）溶接金属部

溶接金属部は，被覆アーク溶接棒の心線や，半自動溶接ワイヤなどが溶けて落下した溶融金属（**溶着金属**という）と，同じく溶けた母材の一部とが混合，凝固した部分で，図3・7に示すように，鋳造したときのような柱状の結晶組織（デンドライト組織と呼ぶ）になる．

この結晶は，ビードの中央上方に向かって成長するので，これにともなって不純物はビードの中心部や上部付近に集まる．さらにこの上に第2層目のビードを置くと，柱状組織の第1層目のビードは，図3・8に示すように焼ならしの熱処理を受けたときと同様に組織が微細化され，機械的質も改善される．

（2）ボンド部

　ボンド部は**融合部**ともいい，溶接金属部と母材との境界部分のことである．ボンド部は，溶接金属部と同様，急冷により組織が粗粒化していて硬くてもろい．とくに調質高張力鋼（熱処理によって強度を高めた高張力鋼）では，このボンド部付近のじん性が大きく低下する傾向があり，**溶接ボンド部脆化**（ぜいか）と呼ばれている．

（3）熱影響部

　熱影響部は，熱（heat），影響を受けた（affected），領域（zone）のイニシャルを並べてHAZ（ハズ）とか"溶接の2番"などと呼ばれる領域で，ボンド部の外側数mmの部分を指す．この部分は，溶接熱により母材がA_1変態点以上に加熱され，組織と機械的性質が大きく変化する．ひと口に熱影響部といっても，その影響の受け方は場所によってさまざまで，最もボンド部寄りの融点に近い高温（1250℃以上）に加熱後，急冷された領域では，結晶粒が著しく粗大化した焼入れ組織になっている場合が多い．

　とりわけ炭素含有量の多い鋼や，普通鋼に比べて合金元素含有量の多い高張力鋼は，焼入れ硬化性が

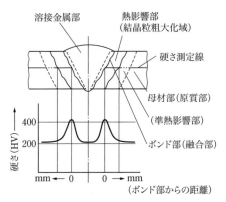

〔注〕　硬さ（HV）については，**補足説明3**参照
図3・6　鋼の溶接部の構造（母材材質Mn-Si系高張力鋼の場合）

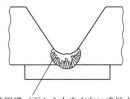

図3・7　柱状の結晶組織（デンドライト組織）

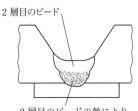

図3・8　2層目ビードの溶接熱による柱状組織の改善

補足説明 3　ビッカース硬さ（HV）について

　ビッカース硬さ（HVと表す）とは，金属の硬さ試験の一種であるビッカース硬さ試験によって得られる，金属の硬度を表す値のことで，この試験は，先端が四角錐（すい）に加工されたダイヤモンド圧子に一定の荷重をかけて試験材の表面に押し込み，できた四角いくぼみの対角線の長さを測定して，その材料の硬さを知る方法である．

高いためにマルテンサイト化しやすく,溶接後の急冷によって熱影響部の延性が低下するとともに,溶接金属から周囲に拡散する水素ガスの影響で脆化し,これに継手の拘束応力などが加わって,溶接割れの発生を促すことになる.

(4) 母材部

熱影響部の外側にあり,溶接熱の影響をあまり受けなかったか,またはまったく受けなかった領域を,母材部とか**原質部**などと呼んでいる.しかし,母材部といっても,熱影響部に最も近い部分は,熱影響部ほどの高温にはさらされなかった(約200〜700℃)ために,顕微鏡などで見たかぎりでは,組織に顕著な変化が見られないものの,機械的性質には脆化などの変化が生じている場合があり,その意味でこの部分を**準熱影響部**と呼ぶことがある.準熱影響部のさらに外側(約200℃〜室温の部分)は,溶接熱の影響を無視できる文字どおり原質の部分である.

(5) 溶接熱影響部の最高硬さと炭素当量

(3)項でも説明したとおり,熱影響部は,高温にさらされた後に急冷された最もボンド部寄りの部分で,とりわけ炭素量の多い鋼や合金元素成分量の多い高張力鋼では,焼入れ組織になって硬化しやすく,さらに水素などの影響も加わって危険な割れが発生しやすくなる.

溶接熱影響部の機械的性質のうち,溶接割れの発生に最も関係が深いのは"硬さ"であるが,溶接熱影響部の硬さ分布を調べると,図3・6のように,高温に加熱されたボンド部付近に溶接熱影響部の最高硬さが現れることがわかる.一般に,最高硬さが増すにつれて性質はもろくなり,溶接割れが起きやすくなると考えられるので,最高硬さはできるだけ低く抑えるのが望ましい.

ところで,鋼の溶接熱影響部の硬化には,炭素量の大小が深くかかわっているが,その他の成分元素,たとえばマンガンやけい素の影響も無視できない.

そこで,溶接条件や冷却速度を一定にした場合,炭素,マンガン,けい素を主成分とする炭素鋼や,その他の合金元素を含む高張力鋼などについて,溶接したときの熱影響部の最高硬さを予測し,溶接割れを防止するための予熱や後熱の必要性を判断するための手がかりとなる**炭素当量**(carbon equivalent;C_{eq})という計算式があるので,紹介しておく.

鋼の合金元素の成分割合(%)を下式に代入して炭素当量の値(%)を求めることによって,熱影響部の大まかな硬化の程度を知ることができる.たとえば,Cの場所には炭素の含有量を,Mnの場所にはマンガンの含有量を(以下同様),それぞれパーセントで代入する.

$$炭素当量\ (C_{eq}) = C + \frac{1}{6}Mn + \frac{1}{24}Si + \frac{1}{40}Ni + \frac{1}{5}Cr + \frac{1}{4}Mo + \frac{1}{14}V\ (\%)$$

こうして計算で求められた全体としての炭素当量の値が高いと,たとえ炭素自体の成分割合は低くても,溶接による熱影響部の硬化が起きやすいといえる.熱影響部の硬化

は，低温割れや延性の低下の原因となり，したがって溶接性が悪いことが予測できるので，このような材料を溶接する際は，予熱や後熱処理を行うことはもちろん，十分な注意が必要となる．

3・2・2 ガス成分が鋼の溶接部に及ぼす害とその対策

屋外に放置されていた鋼板の表面に，やがてさび（錆）が発生するように，金属は常温の固体の状態であっても，大気をはじめとする周辺環境の影響を少なからず受ける．まして溶接中の母材のように非常な高温下で溶けている金属は，大気や溶接雰囲気からのガス成分の侵入に対し，きわめて無防備な状態にさらされているといってよい．

2章でもいくつか紹介したように，すでに実用化されている溶接法では，溶接部への大気などの悪影響を遮断するためのさまざまな手段が講じられているが，それでも，溶接部へのガス成分の侵入を完全に食い止めることは困難である．

溶接部に外部から吸収されたガス成分，とりわけ窒素，酸素，水素は，溶接割れやブローホールの主原因となる厄介ものである．ここでは，これらガス成分が溶接部に及ぼす害と，これらガス成分の吸収を減らすための対策について説明する．

（1） 酸素の害と対策

溶接部への酸素の侵入経路としては，大気のほか，被覆アーク溶接棒の被覆剤中の酸化物（二酸化マンガン，二酸化けい素，酸化鉄など），炭酸ガスアーク溶接の場合はシールドガスである炭酸ガス（CO_2）などが主なものである．

溶接金属中に酸素が大量に吸収されると，じん性を低下させたり，ブローホールを増加させたりする原因となる．

対策としては，通常，被覆アーク溶接棒の心線や半自動溶接のワイヤ中に，マンガンやシリコン，アルミニウムなどの脱酸剤を適量添加することにより，表3・1のように吸収された酸素と結合させ，強制的に取り除く方法が用いられている．

表3・1 脱酸剤による酸素の除去

脱酸剤の種類	脱酸のしくみ
マンガン（Mn）	$FeO + Mn \rightarrow MnO + Fe$
けい素（Si）	$2FeO + Si \rightarrow SiO_2 + 2Fe$
アルミニウム（Al）	$3FeO + 2Al \rightarrow Al_2O_3 + 3Fe$

〔注〕 表中の反応により生じた MnO や SiO_2，Al_2O_3 は，スラグとなってビードの表面に浮上して除去され，溶接金属中の酸素が取り除かれる．

（2） 窒素の害と対策

窒素ガスは，大気中から溶接金属内に侵入するものが大部分である．窒素が大量に存在すると，酸素と同様に，じん性の低下やブローホールの増加を招く．脱酸剤で取り除くことのできる酸素と異なり，窒素はそれが困難であるため，窒素の吸収を防ぐためには，溶接部および溶接雰囲気を大気から完全に遮へいするのが最も効果的である．

（3） 水素の害と対策

水素は，その名のとおり，大部分が水分から供給され，大気や溶接棒の被覆剤に含まれる水分のほか，被覆剤中の有機物や開先表面の付着物などからも侵入する．

溶接部に取り込まれた水素は，材質の脆化による溶接割れや，ブローホールの重大原因となるので危険である．

酸素や窒素と比較した場合の水素の特徴として，溶融金属中にいったん溶け込んでも，凝固後に温度が低下するにつれて過飽和状態になった水素が，時間の経過とともに大気中に放出されることがあげられる．この現象は，溶接の後，高温で長時間保持するほど促進されるので，適切な条件の下で行われる後熱処理は対策として有効である．

しかし，より大切なのは，溶接部への水素の侵入をはじめから阻止することである．そのためには，開先部を清浄にして乾燥させておくという，ごく基本的なことに加えて，被覆アーク溶接棒の被覆剤や，サブマージアーク溶接で散布する粒状フラックスを，適切な条件で十分に乾燥させておくなどの事前予防措置が重要である．被覆剤中に水素の発生源となる有機物をまったく含まない低水素系被覆アーク溶接棒については次項で触れるが，これも，正しい乾燥条件に従って十分に乾燥させて使用しなければ，なんの効果もない．

3・2・3　各種鋼材の溶接特性

（1）　低炭素鋼（軟鋼）

低炭素鋼（軟鋼）は，溶接構造用鋼材として広く用いられている．これは，低炭素鋼の炭素含有量が，その名のとおり低く（0.3％以下）抑えられており，溶接によって加熱された熱影響部が，溶接後に急冷されても焼入れ硬化が起きないため，鋼材の中では溶接性が最も良好なことによる．

代表的な鋼種はSS 400（一般構造用圧延鋼材）とSM 400（溶接構造用圧延鋼材）である．SM 400を例にとると，SM 400には鋼種の等級を表すA，B，Cの記号が付くが，この順に溶接性が向上していく．つまりCが最も溶接性がよい．薄板や中板クラスでは，溶接時，一般に予熱は必要ないが，板厚が非常に大きい場合や，非常に低温の環境下で溶接する場合には，予熱を行う場合がある．

軟鋼の溶接性の大まかな比較を表3・2に示す．

表3・2　軟鋼の溶接性

軟鋼の種類	溶接性
SS 400 （一般構造用圧延鋼材）	板厚25 mm以下は問題ない．
SM 400 （溶接構造用圧延鋼材）	溶接性が非常に良好である．

（2）　中・高炭素鋼

炭素鋼は，炭素含有量が増すにつれて強度が高まるが，反面，じん性・延性が低下し，熱影響部の焼入れ硬化性も高まるので，割れが生じやすくなり，溶接性は低下する．

中炭素鋼（炭素量0.3～0.6％）の溶接では，適切な条件で十分な予熱を行うとともに，割れ感受性の低い溶接材料（被覆アーク溶接棒でいえば低水素系溶接棒）を使用し，溶接直後に後熱処理をする必要がある．

表 3·3 に，炭素鋼の予熱条件を，含有する炭素量別に示した．

炭素量 0.6% をこえる高炭素鋼は割れやすく，その溶接はきわめて困難である．というよりも，もともと溶接を目的とした材種ではないので，溶接はしないほうが無難である．

表 3·3　炭素鋼の予熱条件

炭素量 (%)	予熱温度 (℃)	備　考
0.2 未満	90 以下	板厚 50 mm 以上の場合．低水素系溶接棒を用いる場合は不要．
0.2～0.3	90～150	板厚 25 mm 以上の場合．低水素系溶接棒を用いる場合は不要．
0.3～0.45	150～260	低水素系溶接棒を用いる場合は 90～150℃．
0.45～	260～420	あらゆる場合に予熱と後熱が必要．

（3）高張力鋼

"軟鋼よりも強度が高く，溶接性も損なわれていない溶接構造用鋼" というのが高張力鋼の基本的な特長であるが，軟鋼と異なり，少量ではあっても，炭素以外の各種合金元素が添加されていて炭素当量〔3·2·1 項(5)参照〕が大きい．そのため，熱影響部の焼入れ硬化性が高く，溶接時の急加熱と急冷却によって熱影響部のじん性や延性が低下し，さらに，溶接金属からの水素の拡散などによって脆化する．また，そのうえに継手の拘束による残留応力などが加わると，非常に割れが起こりやすくなる．

高張力鋼に起きる溶接割れの大半は，溶接部が 200℃ 以下に冷却されてから発生する，いわゆる**低温割れ**である．その原因としては，① 熱影響部の硬化，② 水素の拡散による溶接金属の脆化，③ 継手の拘束による残留応力があげられる．

したがって，低温割れを予防するためには，① 拘束応力をできるだけ発生させない溶接継手の設計を心がける，② 熱影響部の急冷による硬化を抑制するために，適切な条件による十分な予熱を行う，③ 必要にして十分な溶接入熱〔**補足説明 4 参照**；計算法は 5·1 節(2)項参照〕を与える，④ 溶接金属中への水素の侵入を防ぐために適切な溶接材料（**補足説明 5** 参照）を用いる，⑤ それでも侵入が避けられなかった水素の放出を促し，また，残留応力の緩和にも効果のある後熱処理を行うなどの方策が有効である．

（4）ステンレス鋼

その材料特性によって，溶接法がティグ溶接かミグ溶接に限定されるアルミニウムの場合と異なり，ステンレス鋼の溶接には，被覆アーク溶接，炭酸ガスアーク溶接をはじめ，多くの溶接法が応用できる．しかし，より高品質な溶接が求められる場所では，ビー

補足説明　4　溶接入熱量の制限

薄板の溶接で入熱量が大きいと，ボンド部の脆化や熱影響部の軟化が起きて強度が低下し，逆に厚板で入熱量が小さすぎると，熱影響部が硬化して割れやすくなるので，予熱とともに慎重な管理が必要である．溶接継手の性能についてみると，入熱量の増加とともに溶接金属の強度，引張り強さ，衝撃吸収エネルギーは低下するので，溶接入熱量の制限が必要である．

ドの外観が美しく,信頼性の高い溶接部が得られるティグ溶接やミグ溶接が多用される.

ひと口にステンレス鋼の溶接といっても,ステンレス鋼には成分や組織によって多くの種類があり,その溶接性も種類ごとに少なからず変化するので,溶接にあたっては,自分の溶接するステンレス鋼がどの系統に属するものかを十分に知っておく必要がある.

(i) マルテンサイト系ステンレス鋼(代表鋼種 SUS 403,SUS 410) この系統のステンレス鋼は,炭素鋼と同様に,溶接後の急な冷却によってマルテンサイト変態を起こし,硬化する性質をもっているので,溶接前後に十分な予熱・後熱処理を行って,溶接割れや遅れ割れの発生を予防する注意が必要である.

(ii) フェライト系ステンレス鋼 この系統のステンレス鋼は,マルテンサイト系のものと異なり,高温から常温までフェライト組織を示し,変態を起こさないため,溶接後の冷却によっても硬化しない.しかし,この系統のものでも,炭素含有量が多いと,炭素鋼と同様,焼入れ硬化性が増すので,溶接構造物のためには,比較的炭素量の少ないもの(炭素含有量0.12%以下)を用いるほうがよい.この系統のステンレス鋼を溶接する場合,とくに注意が必要な点をつぎにまとめておく.

(a) シグマ相脆化 これは,この系統のステンレス鋼のうち,15%以上のクロムを含むものや,オーステナイト系ステンレス鋼を 600〜800℃で長時間加熱すると,鉄とクロムとが結合した,シグマ相と呼ばれる硬くてもろい金属間化合物が生じ,鋼の性質がもろくなる現象である.

生成してしまったシグマ相は,930〜1000℃に加熱して1時間ほど保持した後に急冷する,いわゆる**脱シグマ処理**を行うと解消される.

(b) 475℃脆性 これは,この系統のステンレス鋼に特有の現象で,15%クロム以上のフェライト系ステンレス鋼を475℃付近の温度で長時間加熱すると,冷却後にもろくなるというものである.この予防のためには,鋼をこの温度付近にさらさないのが一

補足説明 5 溶接材料の含有水素量と低温割れ

高張力鋼の溶接における低温割れを防ぐには,溶接金属中の水素量を減らすと効果がある.**低水素系被覆アーク溶接棒**は,被覆剤中に含まれる水素発生源となる物質を少なくすることによって,溶接金属中の水素量を低下させたものである.溶接金属中の拡散性水素量は,乾燥直後の低水素系溶接棒で 3.5〜4.5 ml/100g,極低水素系の溶接棒で 1〜2 ml/100g 程度である.溶接棒は,湿度の高い雰囲気中に置かれると,時間とともに吸湿するので注意が必要である.一般に,490 MPa 級高張力鋼用低水素系溶接棒の使用限界水分量が0.5%とされている.これは,溶接金属中の水素量をほぼ 5 ml/100g 以下にとどめる限界の吸湿量と考えられる〔低水素系溶接棒の乾燥条件については 4・6 節(1)項を参照〕.

マグ溶接やミグ溶接などのガスシールドアーク溶接では,とくにソリッドワイヤの場合,水素の発生源となる水分が存在しないため,高張力鋼の溶接で問題となる低温割れに対して良好な結果が得られる.

番であるが，もろくなってしまった場合は，600℃付近に再加熱して焼きなますと，解消できる．

(iii) オーステナイト系ステンレス鋼 この系統のステンレス鋼は，高温から常温まで変わらずオーステナイト組織を示し，フェライト系ステンレス鋼と同様に，焼入れ硬化性をもたない．

オーステナイト系ステンレス鋼の溶接性は，マルテンサイト系やフェライト系に比べると良好であるが，この系統のものに特有なつぎのような現象があるので，注意を要する．

（a） 粒界腐食による耐食性の低下 これは，この系統のステンレス鋼を溶接した際，600〜800℃で長時間加熱されたオーステナイトの結晶粒界に，クロムと炭素とが結合したクロム炭化物が生成し，結晶粒界近辺のクロム濃度が薄められる結果，この部分が腐食されやすくなる現象である．この腐食が原因となり，粒界に割れが発生することもある．

これを防止するためには，クロム炭化物の原因となる炭素成分の少ない材種，たとえばSUS 304 L，SUS 316 L（Lはlow carbonを表す）や，炭素をチタンやニオブと化合させたSUS 321やSUS 347などの安定化ステンレス鋼を用いるのが効果的である．

（b） 応力腐食割れ これは，溶接後に生じる残留応力や，溶接継手使用時に加わる負荷応力などによって溶接部にはたらく引張り応力と，ステンレス鋼がさらされるさまざまな腐食環境との相互作用によって，とくにオーステナイト系ステンレス鋼に多く発生する割れである．

（c） 再熱割れ これは，溶接部の後熱処理中，または溶接構造物を高温の状態で使用したときなどに，粗くなった熱影響部の結晶粒界で起きる割れである．500〜700℃の温度で発生しやすく，原因としては，溶接によって硬化した熱影響部の結晶粒界に，溶接残留応力の負担が加わったことが考えられる．これを防止するためには，できるだけ応力の集中や残留応力の生じない溶接設計をすることである．

3・3　アルミニウムとその合金

純アルミニウム（99.99％程度の高純度アルミニウムを便宜上，純アルミニウムという）は，酸化アルミニウムを主成分とするボーキサイトを，高温度で電気分解することにより製造される．

3・3・1　アルミニウムとその合金の一般的性質

（1） 物理的性質

純アルミニウムの物理的性質を炭素鋼のそれと比較したものを表3・4に示す．この表からもわかるように，アルミニウムまたはアルミニウムを主成分とする合金は，炭素鋼

に比べると融点が1/2以下と低く，比重が約1/3と軽い反面，熱膨張率が約2倍，熱の伝導率が約3倍というきわ立った特徴をもつ．また，縦弾性係数が約1/3で変形しやすい．

表3・4 アルミニウムと炭素鋼の物理的性質の比較

物理的性質	炭素鋼	アルミニウム	特 色
比 重	7.8	2.7	約1/3で軽い．
融 点（℃）	1540	660	半分以下で溶けやすい．
膨張係数（×10/℃）	12	24	2倍で熱変形しやすい．
弾性係数（GPa）	186	62	1/3で変形しやすい．
熱伝導度〔W/(m・K)〕	81.5	247.0	約3倍で熱が逃げやすい．
比 熱〔J/(g・K)〕	0.45	0.90	2倍
固有抵抗（pΩ・m）	458.0	114.5	約1/4

（2） 機械的性質

純アルミニウム焼なまし材の引張り強さは110 MPa以下であるが，合金の強度はこれよりも高く，400 MPaに達する高力合金もある．引張り強さは，温度の上昇とともに低下し，300℃程度で急激に低くなる．また前項で触れたように，縦弾性係数が鋼に比べて小さく，軟らかくて展延性に富むので，加工性が良好である．

（3） 化学的性質

アルミニウム（合金）は，室温でも空気中の酸素と反応して，その表面が薄くて硬い銀白色の酸化アルミニウム皮膜でおおわれており，これが内部を保護するため，耐食性があって美しい．この酸化被膜は人体に無害であるため，アルミニウムは化学，食品工業用材として広く用いられる．

3・3・2 アルミニウムとその合金の種類と用途

純アルミニウムは軟らかくて強度も低いので，そのまま用いられることは少なく，構造材料としては他の元素との合金，つまりアルミニウム合金として用いられるのがふつうである．アルミニウム（合金）のうち，溶接によく用いられる展伸材のJIS記号は，図3・9に示すように，アルミニウムを表すアルファベットAに続く4けたの数字または記号，およびその末尾に付く形状記号と質別記号からなる．アルミニウム（合金）には多くの種類があり，その性質，用途もさまざまであるから，その使用にあたっては，それぞれの合金の特性を知ることはもちろん，記号の見分け方も学んでおく必要がある．

（1） 展伸材と鋳物

アルミニウム合金は，板，管，形材などの形態で供給さ

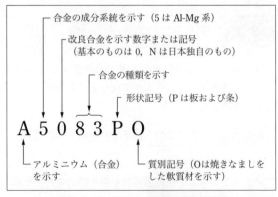

図3・9 アルミニウム展伸材のJIS記号

れる"展伸材用アルミニウム合金"と"鋳造用アルミニウム合金"とに大きく分けられる.

(2) 非熱処理合金と熱処理合金

アルミニウム（合金）は，熱処理しないでそのまま用いられるものと，熱処理を施して用いるものとに分けられる．

(3) 主な成分元素による分類

純アルミニウムに他の合金元素を混ぜると，強度が増し，加工性，溶接性，耐食性などに変化が生じる．アルミニウム展伸材は，含んでいる主な元素（0.5％以上）の種類ごとに分類され，1000番台（純アルミニウム），3000番台（マンガン系）など，それぞれに識別番号が付けられている．

(4) 形状記号の見方

形状記号のアルファベットには，つぎのような意味がある．

- P：板および条（合わせ板：PC）
- H：箔（はく）
- T：管（溶接管：TW，押出し管：TE，引抜き管：TD）
- B：棒（溶接棒：BY，押出し棒：BE，引抜き棒：BD）
- W：線（溶接ワイヤ：WY）
- F：鍛造材（型打ち鍛造材：FD，自由鍛造材：FH）
- S：押出し形材

(5) 質別記号の見方

質別記号は，各合金の処理状態を示すもので，アルファベットまたはアルファベットと数字からなり，つぎのような意味をもつ．

- F：製造のままのもの．
- O：最も軟らかい状態まで焼なましした展伸材で，**軟質材**または**焼なまし材**ともいう．
- H：加工硬化したもの．冷間加工と，場合によって適度な軟らかさにするため追加熱処理によって，上記のO材よりも強度を増した処理材で，**加工硬化材**と呼ばれる．さらに，Hに続く数字によって，加工硬化の程度と追加熱処理の程度などを示す．
- T：熱処理によって調質したもの．数字は処理の種類を示す．以下に主なものを示す．
    - T4：溶体化処理（**補足説明6**参照）と呼ばれる焼入れを行い，その後，常温で放置して，十分に安定状態になるまで自然時効硬化処理したもの．
    - T5：鋳造，押出しなどの高温製造工程から急冷した後，人工時効硬化処理（**補足説明7**参照）と呼ばれる焼戻し処理を行ったもの．
    - T6：溶体化処理の後，人工時効硬化処理を施したもの．

3・3・3　アルミニウムとその合金の溶接特性

3・3・1項で説明したように，鋼と比べてきわ立った特徴をもつアルミニウム（合金）を溶接施工する際には，これらの特徴を十分に踏まえ，つぎの点に注意が必要である．

① 融点が低いことであるが，これは，溶接にとって都合がよいように思われるが，反面，熱伝導率が非常に高いために熱が逃げやすく，金属を短時間かつ局部的に加熱しなければならない溶接には，不利な条件となっている．このため，アルミニウム（合金）の溶接では，大きな熱量を短時間に材料に供給する必要がある．

② 空気中でのアルミニウム（合金）の表面は，緻密で非常に融点の高い（約2770℃）耐火性酸化アルミニウム皮膜によっておおわれていて，これが母材の溶融を妨害するため，溶接時に完全に取り除いておく必要がある．これには，母材の溶接線付近の表面を研磨して，あらかじめ下処理を入念に行うとともに，溶接中には，交流アークのクリーニング作用を有効に利用する．

③ アルミニウム（合金）の溶接で起こりやすい欠陥としてブローホールがあげられるが，これは，母材や溶加材表面の汚れやペイントなどの付着物から発生した水素が溶接金属中に取り残されたことが原因となる場合が多いので，溶接前に，これらを十分に洗浄して取り除いておくことが大切である．

④ アルミニウム（合金）は，熱膨張率が鋼に比べて大きいため，溶接熱による膨張変形や溶接後の冷却による収縮変形が大きく，割れが生じやすいので，注意が必要である．

アルミニウム（合金）の溶接割れは，凝固温度付近で起こる**高温割れ**が一般的である．とくに銅を含む合金が割れやすく，6000番台（マグネシウム・けい素系）の合金

補足説明　6　溶体化処理

低温では析出した状態にある合金元素を，加熱によって多めに固溶させた合金を急冷することにより，通常では再び析出するはずの合金元素を，固溶されたままの状態にする処理を**溶体化処理**といい，アルミニウム関連のJISでは，この溶体化処理を**焼入れ**として扱っている．

補足説明　7　人工時効硬化処理

金属が時間の経過とともに硬化する現象を**時効硬化**または**析出硬化**と呼ぶ．これは溶体化処理によって析出を阻害された固溶合金元素が，時間の経過とともに徐々に析出し始め，これにより，結晶の相対運動が抑制されて硬化するものと説明される．この時効硬化は通常常温で行われるが，これを高温にして，人工的に時効硬化を促進するのが**人工時効硬化**または**析出硬化処理**で，アルミニウム関連のJISでは，この析出硬化処理を**焼戻し**として扱っている．

も，同じ組成の溶加材で溶接すると割れやすい．

　マグネシウム系合金は，溶接金属中のマグネシウム含有量が4%前後のときは割れにくいが，含有量が少ないと割れやすくなるので，これらの材料を溶接する際は，母材と溶加材の組合わせに注意が必要である．

　アルミニウム（合金）のアーク溶接における，母材と溶加材の組合わせについては，4・7・3項を参照してほしい．

4
溶接材料の基礎知識

4·1 被覆アーク溶接棒の基礎知識

アーク溶接法の進歩は，アーク溶接機（アーク溶接電源）の開発を別にすれば，イコール被覆アーク溶接棒（図4·1）の進歩であるといってもよい．仮に，まわりに何も塗られていないただの軟鋼棒（つまり裸棒）からアークを出して溶接してみると，アークが消えないように維持するだけでも困難であるが，たとえアークを維持できたとしても，置かれたビードは波も不ぞろいで汚く，そのうえ大気中の酸素や窒素の攻撃をもろに受けていて，とても立派な溶接ができたとはいえない．

図4·1　被覆アーク溶接棒

ところが，この裸棒になんらかの被覆剤をコーティングすると，アークの発生は見違えるほど容易になり，また，置かれたビードは，被覆剤から生じたシールドガスやスラグによって大気からガードされるため，溶接金属の性能も飛躍的に向上するのである．

被覆剤の原料には，酸化物や有機物，フッ化物など多くの種類の物質があり，これらの配合を微妙に調整し，裸棒つまり心線の周囲に塗ることによって，さまざまな性質をもつ多種類の被覆アーク溶接棒がつくられる．

被覆アーク溶接の作業にかかわる人は，これら多くの被覆アーク溶接棒の中から，自分の目的に応じ，最適な被覆アーク溶接棒を選んで使用するための知識を身につけていなければならない．

（1） 被覆アーク溶接棒の種類

被覆アーク溶接棒には，溶接される側の材料，つまり母材の材質によって，図4·2のような種類がある．この節では，数多くある被覆アーク溶接棒の種類のうちから，軟鋼用被覆アーク溶接棒と，高張力鋼用被覆アーク溶接棒について説明することにする．

（2） 被覆剤のはたらき

被覆アーク溶接棒は，金属製の心線の上に，フラックスと呼ばれる特殊な粉末からな

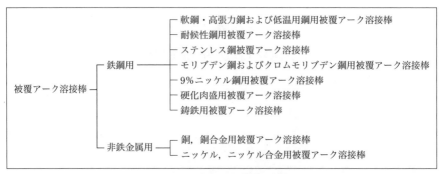

図4·2 被覆アーク溶接棒の種類

る被覆剤を塗り固めたものである．軟鋼や高張力鋼用の被覆アーク溶接棒の心線には，リン（P）や硫黄（S）などの有害な不純物が少ない，良質な極軟鋼が用いられている．そのほか，低合金鋼やステンレス鋼，非鉄金属用の溶接棒には，得ようとする溶接金属の組成に近い成分の心線を用いるのがふつうである．

被覆アーク溶接棒の被覆剤は，溶接棒の作業性を向上させ，またさらに，溶接部に求められるさまざまなニーズに応えるために塗られているのであるが，被覆剤には，一般的につぎのような機能がある．

（i）アークと溶接金属を大気から守る　被覆剤は，アークの熱によって分解され，シールドガスを発生してアークや溶接部周辺を包み，溶接金属が大気中の酸素や窒素に侵されないように保護する．また，被覆剤中の一部の成分がスラグを生成して溶接金属をカバーすることによって，溶接部が急に冷やされるのを防ぐ．どちらも，溶接継手の機械的性質を向上させるために非常に大切な機能である．

（ii）アークを安定させ，集中させる　アークが発生して溶接が開始されると，被覆剤に含まれる耐火物質のはたらきで，溶接棒の先端に，図6·12に示すように心線の先端よりも突き出たカップと呼ばれる保護筒が形成され，これによってアークが絞られて集中するようになる．また，被覆剤中の酸化カルシウム，酸化鉄，けい酸カリなどは，アークを安定させる機能をもつ．

（iii）全姿勢溶接を可能にする　スラグの融点，粘性，表面張力を微妙に調節することによって，下向き姿勢以外の，立向き，横向き，上向きなどの溶接姿勢を可能にする（ただし，熟練が必要）．

（iv）溶接金属の脱酸・精錬作用　被覆剤中にマンガン，けい素などの脱酸剤を適量混ぜることによって，溶接金属中の酸素を強制的に取り除き，ブローホールなどの欠陥が発生するのを防ぐ．

（v）溶接金属中に合金元素を添加する　アークの高熱のために失われやすい溶接金属中の成分を，あらかじめ被覆剤に混ぜておくことによって補充したり，溶接金属の耐

熱性，耐食性などの性質を向上させる成分を，被覆剤から添加したりすることもできる．
表4・1は，主な被覆剤の成分とその機能の例を示したものである．

（3） 軟鋼用被覆アーク溶接棒の規格と記号

表4・2に，軟鋼・高張力鋼および低温用鋼用被覆アーク溶接棒の規格（JIS Z 3211）のうち，軟鋼用被覆アーク溶接棒の規格を示す．同表で，溶接棒の種類を表す記号には，図4・3のような意味がある．また，表4・3に軟鋼用被覆アーク溶接棒の特性の大まかな比較を，表4・4に適正溶接電流範囲の目安をそれぞれ示す．

（4） 高張力鋼用被覆アーク溶接棒

高張力鋼は，ふつうの軟鋼を用いた場合と比べて，引張り強さや降伏点が高い分，板厚を薄く設計できるので，構造物の総重量を減らしたり，資材を節約したりできることから，鉄骨建築や橋梁をはじめとする多くの分野で使用され，また，これを溶接するた

表4・1 被覆剤の成分と機能

主な成分	作用 アークの安定	スラグの生成	還元作用	合金元素補充	ガスの発生	酸化	被覆の固着
イルミナイト	◎	◎					
酸化チタン	◎	◎					
セルロース					◎		
酸化カルシウム	◎	△				△	
酸化鉄	△	◎				◎	
二酸化マンガン		◎				△	
フェロマンガン		◎	◎	△			
けい酸カリ	◎	◎					◎
けい酸ソーダ	△	◎					◎
けい砂		◎				△	
タルク		◎					
陶土		◎					

〔注〕 ◎：主な作用，△：副次的な作用．

表4・2 軟鋼用被覆アーク溶接棒の規格（JIS Z 3211）

種類	旧規格	被覆剤	溶接姿勢	電流の種類
E4319	D4301	イルミナイト系	F, V, O, H	ACおよび/またはDC（±）
E4303	D4303	ライムチタニヤ系	F, V, O, H	ACおよび/またはDC（±）
E4311	D4311	高セルロース系	F, V, O, H	ACおよび/またはDC（+）
E4313	D4313	高酸化チタン系	F, V, O, H	ACおよび/またはDC（±）
E4316	D4316	低水素系	F, V, O, H	ACおよび/またはDC（+）
E4324	D4324	鉄粉酸化チタン系	F, H	ACおよび/またはDC（±）
E4327	D4327	鉄粉酸化鉄系	F, H	ACおよび/またはDC（−）
E4328	D4326	鉄粉低水素系	F, H	ACおよび/またはDC（+）
E4340	D4340	特殊系	製造業者の推奨	製造業者の推奨

〔注〕 F：下向き，V：立向き，O：上向き，H：横向きまたは水平すみ肉．V, Oは，棒径5 mm以下に適用．D4324, D4326およびD4327の溶接姿勢は，主として水平すみ肉とする．
AC：交流，DC（+）：直流棒プラス，DC（−）：直流棒マイナス．

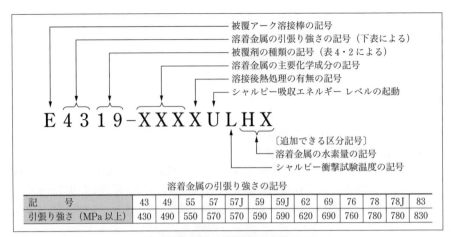

図4・3 被覆アーク溶接棒の記号の意味

溶着金属の引張り強さの記号

記号	43	49	55	57	57J	59	59J	62	69	76	78	78J	83
引張り強さ（MPa以上）	430	490	550	570	570	590	590	620	690	760	780	780	830

表4・3 軟鋼用被覆アーク溶接棒の特性の大まかな比較

特性の比較要件		被覆剤の系統	イルミナイト系 (E4319)	ライムチタニヤ系 (E4303)	高セルロース系 (E4311)	高酸化チタン系 (E4313)	低水素系 (E4316)	鉄粉酸化鉄系 (E4327)
溶接性		耐割れ性	4	4	3	2	5	3
		耐ブローホール性	4	4	2	3	5*³	3
		耐ピット性	4	4	4	3	5	4
		耐衝撃性（延性）	4	4	4	3	5	4
作業性	作業のしやすさ	下向き溶接（薄板）	3	5	2	5	3	—
		下向き溶接（中板）	5	5	4	4	4	3
		下向き溶接（厚板）	5	3	3	—	4	5
		下向き・水平すみ肉（1層）	4	4	2	5	3	5
		下向き・水平すみ肉（多層）	4	4	2	3	4	3
		立向き上進溶接	4	4	3	2	4	—
		立向き下進溶接	—	2	3	3	5*⁴	—
		上向き溶接	4	4	4	3	4	—
	外観	下向き	5	5	3	5	3	4
		下向き・水平すみ肉（1層）	4	5	2	5	4	5
		立向き	4	5	3	4*¹	5	—
		上向き	4	5	3	3	4	—
		アークの安定性	4	4	4	5	2	4
		溶込みの深さ	3	3	4	2	4	3
		スパッタの量	4	4	2	5	4	4
		スラグの除去性	4	4	4	5	4*⁵	4
		耐アンダカット性	4	5	3	5	4	4
		溶接の能率性	3	4	3	4*²	3	5

〔注〕
1. 上表は，各被覆系の溶接棒の特色をごく大まかに示したもので，同じ被覆系のものでも，製品の銘柄によって多少の差異はある．
2. 表中の数字について，5：非常にすぐれる，4：ややすぐれる，3：ふつう，2：やや劣る，—：不能もしくは通常適用されないもの．ただし，"溶込みの深さ"については，4：やや深い，3：ふつう，2：やや浅い．また"スパッタの量"については，5：非常に少ない，4：少ない，3：ふつう，2：やや多い．
3. *¹立向き下進溶接の場合，*²薄板溶接の場合，*³アーク発生直後は除く，*⁴立向き下進溶接専用棒を用いた場合，*⁵開先内の第1層目のスラグの除去は困難である．

表4·4 軟鋼用被覆アーク溶接棒の適正溶接電流範囲の目安

被覆剤の系統	溶接姿勢	溶接棒の心線の直径（mm）					
		2.6	3.2	4.0	5.0	6.0	7.0
イルミナイト系 （E4319）	F	50～85	80～140	120～180	170～260	230～310	280～370
	V, H, O	40～75	60～120	100～160	130～210	—	—
ライムチタニヤ系 （E4303）	F	50～100	90～140	140～190	190～260	250～330	310～390
	V, H, O	50～90	80～130	110～170	140～210	—	—
高セルロース系 （E4311）	F	50～75	70～110	110～155	155～200	190～240	—
	V, H, O	30～70	55～105	90～140	120～180	—	—
高酸化チタン系 （E4313）	F	50～95	80～130	125～175	170～230	230～300	—
	V, H, O	50～90	70～120	100～160	120～200	—	—
低水素系 （E4316）	F	55～85	90～130	130～180	180～240	250～310	300～380
	V, H, O	50～80	80～115	110～170	150～210	—	—
鉄粉酸化鉄系 （E4327）	F, H	—	—	170～200	200～240	260～310	310～360

〔注〕 単位A（アンペア）．F：下向き，V：立向き，H：横向きまたは水平すみ肉，O：上向き．
E4327の溶接姿勢は主として水平すみ肉とする．

めの溶接材料にも，すぐれた性能のものが多く開発されている．

ところで，高張力鋼は，炭素の量は少ないものの，含んでいる各種合金元素の影響で焼入れ硬化性があるため，溶接部が急冷されると熱影響部の延性やじん性が低下しやすく，耐割れ性も損なわれるという側面をもっている．そこで，高張力鋼の健全な溶接を行うためには，母材に適合した正しい溶接材料を選択することはもちろんであるが，さらに，溶接部が急冷されて熱影響部が焼入れ組織になるのを防ぐために，適切な条件に従って予熱や後熱処理を行うことが必要である．

表4·5は，高張力鋼用被覆アーク溶接棒の規格の一例を，旧規格と対比して示したものである．

表4·5 高張力鋼用被覆アーク溶接棒の規格の例（JIS Z 3211）

被覆剤の系統	溶接棒の種類	旧規格	溶接姿勢	電流の種類
イルミナイト系	E4919, E4919U	D5001	F, V, H, O	ACおよび/またはDC（±）
ライムチタニヤ系	E4903U	D5003	F, V, H, O	ACおよび/またはDC（±）
低水素系	E4916H15, E5516-GH10, E5716-H10, E7816-GH5 ほか	D5016, D5316, D5816, D6216, D7016, D7616, D8016	F, V, H, O	ACおよび/またはDC（＋）
鉄粉低水素系	E4928H15, E4928UH15 ほか	D5026, D5326, D5826, D6226	F, H	ACおよび/またはDC（±）
特殊系	—	D5000, D8000	—	製造業者の推奨

4・2　溶接ワイヤの基礎知識

炭酸ガスアーク溶接に代表されるマグ溶接やミグ溶接など半自動溶接の特色の一つとして，直径の細い溶接ワイヤに対して非常に大きな電流を流すことができる点があげられる．これは，アークが発生するワイヤ先端部（アーク発生点）と，ワイヤに通電する場所（通電点）とが非常に接近しているため，長い溶接棒上端の**つかみ**〔6・1節（3）項，図6・5参照〕から通電せざるを得ない被覆アーク溶接の場合とちがい，溶接棒の抵抗発熱による**棒焼け**〔同項参照〕を心配する必要がないからである．

したがって，これらの溶接法は，電流密度〔電流の大きさ÷溶接棒（溶接ワイヤ）の断面積，つまり溶接棒の単位断面積当たりの電流値〕が高いため，溶接速度が速いだけでなく，アークの集中性もよい．そのため，非常に深い溶込みが得られるうえ，スラグの生成量が少ないので，**溶着効率**（ワイヤの全消費重量を100として，そのうち何％が有効な溶接ビードになったかを示す割合）が非常に高くて経済的でもあるという利点をもっている．さらに，溶接金属の機械的性質も，含まれる拡散性水素の量が低いために良好である．

マグ溶接（炭酸ガスアーク溶接と混合ガスアーク溶接）やミグ溶接に用いられる半自動溶接用ワイヤ（図4・4）には，ソリッド ワイヤ（中実ワイヤ）とフラックス入りワイヤ（複合ワイヤ）とがある．

図4・4　半自動溶接用ワイヤ

4・2・1　マグ溶接・ミグ溶接用ソリッド ワイヤ

（1）　ソリッド ワイヤの特徴

ソリッド ワイヤは，コイル状に巻かれた直径0.6〜2.0 mmの円形断面をもつ金属線で，さびを防ぐため，および通電する際の電気抵抗を減らすために，表面に薄い銅めっきが施されている．

被覆アーク溶接棒のような被覆剤がない代わりに，必要な合金元素や脱酸剤などが，製造の段階であらかじめ添加されている．ソリッド ワイヤを用いてマグ溶接・ミグ溶接を行ったときの一般的な特色を以下に示す．

①　ソリッド ワイヤに限ったことではないが，電流密度が高いため，被覆アーク溶接に比べて格段に溶接の能率がよい．

②　軟鋼，合金鋼をはじめ非鉄金属まで，幅広い母材の材種に適用できる．

③ スラグの生成量が少なく，ビードの後処理に手間がかからないため，自動溶接やロボット溶接に向いている．

④ 溶接金属に混入する拡散性水素量が少なく，溶接部の機械的性質がすぐれている．

⑤ 大電流域ではスパッタの量が多く，ビードの外観も劣る．ただし，混合ガスアーク溶接やミグ溶接ではスパッタは少なく，ビードの外観も美しい．

⑥ 風でシールドガスが流される屋外作業では，防風手段が必要．

(2) ソリッド ワイヤの種類

ソリッド ワイヤには，マグ溶接やミグ溶接に限っただけでも多くの種類のJISがある．なかでも需要の多い軟鋼および高張力鋼用のソリッド ワイヤは，表4・6に示すJIS Z 3312に規格がある．

この規格は，軟鋼と，引張り強さが490 MPa（50 kgf/mm^2）および590 MPa（60 kgf/mm^2）クラスの高張力鋼のマグ溶接に使用するソリッド ワイヤについて規定したもので，ワイヤの種類は，その化学成分，使用するシールド ガスの種類，適用される鋼種によって区分されている．

表4・6 軟鋼・高張力鋼および低温用鋼用のマグ溶接およびミグ溶接ソリッド ワイヤの規格 (JIS Z 3312)

ワイヤの種類	シールド ガス	溶着金属の機械的性質
YGW 11, YGW 12, YGW 13, YGW 14	炭酸ガス（CO_2）	引張り強さ 490〜670 (YGW 14, 17 … 430〜600) MPa
YGW 15, YGW 16, YGW 17	炭酸ガス15%をこえ25%以下，アルゴン残部	
YGW 18	炭酸ガス	引張り強さ 550〜740 MPa
YGW 19	炭酸ガス15%をこえ25%以下，アルゴン残部	

〔注〕"種類"の記号の意味．

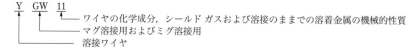

同表の中で，炭酸ガスアーク溶接に使用するYGW 11とYGW 12は最も一般的で広く用いられている．

YGW 11は大電流域でのグロビュール移行（塊状移行）溶接〔7・2節（2）項参照〕用として，また，YGW 12は小電流域でのショートアーク溶接用として，目的に応じて使い分けられる．YGW 13は大電流域用で，主として水平すみ肉溶接の溶接性を向上させたものである．アルゴンと炭酸ガスの混合ガスを用いるYGW 15とYGW 16は，前者が大電流域用で，後者が小電流域用である．

4・2・2 マグ溶接・ミグ溶接用フラックス入りワイヤ

(1) フラックス入りワイヤの特徴

フラックス入りワイヤは，被覆アーク溶接棒における被覆剤と同様の各種機能，すなわち，アークを安定させたり，スラグを生成したり，合金元素を添加したりする機能をもつフラックスを，図4・5のように，ワイヤのコアの部分に巻き込んで成型したものである．直径は 1.2〜4.0mm（ただし，主流は 1.2〜2.0mm）で，ワイヤの全重量に対するフラックスの部分の重量は 10〜30%の範

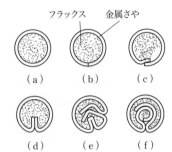

図4・5 フラックス入りワイヤの断面

表4・7 フラックス入りワイヤの種類

種 類	規 格
軟鋼，高張力鋼および低温用鋼用アーク溶接フラックス入りワイヤ	JIS Z 3313
モリブデン鋼およびクロムモリブデン鋼用マグ溶接フラックス入りワイヤ	JIS Z 3318
耐候性鋼用アーク溶接フラックス入りワイヤ	JIS Z 3320
ステンレス鋼用アーク溶接フラックス入りワイヤおよび溶加棒	JIS Z 3323

表4・8 ソリッドワイヤとフラックス入りワイヤの特性の比較

項目	種類	ソリッドワイヤ JISのYGW 11相当の大電流用ワイヤ	ソリッドワイヤ JISのYGW 12相当の小電流用ワイヤ	フラックス入りワイヤ スラグ系	フラックス入りワイヤ メタル系
	ワイヤの直径（mm）	1.2, 1.6	1.2	1.2, 1.6	1.6
	標準電流範囲（A）	220〜350 (1.2), 250〜550 (1.6)	80〜220	120〜300 (1.2), 200〜450 (1.6)	250〜500
作業性	スラグの生成量	非常に少ない	非常に少ない	多い	少ない
	スラグのはく離性	不良	不良	良	ふつう
	ビードの外観	ふつう	ふつう	良	ふつう
	ビードの形状	凸	やや凸	平坦	やや凸
	スパッタの発生量	やや多い	少ない	少ない	少ない
	アークの安定性	ふつう	良	良	良
	溶込みの深さ	深い	浅い	非常に深い	深い
	ヒュームの発生量	ふつう	やや少ない	やや多い	やや多い
	全姿勢溶接の可否	不可	可	可	不可
溶接性	X線性能	良	ふつう	良	良
	耐低温割れ性能	良	良	ふつう	良
	耐高温割れ性能	良	良	ふつう	良
能率性	溶着速度（g/min）〔ワイヤ突出し長さ(mm)〕	60〜120 (1.2), 55〜180 (1.6) 〔25〕	15〜50 〔20〕	30〜110 (1.2), 45〜140 (1.6) 〔25〕	75〜180 〔25〕
	溶着効率（%）	90〜95	95〜98	85〜90	90〜95

〔注〕 上表は，直流定電圧特性のアーク溶接電源をワイヤ プラスで使用した場合のデータを示す．

囲である．

フラックス入りワイヤを用いてマグ溶接やミグ溶接を行ったときの一般的な特色を，ソリッドワイヤを用いたときと比較して，以下に示す．

① ワイヤの全断面積のうち，電流が通過するのが金属製のさや（鞘）部分のみに限られるため，ソリッドワイヤ以上に電流密度が高くなり，より高能率な溶接が可能になる．

② アークが静かでスパッタも少なく，ビードの外観も比較的美しい．

③ とくにスラグ系のフラックス入りワイヤでは，1パスごとにビードの表面をおおうスラグを除去する手間がかかる．

④ ソリッドワイヤとちがい，ワイヤが薄い金属さや状なので，変形しやすく，ワイヤ送給部での加圧力の調整に注意が必要である．

（2） フラックス入りワイヤの種類

表4・7に，マグ溶接・ミグ溶接用フラックス入りワイヤの種類を示す．また表4・8には，ソリッドワイヤとフラックス入りワイヤの特性の比較を示した．

4・3　ティグ溶接・ミグ溶接用溶加材の基礎知識

ティグ溶接やミグ溶接に用いる溶加材には，手溶接に使用するいわゆる溶加棒と，自動もしくは半自動ミグ溶接またはティグ溶接に用いられる溶接ワイヤとがある．

溶加材の材質や直径は，接合しようとする母材の材質や板厚，使用する溶接電流の大きさ，極性などにもとづいて正しく選定しなければならない．一般に，溶加材の材質は，溶接する母材のそれとできるだけ等しいものを選ぶのを原則とする．

（1） アルミニウムとその合金用溶加材

JISには，11種類の溶加材が規定されている．この中から，自分の作業目的に合ったものを正しく選択して使用しなければならない．接合される母材の種類と，適合する溶加材の選択基準を表4・9に示す．

（2） ステンレス鋼用溶加材

溶加材は，接合される母材の組成に近い材質のものを使用するのが一般的であるが，異種材料間溶接，とくによく行われるステンレス鋼と軟鋼や低合金鋼との溶接の際は，軟鋼や低合金鋼によって溶接金属が薄められ（これを**溶接金属の希釈**という），延性が低下するのを防ぐため，クロムやニッケル成分量が多く，延性の高い溶加材を用いるようにする．

（3） その他のティグ溶接・ミグ溶接用溶加材

ティグ溶接・ミグ溶接用溶加材としては，このほかに，銅および銅合金用，ニッケルおよびニッケル合金用，チタンおよびチタン合金用，軟鋼および低合金鋼用などの溶加棒やワイヤがあり，母材の材質に応じて使い分けられる．

表 4·9 母材の組合わせによるワイヤ・溶加棒の選択基準

〔注〕
1. **太字**は優先的に使用されるもの、細字は代替的に使用されるもの。
2. 溶接ワイヤを表す WY と溶加棒を表す BY の記号は省略してある。

(株)ダイヘン:溶接講座(溶接材料の基礎知識編)より.

母材 ↓ \ →	AC4C	AC7A	1080	1070	1050	1100	2219	3003	3004	5005/5050	5052	5083	5141/5254	6061/6101	6063/6151	Al-Zn-Mg合金
鋳物 AC4C	4043/5356															
鋳物 AC7A	4043	5654/5356/5183														
1080	4043	4043/5356	1080/1070													
1070	4043	4043/5356	1070/1080	1070/1080												
1050	4043	4043/5356	1070/1100/4043	1070/1100/4043	1070/1100/4043											
1100	4043	4043/5356	1100/4043	1100/4043	1100/4043	1100/4043										
2219	4043	4043					2319/4043									
3003	4043	4043/5356	1100/4043	1100/4043	1100/4043	1100/4043	4043	1100/4043								
3004	4043	5654/5356	4043/1100	4043/1100	4043/1100	4043		4043/5183/5356	4043/5183/5356							
5005/5050	4043	5654/5356	1100/4043	1100/4043	1100/4043	4043		4043/5183/5356	4043/5183/5356	4043/5183/5356						
5052	4043/5356/5183	5654/5356/5183	4043/1100	4043/1100	4043/1100	4043		4043/5183/5356	4043/5183/5356	4043/5183/5356	5654/5554/5356					
5083	5356/5183/4043	5356/5183	5356/5183/4043	5356/5183/4043	5356/5183/4043	5356/5183/4043	4043	5356/5183/4043	5356/5183	5356/5183	5183/5356	5183/5356/5556				
5154/5254	4043/5356/5183	5654/5356/5183	4043/5356/5183	4043/5356/5183	4043/5356/5183	4043/5356/5183	4043	4043/5356/5183	5654/5554/5356	5654/5554/5356	5654/5554/5356	5356/5183	5654/5554/5356			
6061/6101	4043/5356	5356/4043	4043/5356	4043/5356	4043/5356	4043/5183/5356	4043	4043/5183/5356	4043/5183/5356	4043/5183/5356	4043/5183/5356	5356/4043	5356/5183	5356/4043/5654		
6063/6151	4043/5356/5183	5356/5183	4043/5356	4043/5356	4043/5356	4043/5183/5356	4043	4043/5183/5356	4043/5183/5356	4043/5183/5356	4043/5183	5356/4043/5183	5356/5183	5356/4043/5654/5183	5356/5183/4043	
Al-Zn-Mg合金	4043/5356	5356	4043	4043	4043	4043	4043	4043	5356	5356	5356	5356	5356	5356/4043	5356/4043	5356

4·4 ティグ溶接用タングステン電極棒

ティグ溶接用タングステン電極棒は、厳密には溶接材料とはいえないかもしれないが、便宜上、この節で取り扱うことにする.

(1) 電極棒の種類

ティグ溶接で使用するタングステン電極棒には、純タングステン製のものと、タング

ステンに酸化トリウム（トリア）や酸化ランタン，酸化セリウムなどの酸化物を混合したものとがあり，前者は主として交流溶接に，後者は交流溶接・直流溶接のいずれにも使用される．これは，純タングステン棒では，直流棒マイナスでのアークの発生に難があるためである．

（2）電極棒の直径と適正電流

一般に，電極棒の直径に比べて溶接電流が低すぎると，アークが不安定になり，逆に高すぎると，電極棒の消耗がはげしくなる．従って，用いる溶接電流に見合う直径の電極棒を選定しなければならない．

（3）電極棒の先端形状

電極棒の先端形状は，アークの安定性や集中性，ひいては，溶込み深さにも影響を与えるので，注意が必要である．

電極棒の先端を，頻繁に鋭く研いでいる人を見かけることがあるが，これは必ずしも正しくない．確かに，電極先端を鋭い角度に成形するとアークの集中性が向上するが，溶接電流の大きさや極性を無視して単純に鋭くするのは，電極棒の消耗をいたずらに早める結果になるので，得策ではない．図4・6に，極性や使用する電流の大きさによる電極棒先端の削り方の目安を示した．

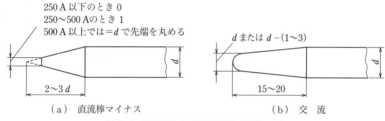

図4・6　電極棒先端の適性形状（単位 mm）

4・5　シールドガスの基礎知識

4・5・1　シールドガスの種類

（1）マグ溶接用シールドガス

炭酸ガスアーク溶接を含む，いわゆるマグ溶接のシールドガスには，単体の炭酸ガスのほかに，いわゆるマグガスとして，アルゴンガスと炭酸ガスとの混合ガスや，アルゴンガスと酸素との混合ガスが用いられる（ヘリウムガスは高価で，わが国ではあまり用いられないので省略）．

炭酸ガスは，図4・7のような緑色のガス容器（ボンベ）に詰められて市販されている液化炭酸ガス（充てん量は25 kg, 30 kgが標準的である）が用いられるが，溶接用に

は，とくに水分の少ない純度の高いものを使用する必要がある．ガス容器には炭酸ガス専用の流量調整器を取り付けて使用する．

マグ溶接に使用するアルゴンガスと炭酸ガスとの混合ガスは，これらのガスを一定の割合であらかじめ混合（プレミックス）し，容器に詰めたものを使用するのが一般的である．混合の割合は，アルゴンガス80％，炭酸ガス20％が標準的である．ガス容器の色は，アルゴンガスと同じねずみ色で，これにアルゴンガス単体の容器と区別するための識別線が入れてあるのがふつうである（アルゴンガスと酸素との混合容器の識別線は黒色．図4・8）．ここで，7章の説明と一部重複するものもあるが，各種ガスをマグ溶接用シールドガスとして用いたときの特性を簡単に説明しておく．

図4・7 炭酸ガス容器

（ⅰ）**炭酸ガス** 溶滴の移行パターンが，小電流域では短絡移行であるが，大電流域（おおむね250 A以上）では，電磁力の作用で溶滴が押し上げられて短絡移行が妨害され，グロビュール移行となる．そのため，大電流域で，とくにソリッドワイヤを用いた溶接ではスパッタが多く，ビードの外観も劣るが，溶込みが深くて能率もよい．溶接金属の機械的性質も比較的良好である．

図4・8 混合ガス容器の識別線

（ⅱ）**アルゴンガスと炭酸ガスとの混合ガス** アルゴンガスに炭酸ガスを適量混ぜると，アルゴンガスを単独で用いるときよりも，アークの集中性が増し，溶込みが深くなる効果がある．また，炭酸ガスを単独で用いるときとちがい，アークが静かでスパッタも少なく，ビードの波形も美しくなる．ただし，炭酸ガス（CO_2）はアークの高熱で解離して，一酸化炭素（CO）と酸素（O）を生じるので，酸素の影響を受けやすいアルミニウムや銅といった，高温で活性を示す金属の溶接には利用できない．また，高価なアルゴンガスを用いるため，不経済なのが欠点である．

（ⅲ）**アルゴンガスと酸素との混合ガス** アルゴンガスと酸素との混合ガスは，炭酸ガスを用いたときに，その成分中の炭素が溶接金属内に混入するのを嫌うステンレス鋼を溶接する際に用いられる．混合比率は，アルゴン99％，酸素1％，もしくはアルゴン98％，酸素2％である．

（2）**ミグ溶接用シールドガス**

ミグ溶接では，アルゴンガスを単体で用いるのが基本であるが，アークをより安定させるなどの目的で，これに少量の炭酸ガスもしくは酸素を混合することがある．

アルゴンガスの中でも，ねずみ色のガス容器に充てんされた純度の高い溶接用アル

ゴン ガスが用いられる（図4·9）.

アルゴン ガスは，不活性ガスの名のとおり，高温で溶けている金属と接してもまったく反応しないので，アルミニウムや銅，チタンなど高温で活性を示す金属の高品質溶接が可能である．溶滴の移行パターンは，電流が低い範囲では大粒状態での移行をするが，ある電流値（次項参照）以上になると，スプレー状移行となる．

また，アルゴン ガスなどの不活性ガスで，アークをシールドして行う溶接には，**クリーニング作用（清浄作用）**という特有の現象が起こる．これは，ワイヤ側をプラス（陽）極にしてアルゴン ガス中でアークを発生すると，陽イオンが高速度で母材表面の酸化物に激突してこ

図4·9　アルゴン ガス容器

れを破壊し，取り除いて清掃してくれるというもので，頑固な（非常に融点が高い）酸化皮膜が表面をおおっているアルミニウムの溶接には有効な現象である．

（3）ティグ溶接用シールド ガス

ティグ溶接には，アルゴン ガスなどの不活性ガスが単体で用いられる．このため，ティグ溶接ではアークがきわめて静かで，スパッタも飛ばず，非常に美しいビードが得られるのが特長である．

4·5·2　シールド ガスのはたらき

シールド ガスを用いる最大の目的は，アークや溶接金属を，ブロー ホールの有力な原因となる窒素を大量に含む大気から保護して，健全な溶接継手をつくることであるが，シールド ガスには，その成分組成によってアークの状態に変化を与え，ビードの形状や溶込みの深さを微妙に変えたり，あるいは溶接金属の性能を調整して，じん性などの機械的性質を改善するなど二次的なはたらきがある．

表7·1に，シールド ガスの種類と，ワイヤからの溶滴移行パターンとの関係を示してある．同表で，電流値が小さい範囲では，炭酸ガス シールド，混合ガス シールドのどちらの場合も，溶滴の移行パターンは短絡移行であるが，大電流域になると，炭酸ガス シールドでは，溶滴が大粒になってグロビュール移行となり，一方，混合ガス シールドでは，ワイヤ先端が絞られ，溶滴は小さな粒状になってスプレー移行となる．この結果，大電流域で炭酸ガスアーク溶接を行うと，溶込みは深くなるがビードの表面は荒れ，スパッタの飛ぶ量も多くなる．しかし，混合ガスアーク溶接ではアークが静かになった分，溶込みも浅く，ビードの波も美しくて，スパッタも少ない．

溶滴が大粒状態での移行すなわちグロビュール移行から，スプレー状移行に変わる境界の電流値を**臨界電流**という．臨界電流は，同じアルゴン ガスと炭酸ガスとの混合ガスであっても，その組成によって上下する．

4·6 溶接材料の管理

（1） 被覆アーク溶接棒の管理

被覆アーク溶接棒の心線の周囲に塗られている被覆剤は，微細な粉末であるため，空気中の水分を吸収しやすいので，保管場所にはできるだけ湿気の少ない場所を選ぶ．

湿った溶接棒をそのまま使用すると，溶接割れの原因となる水素を溶接金属の内部に送り込むこととなり，また，ブローホールやピット（ブローホールがビード表面に顔を出して開いた穴）を発生させるもとになるので，注意が必要である．

被覆アーク溶接棒には，その被覆剤の系統ごとに，メーカー指定の乾燥条件が決められているので，これを守って正しく乾燥させる必要がある．とくに，乾燥条件が大きく異なる溶接棒を同じ乾燥器〔図4·10（a）〕に入れないように注意しなければならない．

たとえば，軟鋼用のイルミナイト棒の乾燥条件は，70～100℃で30～60分であり，低水素棒のそれは300～350℃で30～60分となっているが，もしこれらの棒を誤って70～100℃の乾燥器にいっしょに入れたと仮定すると，低水素棒に対してはまったく乾燥効果がない．逆に，乾燥器の温度が300～350℃であった場合には，イルミナイト棒の被覆剤の品質は高温のために損なわれ，溶接棒としての機能を失ってしまう．

表4·10に，溶接棒の大まかな乾燥条件を被覆剤の系統ごとに示した．

（a） 乾燥器

（b） 乾燥器の中の被覆アーク溶接棒

図4·10 被覆アーク溶接棒乾燥器

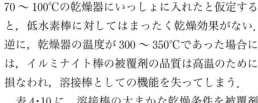

表4·10 被覆アーク溶接棒の乾燥条件

被覆剤の系統	使用限界吸湿度（%）	乾燥温度（℃）	乾燥時間（分）
イルミナイト系	3	70～100	30～60
ライムチタニヤ系	2	70～100	30～60
セルロース系	6	70～100	30～60
高酸化チタン系	3	70～100	30～60
低水素系	0.5	300～350	30～60
鉄粉系	2	70～100	30～60
特殊系	被覆剤により1.5～5	指定による	30～60

（2） 溶接ワイヤの管理

半自動または自動溶接用ワイヤを保管するときも，被覆アーク溶接棒と同様に，できるだけ湿気を避けるのはもちろんであるが，とくに，開封した後しばらく使用を中断するような場合には，多少面倒でもワイヤ送給装置からリールを取り外し，防錆（ぼうせい）紙で包んで乾燥した場所に保管するくらいの配慮が必要である．

（3） ティグ溶接用溶加棒の管理

溶加棒の取扱いや保管の方法が不適切なために，表面が著しく酸化したり，汚れたり，損傷したりすると，健全な溶接部が得られなくなるので，注意する必要がある．ティグ溶接用溶加棒を取り扱ううえでの注意点をつぎにまとめておく．

① 使用前，使用後を通じて裸のまま放置せず，清浄なポリエチレン袋に入れ，さらに，所定のケースに収納して乾燥した場所に保管する．
② 使用中も長時間現場に放置しない．
③ なるべく素手でさわらないようにし，清潔な手袋を着用して取り扱う．
④ 種類の異なるものが混ざらないように注意する．

（4） シールドガスの管理

炭酸ガス（混合ガス）容器やアルゴンガス容器は，非常に高圧のガスが充てんされた状態で供給されるので，9章（ガス溶接とガス切断の実技）で説明する酸素容器や溶解アセチレン容器の取扱いに準じた細心の注意が必要である．主な注意点をつぎにまとめる．

① 直射日光の当たらない，火の気のない場所に保管する．
② 鎖やロープを用い，転倒しないよう対策を講じる．
③ 取扱い時や運搬時には，容器に衝撃を与えない．
④ 容器弁は，専用の工具を用いて，静かに開閉する．

4・7 溶接材料の選び方

4・7・1 軟鋼と高張力鋼用溶接材料の選び方

（1） 被覆アーク溶接棒

被覆アーク溶接棒には，軟鋼と高張力鋼用に限っても，表4・2，表4・5に示したように，非常に多くの種類があって，これを正しく選択するのは困難であるが，逆にいえば，これほど多くの種類があるからこそ，その選択が重要な意味をもつともいえる．

被覆アーク溶接棒を選択する場合，考慮しなければならない要素をつぎに述べる．

（ⅰ） **母材の材質** 表4・11は，板厚と用途による被覆アーク溶接棒の選択基準を示すものである．炭素当量〔3・2・1項（5）参照〕が大きく，また，板厚が大きいほど，割れをはじめとする溶接欠陥が起こりやすく溶接が困難になるので，適切な条件で予熱を行うとともに，溶接性のよい被覆アーク溶接棒を正しく選択する必要がある．

（ⅱ） **継手の品質と強度** 正しい寸法で，欠陥のない溶接が行われていても，肝心な溶接金属の品質や強度が設計目的を満たしていなければ意味がない．被覆アーク溶接棒を選択するにあたっては，継手のさまざまな使用条件を考慮して，所定の強度が得られるようにすることが重要である．

(iii) 作業性 被覆アーク溶接棒には，その被覆剤の系統によって，全姿勢溶接が可能なものとそうでないもの，同じ立向き姿勢でも下進溶接がしやすいものとしにくいもの，薄板の裏波溶接が得意なものと不得意なものなど，いろいろなタイプがある．したがって，よい溶接を行うためには，作業姿勢に応じて最適のものを使い分ける配慮が必要である．

表 4・11 板厚と用途による被覆アーク溶接棒の選択基準

溶接姿勢	全姿勢溶接	イルミナイト・ライムチタニヤ・低水素系
	立向き上進溶接	ライムチタニヤ・イルミナイト系
	立向き下進溶接	高酸化チタン・低水素（下進専用棒）系
	上向き溶接	ライムチタニヤ・低水素・イルミナイト系
	水平すみ肉溶接	鉄粉酸化鉄・鉄粉低水素系
板厚	薄板（$t<6$）	高酸化チタン・ライムチタニヤ系
	中板（$t\geqq 6$）	イルミナイト・ライムチタニヤ系
	厚板（$t\geqq 25$）	低水素・イルミナイト・ライムチタニヤ系
用途	一般的用途	イルミナイト・ライムチタニヤ系
	強度を重視しない軽構造物	高酸化チタン系
	強度を重視する重要構造物	低水素系
	裏波溶接用	低水素系（裏波専用棒）

表 4・12 マグ溶接・ミグ溶接法の種類と溶接上の諸特性

溶接法の種類 適用材種・作業性など		炭酸ガス＋ソリッドワイヤ	マグガス＋ソリッドワイヤ	炭酸ガス＋複合ワイヤ（スラグ系）	炭酸ガス＋複合ワイヤ（メタル系）	ミグ溶接＋ソリッドワイヤ
適用される主な材種		軟鋼 高張力鋼 低合金鋼	軟鋼 高張力鋼 ステンレス鋼 低合金鋼 低温用鋼	軟鋼 高張力鋼 低合金鋼 ステンレス鋼 低温用鋼	軟鋼 高張力鋼 低合金鋼 ステンレス鋼 低温用鋼	軟鋼 高張力鋼 ステンレス鋼 低合金鋼 低温用鋼 各種非鉄金属
作業性	下向き極薄板 $t\leqq 2$	2	4	2	2	4
	〃 薄板 $t<6$	3	4	4	4	4
	〃 中板 $t>6$	3	3	3	3	3
	〃 厚板 $t>25$	3	3	3	3	3
	水平すみ肉溶接	3	3	4	3	3
	立向き上進溶接	3	4	4	2	4
	〃 下進溶接	3	3	4	2	3
	裏波溶接	2	2	2	2	2
	アークの安定性	3	4	4	4	4
	溶込み深さ	5	4	4	4	4
	スラグのはく離性	3	4	5	3	4
	スパッタの量	2	4	4	4	5
溶接性	耐割れ性	5	5	4	5	5
	耐ブローホール性	4	4	4	4	4
	切欠きじん性	3	4	4	4	5
	溶接金属の拡散性水素量（ml/100g）	<2	<2	<5	<3	<2

〔注〕 上表の数字について（"溶接金属の拡散性水素量"を除く）
　　5：非常にすぐれる（溶込みの場合は非常に深い．スパッタは非常に少ない）．
　　4：ややすぐれる（溶込みの場合はやや深い．スパッタはやや少ない）．
　　3：ふつうである．
　　2：やや劣る（溶込みの場合はやや浅い．スパッタはやや多い）．

（2） 半自動溶接用ワイヤ

マグ溶接やミグ溶接に使用するワイヤを選択する場合の判断要素も，基本的には，前項の被覆アーク溶接棒を選択するときと同様である．

ただ，マグ溶接やミグ溶接は，使用するシールドガスの種類とワイヤの種類との組合わせによって多くの種類に分けられ，その組合わせによって，得意とする材種や作業性，または継手の機械的性質といった溶接性などに違いがあるので，ワイヤを選択するにあたっては，それぞれの溶接法の特色を十分に理解し，そのうえで，自分の行う作業に最も適した溶接材料を選定することが大切である．

表4·12に，マグ溶接・ミグ溶接法の種類と溶接上の諸特性を示した．

4·7·2　ステンレス鋼用溶接材料の選び方

（1） 同材種間の溶接

ステンレス鋼は，その成分系や金属組織によっていくつかの種類に分かれ，その溶接にあたっては，種類に応じて適合する溶接材料や，予熱などの各種溶接条件にも違いがあるので，注意が必要である．

表4·13に，ステンレス鋼の溶接に適合する溶接材料の組合わせ例を材種別に示す．

表4·13　ステンレス鋼の材種と溶接材料との組合わせ

ステンレス鋼の材種	材料記号例	適合する溶接材料 （被覆アーク溶接棒）	適用上の注意
マルテンサイト系	SUS 410, SUS 403	ES410, ES409Nb	溶接割れを防ぐために，200～400℃の予熱に加えて十分な後熱処理が必要.
		ES309, ES310	予熱・後熱が行えない場合.
フェライト系	SUS 430	ES430, ES430Nb, ES309, ES310	—
	SUS 405	ES410, ES409Nb, ES309, ES310	マルテンサイト系のD410を使用する場合，SUS 410と同様の予熱・後熱を行う.
オーステナイト系	SUS 304 SUS 316 SUS 304 L SUS 316 L	ES308, ES308L ES316, ES316L, ES318 ES16-8-2 ES308L, ES318	この系統のステンレス鋼の溶接には，原則として共金系の溶接材料を用いる，予熱・後熱は不要である.
	SUS 347, SUS 321 SUS 309 S SUS 310 S	ES347, ES347L, ES16-8-2 ES309, ES309L, ES310 ES310	

（2） 異材種間の溶接

ステンレス鋼の異材溶接では，ステンレス鋼を軟鋼（または低合金鋼）と溶接するケースが最も多い．異材溶接で問題になるのは，4·3節（2）項で説明した軟鋼（または低合金鋼）による溶接金属の希釈により，耐食性が低下することで，これを防止するた

めに，あらかじめクロムやニッケル成分を多く含む溶加材が用いられる．

たとえば，軟鋼とオーステナイト系のステンレス鋼を突合せ溶接するような場合，溶接金属の成分（クロムとニッケル）が軟鋼によって希釈されることを見込んで，母材側のステンレス鋼よりもクロムとニッケルの含有量の多い溶接材料（例として22～25%クロム，12～14%ニッケルのES309）を使用する必要がある．

表4・14にステンレス鋼と軟鋼（または低合金鋼）を溶接する場合に適する溶加材の組合わせ例を示す．

表4・14 ステンレス鋼異材溶接時の母材と溶加材の組合わせ例

母材の組合わせ		被覆アーク溶接棒	ティグ溶接溶加材	マグ溶接複合ワイヤ
炭素鋼または低合金鋼	マルテンサイト系・フェライト系ステンレス鋼…SUS 403, SUS 410, SUS 430 など	ES430, ES430Nb, ES309L, E309	Y309, ER309, Y430, ER430	YF309, E309T, YF430, E430T
	オーステナイト系ステンレス鋼…SUS 304(L), SUS 316(L), SUS 347 など	ES309LMo, ES312, ES309	Y309, ER309	YF309, E309T

4・7・3　アルミニウムとその合金用溶接材料の選び方

溶加材は，母材に適したものを選ぶ必要があるが，6000系（マグネシウム・けい素系），7000系（銅を含む系統，亜鉛・マグネシウム系）合金の溶接以外は，主として母材と同じ成分系のものが用いられる．

表4・15は，母材の系統に対する溶加材の主な選択基準を示したものである．

この組合わせがよくないと，①溶接部に割れが発生する，②予定の継手強度が得られない，③耐食性がよくないなどの不都合が起きる場合がある．また，使用する溶加棒の直径は，溶接電流の大小によって異なる．

表4・16に，溶加材の直径と溶接電流の範囲の関係を示す．

表4・15 溶加材の主な選択基準

母材の系統	溶s加材（溶接棒，溶接ワイヤ共通）
1100, 1200, 3003	1100, 1200
2219	2319, 4043
5005, 5N01, 5052	5356, 5554
5083	5183, 5356
6061, 6063, 6N01	4043, 5356
7003, 7N01	5356, 5183

アルミニウム「合金」のイナートガスアーク溶接入門講座，軽金属溶接構造協会

表4・16 ティグ溶接用溶加材の径と適性溶接電流の範囲

	溶加棒および溶接ワイヤ径（mm）	適性溶接電流範囲（A）
溶加棒	1.6	30～100
	2.0	60～130
	2.4	70～150
	3.2	130～150
	4.0	180～250
	5.0	240～360
	6.0	340以下
溶接ワイヤ	0.6	20～100
	0.8	20～150
	1.0	30～200
	1.2	40～250
	1.6	40～350

5
アーク溶接機の基礎知識

5·1 電気の基礎知識

(1) オームの法則

アーク溶接機をよく理解するために，電気についての基礎知識が欠かせないので，まずは，これについて述べておく．

電気の流れは，水の流れにたとえると理解しやすい．図5·1のように，異なる高さに設置された二つの水槽がパイプで接続されていて，パイプの途中に弁（バルブ）があるとする．この場合，二つの水槽の水面の高さの差（水位差）が，電気でいう電位差，つまり**電圧**〔記号 E．単位 V（ボルト）〕にあたる．ここで弁を開くと，パイプを通って，高い水槽から低い水槽に向かって水が流れる．このときの水の流れ（水流）が，電気でいう**電流**〔記号 I．単位 A（アンペア）〕である．したがって，電気は水と同じように高さの差（電圧）がないと流れない．

ところで，このときの水は，パイプの内径すなわち断面積が大きいほど流れやすくて水量が増し，小さいと流れにくくなって水量が減少する．電気も同じで，細いケーブルよりも太いケーブルのほうが流れやすい．つまり，この場合，パイプの内径が電気でいう**抵抗**〔記号 R．単位 Ω（オーム）〕に相当し，細いケーブルは太いケーブルに比べて抵抗が大きいといえる．

この電流と電圧，抵抗の間にはつぎのような関係があり，これを**オームの法則**（図5·2）という．

$$電流(I) = \frac{電圧(E)}{抵抗(R)}$$

$$E = I \cdot R$$

この式は，電流 (I) は電圧 (E) が大きいほどよく流れ，逆に，抵抗 (R) が大きいほど流れにくくなることを表す単純なものであるが，電気工

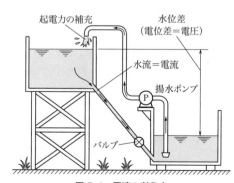

図5·1 電流の考え方

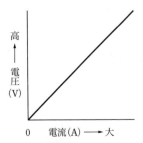

① 電圧 E を知りたいときは E を手で隠すと，R と I が横に並んでいるので
　　$E = R \times I$ 〔V〕
② 抵抗 R を求めたければ R を隠すと，E と I が縦に並んでいるので
　　$R = \dfrac{E}{I}$ 〔Ω〕
③ 同様に，I を隠せば，
　　$I = \dfrac{E}{R}$ 〔A〕
であることがすぐにわかる．

回路を流れる電流の大きさは電圧に比例して大きくなる（抵抗の大きさが一定の場合）．

（a）電流と電圧の関係　　　　　　　　（b）電流と電圧および抵抗の関係

図 5・2　オームの法則

学の基本中の基本ともいえる大切な法則である．

（2）電力と熱量

図 5・1 で，上下の水槽の高低差が非常に大きく（つまり，水位差が大きい），また，上下の水槽をつなぐ管路の直径が非常に太くて水量が多い状態を想像すると，流れる水の力（パワー）は強大なものになると考えられる．

これを電気に置き換えると，非常に大きな電圧を掛けて，大きな電流を流せば，結果的に大きな力が得られることになる．この水の力に相当する電気の力が**電力**〔記号はパワーのイニシャルをとって P で表す．単位 W（ワット）〕である．

　　電力(P) ＝ 電流(I) × 電圧(E)

また，オームの法則により，

　　$E = I \cdot R$

であるから

　　$P = I \cdot E = I \times (I \cdot R) = RI^2$

これは，ある抵抗に電流を流したとき，消費される電力は，流した電流の 2 乗と抵抗の大きさに比例することを表している．この消費された電力は熱エネルギーに変換され，これを**電流の発熱作用**と呼ぶ．アーク溶接は，この電流の発熱作用を金属の溶解に利用したもので，たとえば，アーク溶接で発生する熱量は，下式で表される．

　　熱量(Q) ＝ 溶接電流(I) × アーク電圧(E)　〔単位：J/s（ジュール毎秒）〕

上式を実際のアーク溶接に適用して，母材に与える熱量（**溶接入熱**という）を求める場合，同じ溶接電流，アーク電圧でビードを置いても，溶接速度が遅ければ当然，溶接入熱は増加するので，これを溶接速度 v（cm/min）で割る必要がある．

　　溶接入熱(H) ＝ $\dfrac{溶接電流(I) \times アーク電圧(E) \times 60}{溶接速度 v (\text{cm/min})}$　（単位 J/cm）

　　　　　（60 をかけるのは秒を分に換算するため）

この H は，溶接ビード 1 cm 当たりの母材に与える入熱量を示す．

（3） 交流と直流

電気には直流（direct current, 略して DC）と交流（alternative current, 略して AC）とがある．

直流は，図5·3に示すように，時間が経過しても電流の流れる方向が変わらず，大きさも一定のもので，たとえば自動車用バッテリ，直流発電機などは，直流電流を取り出すための電源の代表的な例である．アーク溶接機にも，直流を専門に出力する直流アーク溶接機がある．

交流は，図5·4に示すように，電流または電圧の方向や大きさが，ある一定の時間的周期で変化するものである．電力会社（たとえば東京電力など）から一般家庭や工場に送られてくる電気は交流であるが，これは，発電所から遠方へ電気を送る際に，交流の方が容易に変圧することができ，また，高電圧に対して比較的細いケーブルを用いることができて経済的なためで

図5·3 直 流

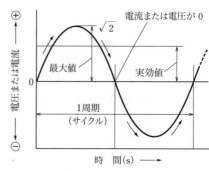

図5·4 交 流

ある．アーク溶接機の世界にも，交流専用のアーク溶接機があり，被覆アーク溶接を中心に広く用いられている．

（4） 交流の周波数

図5·4で，交流の電流または電圧が，0からプラス方向に発して0にもどり，今度はマイナス方向に移って再び0にもどるまでを**1周期**（**1サイクル**）という．

この1周期が1秒間の間に繰り返される回数を**周波数**〔単位：Hz（ヘルツ）〕という．わが国では，ちょうど静岡県の富士川から長野県の東側県境を通って，新潟県の糸魚川にいたる線を境に，東側は 50 Hz，西側は 60 Hz に分けられている（一部には，2種類の周波数の混在地域もある）．これは，かつて，わが国の発電黎明（れいめい）期に，東西の地域が，アメリカとヨーロッパから，発電周波数の異なる発電機を別個に輸入したことに由来する．一般に，50 Hz，60 Hz の周波数を商用周波数といい，交流アーク溶接機もこの商用周波数を使用している．

ところで，たとえば "100 V の電圧" といった場合，直流ならばグラフを見たとおりで問題ないが，方向と大きさが時間の経過とともに目まぐるしく変化する交流の場合は，図5·4に示すように，プラスとマイナスそれぞれの最大値の $1/\sqrt{2}$ 倍の値（これを**実効値**という）をもって 100 V とする．したがって，交流で 100 V といった場合には，$100 \times \sqrt{2} = 141$ V に達する瞬間があるので，交流のほうが電撃（感電）に対する危険性が大きいといえる．

(5) 単相交流と三相交流

図5・4に示した交流波形（**正弦波交流**という）は，一つの電気回路に単一の波が流れる**単相交流**で，一般家庭に送られてくる電気は，この単相交流である場合が多い．

これに対し，大きな電力を消費する工場には，図5・5のように，位相が $2\pi/3$（= 120°）ずつずれ

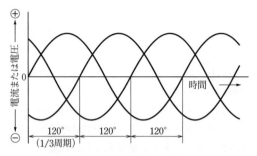

図5・5 三相交流の波形

た3本の波からなる**三相交流**が供給されている．これは，つぎに説明するように配線が経済的なこと，および構造が単純で取扱いが容易であり，負荷の変動による回転速度の変化が小さくて制御がしやすいため，工場で多く用いられる三相誘導電動機が使用できる点に理由がある．

工場などの分電盤を開くと，スイッチやブレーカなどがある．その中のナイフスイッチには，三つの端子があり，そこから各工作機械のモータや機器類に3本の電線で配線してある．ところで，家庭用の単相交流は2本の電線で供給されているので，これが3倍の三相になると，2×3＝6本の電線が必要になるはずであるが，実際は3本しか用いられていない．これは三相交流の特性で，単相交流の2本の電線それぞれのうち1本には電流が流れなくなるため，6本のうち3本が省略できることによる．

アーク溶接機の場合，交流アーク溶接機には一般に単相交流が用いられ，手溶接用の直流アーク溶接機や半自動溶接用の直流アーク溶接機には，三相交流が用いられるのがふつうである．

5・2　アークとその性質

アーク溶接法は，いわゆる**アーク**〔電極間に存在する気体に，持続的に絶縁破壊が生じて発生する放電現象のこと（図5・6）．これを空間で水平方向に発生させると，中央部が上方に浮き上がって弧を描くので，**電弧**という訳語が用いられていた〕のもつ高熱により，母材と，被覆アーク溶接棒や溶接ワイヤなどの溶加材を溶かして溶接を行う方法である．

たとえば，最も一般的な被覆アーク溶接は，電圧の掛かっている被覆アーク溶接棒の心線の先端と溶接母材とを一度くっつけて短絡させ，電流を流してから引き離したとき，その空間の絶縁を破って電流が流れたために発生する青白い火花，すなわちアークのもつ6000℃以上にもなる高熱を利用して，被覆アーク溶接棒の心線と母材を溶かして溶接する方法である．

(a) ティグ溶接のアーク

(b) マグ溶接のアーク

図5・6 アーク

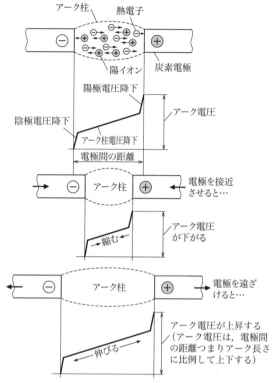

図5・7 アークの電圧特性

　また炭酸ガス半自動アーク溶接は，短くなるたびに取り替える手間がかかる被覆アーク溶接棒を，モータの力で自動的に送られてくる長いワイヤに替え，これにワイヤの直径に比べて大きな電流を流すことによって，溶接の能率を飛躍的に高めた方法である．

　このほかに，アークの熱を利用した溶接法には，ティグ溶接，ミグ溶接，プラズマ溶接，アークスタッド溶接など数多くあり，現在溶接といえば，特殊なものを除き，そのほとんどは，なんらかの形でアーク熱を利用したアーク溶接のことを指しているといってもよい．この節では，溶接アークの性質を，次節以降では，このアークを発生させるアーク溶接機について基礎的な知識を述べる．

（1） アークの電圧特性

　間隔を置いて，向かい合わせて接触させた2本の炭素棒電極を，電源のプラス（陽極）とマイナス（陰極）に接続して通電した後に引き離すと，これらの間の気体が，図5・7のように，プラスの陽イオンとマイナスの熱電子に分解され（これを**電離**とよぶ），電離によってプラズマ化した気体を通じて，電位の高い陽極側から電位の低い陰極側に電流が流れ，アークが発生する．このとき，アークの電圧は，陽極側から陰極側に向

かって連続的，直線的に下降しているのではなくて，同図のように陽極と陰極のすぐそばで電圧が急激に落ち込む"陽極電圧降下部"と"陰極電圧降下部"，およびこれらを接続する降下のゆるやかな"アーク柱電圧降下部"の三つの部分からなることが実験的に確かめられている．

ここで，炭素棒電極の間隔を変えて，アークの長さを変化させてみる．たとえば，図5・7のようにアークの長さが長くなると，陽極電圧降下部と陰極電圧降下部の大きさはそのままで，アーク柱電圧降下部の長さだけが伸ばされることになり，この結果，アーク電圧は上昇することになる．逆に，アークの長さを縮めると，同じ理由でアーク電圧は下がる．つまり，アーク電圧の大きさは，アークの長さにほぼ比例して増減するのである．

（2） アークの電圧・電流特性（負特性）

一般の導体，たとえば電線に電圧を掛けたときに流れる電流の大きさは，図5・2に示したオームの法則により，掛けた電圧の大きさに比例して増加する．ところが，気体中に電流が流れるアークでは，電線の場合とはちがう現象が起きる．

いまここで，アークの長さ L_1（被覆アーク溶接でいえば，溶接棒の心線の先端から母材の表面までの距離）を変えずにアークの電流と電圧との関係を調べると，図5・8の曲線①のように，電流の値が小さいうちは，電流が増えるとアークの電圧が急降下することがわかる．これを**アークの負特性**という．電流の値がさらに増えると，アークの電圧は，落ち着いてあまり変わらなくなる．つぎに，アークの長さが伸びる（L_2）と，曲線①は曲線②の位置に移動する．これは，アークの長さが伸びたことによって，前項で説明したように，アークの電圧も上がったためである．

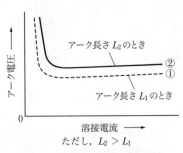

図5・8 アークの電圧・電流特性（負特性）

5・3 アーク溶接機の外部出力特性

アーク溶接機とは，その目的からいえば，容易にアークを発生させて，この発生したアークを安定した状態に維持し，快調に溶接できるようにするための装置のことである．

前節（2）項で説明したように，アークは，ふつうの導体に電圧を掛けて電流を流したときとは異なり"負特性"をもっているので，アークが消えないように安定させて溶接するためには，アークを発生させる電源装置である"アーク溶接機"にも，それなりの特別な出力特性（これを溶接機の外部出力特性，または単に外部特性という）が必要である．

（1）垂下特性

垂下（すいか）特性というのは，たとえば，被覆アーク溶接を行っているとき，手ぶれが起きてアークの長さが変化しても，安定して溶接を続けるのに便利な外部特性のことで，アークの長さが急に変化しても（つまり，アーク電圧が変化しても），溶接電流はあまり変化しないというものである．図5・9の示すとおり，出力電流が増加すると，電圧を示す曲線が急激に落ち込む（垂下する）ので，この名がある．

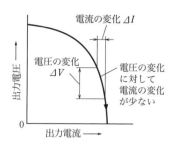

図5・9　垂下特性

少しくわしく説明すると，図5・8の上に図5・9を重ねたのが図5・10であるが，いま，アーク長さL_1のときのアーク電圧と電流の特性を表す曲線①と，アーク溶接機の垂下特性を表す曲線③とが交わる点P_1でアークが発生して，溶接が行われている．ここで，アークが急にL_2の長さに伸びると，曲線①は曲線②まで移動して，点P_1は点P_2の位置にずれる．このとき，溶接電流が変化した量ΔIは，アーク電圧の変化量ΔVに比べて非常に小さいことがわかる．これは，溶接の途中で何かの原因でアークの長さが変わっても，アークの電流には大きな変化がないため，そのまま安定した溶接が続けられることを示している．つまり，この垂下特性は，手ぶれでアークの長さが変わってしまいやすい被覆アーク溶接や，ティグ溶接など，いわゆる手溶接にふさわしい溶接機の特性で，交流アーク溶接機のほとんどが，この垂下特性をもっている（図5・11）．

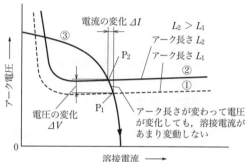

図5・10　アークの特性曲線

図5・11　垂下特性に向く手溶接

（2）定電流特性

定電流特性は，前項の垂下特性をさらに徹底させて，溶接中にアークの長さが変わっても，つまりアーク電圧が変化しても，溶接電流はまったくといってよいほど変化せず，安心して被覆アーク溶接などの手溶接作業が続けられるようにした特性である（図

5・12）．交流アーク溶接機のうち一部のものと，大部分の直流アーク溶接機にこの特性が採用されている．

（3）定電圧特性

定電圧特性は，図5・13のように，溶接電流が変化しても，アーク電圧には大きな変化が現れない，逆にいうと，アーク電圧のわずかな変化により，溶接電流が大きく変わる出力特性である．したがって，この特性をもつアーク溶接機で，たとえば被覆アーク溶接を

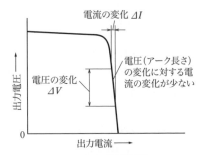

図5・12　定電流特性

行うと，手ぶれによってわずかでもアーク長さが伸びると，急激に溶接電流が減ってアークが途切れてしまい，逆にアークが短くなると，途端に溶接電流が増えて，溶接棒がたちまち溶けてしまったり，棒焼けが起きてしまったりすることになる．この定電圧特性は，溶接ワイヤがモータの力で自動的に溶接トーチ内に送られてくる炭酸ガス半自動アーク溶接などに用いられる直流アーク溶接機に採用されている（図5・14）．

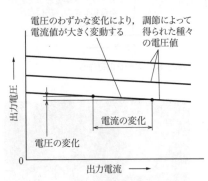

図5・13　定電圧特性

図5・14　定電圧特性に向く半自動アーク溶接

（4）マグ半自動溶接でアーク長さが一定に保たれるしくみ

図5・8の上に今度は図5・13を重ねてみる（図5・15）．垂下特性のときと同じように，アーク長さ L_1 のときの特性曲線と電源特性 RS の交わる点 P_1 でアークが発生して溶接が行われている．いま，何かの原因でアーク長さが伸びてアーク電圧が増えると，アーク発生点 P_1 は P_2 にずれ，溶接電流が大幅に落ち込むのがわかる．たとえば，マグ半自動溶接の作業中，トーチをもつ手がぶれてアークの長さが増えると，溶接電流が急激に減って，ワイヤの溶けるスピードが落ちる．

逆に，アークが短くなると，溶接電流が増えてワイヤの溶けるスピードも増す．一方，ワイヤはモータの力でいつも同じスピードで送られてくる（定速送給方式）ので，結果としてアークの長さはつねに一定に保たれることになる．

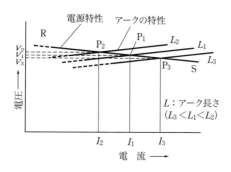

① 定電圧特性電源の出力が RS に調整され，アークの特性曲線との交点 P_1 でアークが発生．このときの溶接電流は I_1 (A)，アーク長さは L_1 (mm) で，アークはアーク電圧 V_1 (V) で安定状態を保つ．
② 溶接中に手ぶれが起き，トーチが少し上がると，アーク長さが伸びて動作点が P_2 に移動し，溶接電流は I_2 に減少．
③ 溶接電流が減少すると，これに比例してワイヤの溶融速度も低下するが，ワイヤの送給速度は一定なので，増加したアーク長さは即座に縮まり，ワイヤの送給速度と溶融速度が一致する点 P1 にもどる．
④ 逆に，トーチが下がってアーク長さが減ると，アークの動作点は P_3 に移動し，溶接電流が I3 に増大．これによりワイヤの溶融速度が上がってアーク長さが伸び，動作点は再び P_2 に復帰．

図 5・15 定電圧特性電源によるアーク長さ自己調整機能のしくみ

5・4 アーク溶接機

　前節(1)～(3)項で説明してきたように，アーク溶接機つまりアーク溶接電源には，被覆アーク溶接などの手溶接に適した外部特性をもつものと，炭酸ガスアーク溶接などの半自動溶接に向く外部特性をもつものとがあり，それぞれに，その構造・電流調節方法・出力制御方法などによって多くの種類がある．
　被覆アーク溶接に使用されるアーク溶接機には，垂下特性または定電流特性をもつ交流アーク溶接機と，直流アーク溶接機とがある（交流・直流共用の溶接機もある）．
　半自動溶接用アーク溶接機としては，定電圧特性をもつ直流アーク溶接機が主として用いられている．
　また，ティグ手溶接用アーク溶接機に必要な外部特性は，被覆アーク溶接と同じく，垂下特性または定電流特性であるが，さらに，対象となる母材の種類によって，用いる電流の種類が異なる（たとえば，ステンレス鋼は直流で溶接し，アルミニウムは交流で溶接する）ので，交直流切替え機能をもつ溶接機でないと不便である．

5・4・1　被覆アーク溶接用アーク溶接機

（1）交流アーク溶接機と直流アーク溶接機
　被覆アーク溶接に用いられるアーク溶接機には，交流アーク溶接機と直流アーク溶接機の 2 種類がある（これらの兼用タイプもある．図 5・16）．
　表 5・1 に，各種アーク溶接法の種類とアーク溶接機（溶接電源）の交流・直流別の関係を，また表 5・2 に，交流アーク溶接機と直流アーク溶接機の特徴の比較を示す．

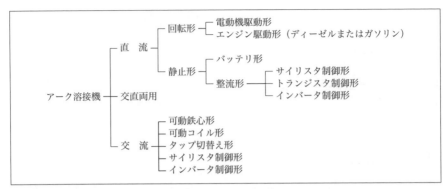

図5・16 アーク溶接機の種類

表5・1 アーク溶接法の種類とアーク溶接機（溶接電源）の種類との関係

アーク溶接法の種類	交流電源	直流電源
被覆アーク溶接	○	○
マグ溶接（CO_2を含む）		○
ミグ溶接		○
ティグ溶接	○	○
サブマージアーク溶接	○	○
ノーガスアーク溶接	○	○

表5・2 交流アーク溶接機と直流アーク溶接機の特徴の比較

比較する項目	交流アーク溶接機	直流アーク溶接機
アークの安定性	やや不安定	安定しやすい
構造	単純	一般に複雑
無負荷電圧	比較的高い	比較的低い
取扱い・メンテナンス	比較的容易	やや手間がかかる
溶込み（同一電流で）	浅い	深い（棒マイナスのとき）
極性の選択	なし	可能
磁気吹き	生じにくい	生じやすい
力率	低い	良好
溶接機の価格	一般的に安価	一般的に高価

（2） 交流アーク溶接機の種類と特色

交流アーク溶接機は，とくに被覆アーク溶接の分野で広く用いられている．外部特性は，一部に定電流特性のものもあるが，大部分は垂下特性である．電流の調節方法によって，可動鉄心形，タップ切替え形，サイリスタ制御形などの種類がある．ほかに可動コイル形もあるが，ほとんど用いられていない．

交流アーク溶接機の本体主要部は，アークの発生・維持に適するように設計された一種の変圧器であるため，構造が単純で保守点検がしやすく，比較的安価なのが一般的な特長である．

（i） 可動鉄心形交流アーク溶接機　図5・17に示す可動鉄心形交流アーク溶接機は，交流機の多い被覆アーク溶接の分野でもとくに広く普及しているものである．

図5・17　可動鉄心形交流アーク溶接機

5・4 アーク溶接機

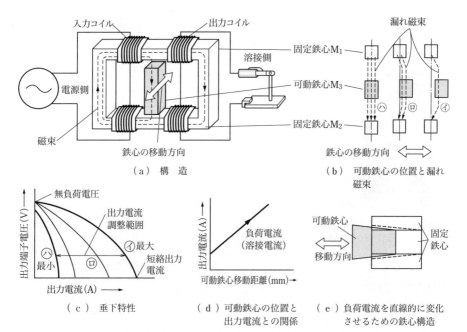

① 溶接電流の調節は，図(b)のように固定鉄心に対する可動鉄心の位置を変えることによって行う．可動鉄心が⑭の位置にあるとき，入力コイルでつくられた磁束の大半が可動鉄心方向へ漏れ，交流抵抗である漏れリアクタンスが増大して出力電流（溶接電流）は最小となる．
② 逆に④の位置では，漏れ磁束の量が少ないため，出力電流は最大になる．
③ 図(e)は鉄心に勾配を付け，可動鉄心の移動とともに，可動鉄心と固定鉄心との間のすき間量も変化するように工夫された特殊な鉄心の構造の例で，これにより，負荷電流を直線的に増減できるようにした．
④ なお，可動鉄心の移動は，一般的には，溶接機前面の操作パネル上のハンドルを左右方向に回転させ，可動鉄心を前後に移動させて行うが，これをリモコン装置で行うタイプもある．

図5・18 可動鉄心形交流アーク溶接機の構造と電流調節の原理

図5・18により，その構造と電流調節の原理を説明すると，固定鉄心に入力コイルと出力コイルとが設けられ，その間に電流調節のための可動鉄心が配置されている．一次電源側に入力電圧を掛けると，二次側に電流が流れていない無負荷状態では，鉄心中の磁束はすべて入・出力コイルを共通に通過し，出力コイルの二次側端子には，ほぼコイルの巻数比で求められる無負荷電圧が発生する．ここでアークが発生され，二次側に電流が流れると，この溶接電流のはたらきで出力側には磁束が通りにくくなり，その一部は，同図(b)の破線で示すように，漏れ磁束の通路となる可動鉄心を通過し，これにより，出力コイル側を通過する磁束が減って出力端子電圧が下がる．つまり，溶接電流が流れたことによって出力端子電圧が下がるわけで，これが**垂下特性**といわれるものである．

交流のアークを確実に発生させ，安定した状態を維持するためには，この垂下特性が

図 5・19 リモコン装置内蔵形交流アーク溶接機

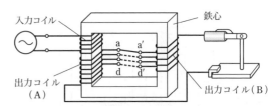

① 入力コイルと同じ鉄心上に出力コイル（A）が，また他の鉄心上にもう一組の出力コイル（B）がある．a→dまでの各タップ穴と，a′→d′までの各タップ穴に，タップを選択的に挿入することで，(A)，(B) 両コイルの巻数比を変えて電流の調整を行う．
② コイル（A）の巻数を多く，コイル（B）の巻数を少なくすることによって，（図のa-a′接続が最大）溶接電流が増大し，逆にコイル（A）の巻数を少なく，コイル（B）の巻数を多くすることによって，（図のd-d′接続が最小）溶接電流が減少する．
③ 可動鉄心形のような細かい電流の調整はできないが，小形・軽量で運搬に便利である．小電流用の交流アーク溶接機に用いられる．

図 5・20 タップ切替え形交流アーク溶接機の原理

必要とされる．これにより，無負荷状態では出力端子電圧を比較的高め（たとえば80V程度）に設定しておき，アークが発生して溶接電流が流れると，これを低下（たとえば30V程度）させることが可能になる．

同図(c)は，可動鉄心の移動にともなう垂下特性曲線の変化を示すもので，曲線 ㋑ と曲線 ㋺ は，可動鉄心の移動距離がそれぞれ最大および最小となる位置における垂下特性を示している．

溶接電流の調整は，通常溶接機の前面パネルに設けられているハンドルを回転し，可動鉄心を前後方向に移動させることによって行われるが，最近では，この可動鉄心の移動をリモコン操作のモータ駆動により行うタイプもある（図5・19）．

（ⅱ）タップ切替え形交流アーク溶接機 これは小形で簡便な家庭用ポータブル溶接機に用いられているタイプである．図5・20に示すように，入力コイルと，2組の出力コイル（AとB）を設け，タップつまり栓の挿入穴を替えることにより，出力側のA，Bコイルの巻数の割合を変えて，出力電流値を調整するものである．

（ⅲ）サイリスタ制御形交流アーク溶接機 サイリスタ制御形（図5・21）は，図5・22に示すように，変圧器の一次側に半導体素子の一形態であるサイリスタを備えたもので，サイリスタによって一次入力側の交流電流の，各サイクルごとの通電時間を制御することにより，入力電流を調

図 5・21 サイリスタ制御形交流アーク溶接機

整し，これを変圧器により，溶接作業に適した出力電流に変換するものである．このタイプの溶接機は，溶接電流の調節をサイリスタのはたらきで細かく連続的に行うことが可能で，また，たとえ

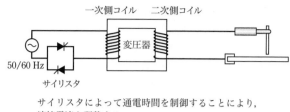

サイリスタによって通電時間を制御することにより，溶接電流を調整する．

図5・22 サイリスタ制御形交流アーク溶接機の原理

ば可動鉄心形のような可動部分がないため，リモコン装置を用いて，溶接機から離れた場所から電流値の調整を行うことができるなどの利点がある．外部特性は定電流特性を示すのが一般的である．

(3) 直流アーク溶接機の種類と特色

直流アーク溶接機は，交流に比べてアークが安定しており，また，図5・23に示すように，溶接棒と母材のプラス マイナスの極性を互いに取り替えることによって，材質や板厚に適した溶接条件が選択できるという特長がある．したがって，とくに安定したアークを必要とする非鉄金属やステンレス鋼の溶接，母材への入熱量を減らしたい薄板の溶接に適している．

このほかに，直流アーク溶接機を用いた溶接では，**磁気吹き（アーク ブロー**ともいう）といって，電流が一方向にのみ流れることによって生じる磁力線の作用により，アークが横方向に流され，溶接が困難になる現象が起こる場合がある（図5・24）．

(a) 棒マイナス（正極性）

熱電子が陽極の母材に向かって激突するので溶込みがやや深くなる．

(b) 棒プラス（逆極性）

溶込みはやや浅いので薄板向き．

図5・23 極性の交換

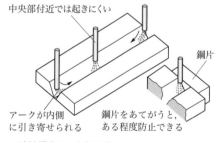

中央部付近では起きにくい

アークが内側に引き寄せられる

鋼片をあてがうと，ある程度防止できる

鋼片

溶接電流が一方向に流れることによってアークの周囲に起こる磁場が，溶接棒を中心にして対称でない場合，アークが偏る現象で，溶接の始めと終わりの部分で生じやすい．

図5・24 磁気吹き

直流アーク溶接機は，その構造により回転形と静止形に大別され，それぞれに数種類がある．

（ⅰ）回転形直流アーク溶接機 回転形は，交流モータやガソリンもしくはディーゼルエンジンによって直流発電機を回転させ，直流の出力電流を得るものである．とく

に，図5・25に示すエンジンを用いるタイプのものは，電源設備のない山間僻地でも，アーク溶接作業が可能という利点があるが，騒音が大きく，保守に手間がかかるという短所もある．

（ii）静止形直流アーク溶接機 静止形は整流形とも呼ばれ，直流アーク溶接機の大部分がこのタイプに属する．回転形と違って回転部分がないため，騒音が発生せず，故障も少ない．かつては三相交流電源からシリコンまたはセレン整流器を経て直流出力を得る方式のものがふつうであったが，現在は，サイリスタによって出力制御を行うサイリスタ制御形直流アーク溶接機（図5・26，図5・27）や，これよりもはるかに高速な出力制御が可能なインバータ制御形直流アーク溶接機（図5・28）が主流になっている．

図5・25 エンジン駆動形直流アーク溶接機

インバータ制御形直流アーク溶接機は，図5・29に示すように，一次側の三相交流入力電源を，整流器で整流・平滑化して直流に変換した後，トランジスタをスイッチング素子として用いたインバータによって高周波交流（8～50kHz）に変換し，溶接変圧器により溶接に適した電圧に下げてから再度整流し，さらに，直流リアクトルを介して平滑化された直流を二次側のアークに供給するもので，つぎのような特長をもっている．

図5・26 サイリスタ制御形直流アーク溶接機

（a）変圧器の小形軽量化が可能 溶接機の変圧器の大きさ，出力 P，動作周波数 f の間には，つぎのような関係がある．

$$（鉄心の大きさ S\times B）\times（巻線の大きさ N\times A）= P/f$$

ただし，S：鉄心の断面積，B：磁束密度，N：コイルの巻数，A：電流．

ところで，インバータ制御形によると，変圧器の動作周波数を，たとえば商用周波数 50 Hz の 1000 倍に当たる 50 kHz にした場合，変圧器の大きさ，つまり上式の（鉄心

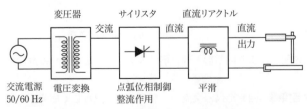

図5・27 サイリスタ制御形直流アーク溶接機の原理

図5・28 インバータ制御形直流アーク溶接機

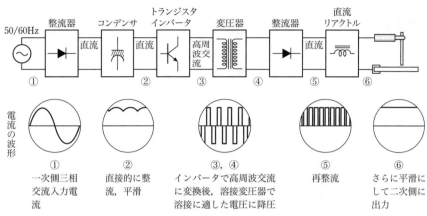

図5・29　インバータ制御形直流アーク溶接機の原理

の大きさ $S×B$)×(巻線の大きさ $N×A$) は，1/1000 ですむことになり，変圧器を大幅に小形軽量化できることがわかる．

（b）　高速・高精度な制御が可能　サイリスタ制御形では，その応答速度は商用周波数の数倍が限度であったが，インバータ制御形によると，(a)項で説明したように，変圧器の動作周波数を 1000 倍程度にまで引き上げることができるので，図5・30 に示すように，応答速度や制御精度を著しく向上させることができる．

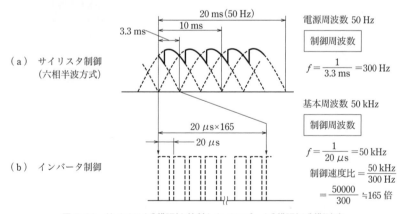

図5・30　サイリスタ制御形と比較したインバータ制御形の制御速度

（c）　低入力・省電力化が可能　インバータ制御形は，変圧器が小形化されていることから効率が高く，低入力（同じ出力を得るために必要な入力量が少ないこと）となり，また，溶接作業休止時の無駄な電力（無負荷損失という）がトランジスタによって自動的にカットされるため，省電力となる．

5·4·2　マグ半自動溶接用アーク溶接機

炭酸ガスアーク溶接に代表されるマグ半自動アーク溶接用の溶接機には，一般に直流アーク溶接機が使用される．外部特性は，ソリッドワイヤや細径のフラックス入りワイヤを用いる場合のように，ワイヤの送給速度が比較的速い溶接では，アークの長さを一定に保つのに有利な定電圧特性が用いられる．一方，ワイヤの送給速度が比較的遅い太径のフラックス入りワイヤを用いる溶接では，被覆アーク溶接と同様の交流垂下特性電源を用いることもできる．容量は，薄板の場合150〜300 Aの機種が，厚板では500〜600 Aの機種が用いられることが多い．出力電流の制御方式には，機能・性能や価格などによって多くの種類がある．現在最も一般的なのはサイリスタ制御形で，次いでインバータ制御形が多く用いられている．

表5·3は，マグ半自動溶接用アーク溶接機の種類を，出力制御方式によって分類し，その特徴をまとめたものである．

表5·3　マグ半自動溶接用アーク溶接機の出力制御方式とその特徴

	出力制御方式	構　　成	特　　徴
普及機	スライドトランス形	スライドトランス＋整流器＋直流リアクトル	・構造簡単 ・出力波形良好 ・遠隔操作が困難 ・電源電圧変動の補償が困難
	タップ切替え形	タップ付き変圧器＋整流器＋直流リアクトル	
	サイリスタ制御形	変圧器＋サイリスタ＋直流リアクトル	・大電流化が容易 ・遠隔操作が容易
高級機	トランジスタチョッパ制御形	変圧器＋整流器＋パワートランジスタ＋直流リアクトル	・出力波形の高速制御が容易 ・周波数によってノイズが発生
	インバータ制御形	整流器＋パワートランジスタ＋変圧器＋整流器＋直流リアクトル	・性能の向上が容易 ・小形で軽量

5·4·3　ティグ溶接用アーク溶接機

ティグ手溶接用アーク溶接機（以下，ティグ溶接機と呼ぶ）には，機能別に交流，直流，パルス用があるが，最近では，1台で交流・直流の切替えとパルスの有無を選択できる機種が主流となっている．

外部特性は，手ぶれでアーク長さが変化しても溶接電流の変動が少ないか，またはほとんど起こらない垂下特性または定電流特性である．

表5·4に，ティグ溶接機の出力制御方式とその特徴をまとめたものを示す．

ここでは，アルミニウムの溶接に威力を発揮する，インバータ制御形交流ティグ溶接機（交流・直流両用機で，交流を選択した場合）を例にとって，その原理を説明する．

図5·31にインバータ制御形交流ティグ溶接機の基本回路を示す．その構成は，三相

表5・4 ティグ溶接機の出力制御方式とその特徴

	出力制御方式	原 理	特 徴
直流電源	サイリスタ制御形	溶接変圧器の二次側で，サイリスタにより点弧位相を制御して出力を調整する．	・出力の調整や安定化が容易 ・大容量化が容易
	トランジスタチョッパ制御形	溶接変圧器の二次側を直流とした後，トランジスタでチョッピングして出力を調整する．	・出力の調整や安定化が容易 ・高速応答 ・インバータ制御形に比較して大形
	インバータ制御形	変圧器の一次側で，インバータにより高周波交流に変換するとともに出力を調整する．	・出力安定 ・高速応答 ・小形で軽量 ・省エネ
交・直流兼用電源	可動鉄心形	可動鉄心の移動により出力を調整する．	・構造簡単 ・出力が不安定
	サイリスタ制御形	サイリスタにより点弧位相を制御して出力を調整する．	・出力の調整や安定化が容易 ・クリーニング幅の調整が可能
	インバータ制御形	一次側インバータで出力を調整し，二次側インバータで再度交流波形に変換する．	・出力安定 ・小型で軽量 ・クリーニング幅の調整範囲が大きい ・省エネ

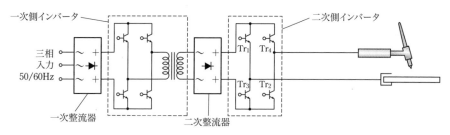

図5・31 インバータ制御形交流ティグ溶接機の基本回路構成

　入力，一次側インバータ，二次整流器までは，5・4・1項(3)で説明したとおりであるが，異なるのは，高周波で動作する二次整流器に続いて，交流溶接に必要な50〜100 Hzの低周波で動作する二次側のインバータが設けられていることである．同図において，二次側インバータのトランジスタ Tr_1 と Tr_2 がオンで，Tr_3 と Tr_4 がオフのとき，棒マイナスのアークが発生し，逆に，Tr_3 と Tr_4 がオンで，Tr_1 と Tr_2 がオフのとき，棒プラスのアークが発生する．これを交互に反復して交流アークが発生する．

　従来のサイリスタ制御形では，棒プラスの時間比率が50％から大きくずれると，変圧器や直流リアクトルなどに流れるアンバランス電流によって機器が過熱することがあったが，インバータ制御形交流ティグ溶接機では，そのようなことがなく，棒プラスと棒マイナスの時間比を自由に設定することができる．

　また，交流のティグ溶接では，8・1節(1)項でも説明するように，タングステン電極

棒がプラスになったとき，アルミニウム表面の酸化皮膜を破壊して取り除くクリーニング作用が得られるが，通常，この棒プラスの極性では，電極が過熱されて消耗が早まる傾向がある．そこで，インバータ制御形交流ティグ溶接機では，クリーニング作用を十分に得る一方で，電極の消耗を減らすために，図5・32に示すように，棒プラス時の電流を，棒マイナス時のそれに比べて大幅に短いパルス状にしている．

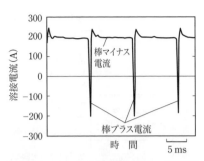

図5・32　インバータ制御形交流ティグ溶接機（溶接電源）の電流波形

このように，インバータ制御形交流ティグ溶接機では，棒プラスの時間比を自由に変更することによって，クリーニング幅を容易に調整する（図5・33）とともに，電極棒の消耗も少ない溶接が可能である．

図5・33　クリーニング幅の調整（アルミニウム）

5・4・4　アーク溶接機の特性

（1）交流アークと再点弧電圧・無負荷電圧

交流は，たとえば50 Hzならば1秒間に50回，60 Hzならば1秒間に60回というように，一定時間ごとに電流の流れる方向が変わるので，図5・4に示すように，電流が0になる瞬間がある．この瞬間には交流のアークも当然消えてしまうので，溶接を続けるためには，1/2サイクルごとに逆方向のアークを発生させる必要がある．一度消えたアークを再び発生させる（再点弧）ための電圧は，平均的な交流アークの電圧よりも高い値を示すが，これを**再点弧電圧**と呼ぶ．

図5・34からもわかるように，再点弧電圧を得るためには，アーク溶接機の二次側端子の無負荷電圧（アークを発生していないときに，溶接機の二次側端子間に掛かっている電圧）が再点弧電圧よりも高いことが必要で，それよりも低いと，アークは消えてしまう．

また，再点弧電圧よりも無負荷電圧を高

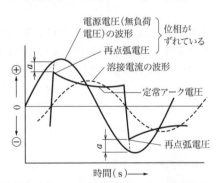

再点弧するためには，電源の無負荷電圧が再点弧電圧よりもaだけつねに高いことが必要．

図5・34　交流アークと再点弧電圧

くするためには，同図に示すように，無負荷電圧の波形と，溶接電流の波形とが少しずれている（位相がずれているという）ことが条件となる．

　無負荷電圧はアークを起動させるために不可欠なもので，無負荷電圧が高いほどアークの発生は容易になり，またアークも安定する．しかし，逆に電撃を受ける，つまり感電する危険も大きくなるので，JISでは，直流アーク溶接機，交流アーク溶接機ともに，無負荷電圧の最高限度を規定している．

（2）　定格出力電流・定格使用率と許容溶接電流

　まず，定格出力電流というのは，少しむずかしいが，"定格周波数（50 Hz または 60 Hz）の定格入力電圧（200 V）および定格負荷電圧において，流すことのできる出力電流"と定義され，たとえば，定格出力電流が 500 A の溶接機といえば，その溶接機で使うことのできる最も大きい溶接電流が 500 A であることを表わしている．

　つぎに，定格使用率について説明する．溶接機に限ったことではないが，一般に電気機器は，使い続ける（電流を流し続ける）と温度が上昇する．アーク溶接の場合，この温度の上昇を無視してアークを出し続けると，やがて溶接機を焼損してしまうおそれがあるので，アーク溶接作業では，作業中，適当にアーク溶接機を休ませる必要があるが，実際は，作業時間中 100 %アークを出し続けていることはなく，母材の位置決めや溶接棒の交換，スラグの除去などにより，アークの正味発生時間は，作業時間全体の数 10 %にすぎないことを見込んで，溶接機には使用率というものが設定されている．

　定格使用率というのは，上記の定格出力電流目いっぱいの電流でアークを発生させて溶接作業を行ったと仮定した場合の，全作業時間に対するアークを発生できる時間の割合のことである．

　アーク溶接機の使用率は，つぎの式で求められる．

$$使用率(\%) = \frac{アーク発生時間}{全作業時間（アーク発生時間＋アーク休止時間）} \times 100$$

　ここで注意しなければならないのは，アーク溶接機の定格使用率は，"10 分周期で"定格出力電流を断続負荷した場合に，"全作業時間に対して何分間アークを発生できるか"という比率を示すということである．

　たとえば，使用しているアーク溶接機の定格使用率が 40 %であった場合，定格出力電流いっぱいの溶接電流で作業を行うと仮定したとき，アークを発生できるのは，作業時間 10 分間のうちの 4 分間ということである．1 時間（60 分）のうち，その 40 %に相当する 24 分間アークを出し続けてよいという意味ではない（そんなことはしないと思うが）．

　実際にアーク溶接機を使用する場合，その定格出力電流を目いっぱいで使用することはむしろまれで，溶接棒の種類や心線の直径，作業姿勢その他によって，定格出力電流以下の適切な溶接電流に設定して使用するのがふつうである．その場合の使用率（許容使用率）は，つぎの換算式により求めることができる．

$$許容使用率(\%) = 定格使用率(\%) \times \frac{定格出力電流(A)の2乗}{使用溶接電流(A)の2乗}$$

たとえば，定格出力電流 500 A で，定格使用率 60 % の交流アーク溶接機を 450 A の溶接電流で使用する場合，上式によって許容使用率を求めると，74 % となり，定格使用率の 60 % よりも高い使用率で溶接機を使用することができる．

また逆に，定格使用率よりも高い使用率で溶接機を使用したい場合に，何アンペア (A) の溶接電流で溶接できるか（許容溶接電流）を知りたい場合には，つぎの式を用いる．

$$許容溶接電流(A) = \sqrt{\frac{定格使用率(\%)}{希望する使用率(\%)}} \times 定格出力電流(A)$$

5・4・5　自動電撃防止装置

交流アーク溶接機は，アークの発生を容易にするために，無負荷電圧を比較的高めに設定してある（通常は 75 〜 95 V，平均約 80 V）ので，電撃事故が起きる危険性がある．

そこで，アークを発生していない作業休止時には，無負荷電圧を比較的安全な 25 V 以下に自動的に下げ，アークを発生するときにのみ，所定の電圧が得られるようにするための安全装置が必要で，これが自動電撃防止装置（一般には略して**電防**と呼ばれる）である．

自動電撃防止装置には，外付け形と内蔵形とがある．外付け形自動電撃防止装置（**外装電防**と呼ばれる）は，既存の交流アーク溶接機の外箱に取り付けて使用され，一方，内蔵形自動電撃防止装置は，交流アーク溶接機の内部にあらかじめ組み込まれているもので，現在はこのタイプのものが主流になっている．

図 5・35 は，自動電撃防止装置内蔵形交流アーク溶接機の例である．

図 5・36 に自動電撃防止装置の作動原理を示した．アークを発生していないときには，主接点 S_1 は開いており，二次側には高電圧が加わらないが，補助変圧器を通じて，25 V 以下の安全な電圧が二次側に加わっている．

ここで，溶接棒の先端を母材と接触させてアークを発生しようとすると，二次側回路に電流が流れ，制御装置がはたらいて接点 S_1 は閉じ，一次側に正規の電圧（200 〜 220 V）が加わり，無負荷電圧をすみやかに上昇させてアークの発生を容易にする（この間の所要時間，最大 0.06 秒．これを**始動時間**という）．アークを切ると，再び制御装置が作動して接点 S_1 を開き，二次側の無負荷電圧は 25

図 5・35　自動電撃防止装置内蔵形交流アーク溶接機

V以下に下がる（この間の所要時間は最大で1.3秒．これを**遅動時間**という）．始動時間に比べて遅動時間は大幅に長いので，これをうまく利用すると，いったんアークを切った後，この遅動時間以内に棒端を母材に軽く接触させれば，再びアークを容易に発生させることができる．

自動電撃防止装置は，法規（労働安全衛生規則第332条，第

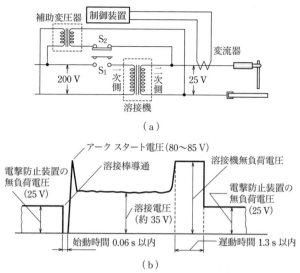

図5・36　自動電撃防止装置の作動原理

648条；**補足説明8**参照）により，つぎのような場所でアーク溶接作業を行う場合に使用が義務づけられているが，これらの規定にかかわらず，交流アーク溶接機を使用する場合には，つねに自動電撃防止装置を使用するべきである．

補足説明 8　自動電撃防止装置の使用義務（労働安全衛生規則より抜粋）

第332条　事業者は，船舶の二重底もしくはピークタンクの内部，ボイラの胴もしくはドームの内部など，導電体に囲まれた場所でいちじるしく狭あいなところ，または墜落により労働者に危険を及ぼすおそれのある高さが2メートル以上の場所で鉄骨など導電性の高い接地物に労働者が接触するおそれがあるところにおいて，交流アーク溶接など（自動溶接を除く）の作業を行うときは，交流アーク溶接機用自動電撃防止装置を使用しなければならない．

第648条　注文者は，（中略）請負人の労働者に交流アーク溶接機（自動溶接機を除く）を使用させるときは，当該交流アーク溶接機に，（中略）規格に適合する交流アーク溶接機用自動電撃防止装置を備えなければならない．

6
被覆アーク溶接の実技

6・1 被覆アーク溶接作業の準備

(1) 溶接装置と器具の準備

被覆アーク溶接作業を始めるにあたっては,まず,溶接作業に必要な装置や器具類をすべて準備し,それらが正常に機能することを必ず点検することが大切である.なお,この項で述べる事柄の多くは,他の章で解説する炭酸ガスアーク溶接やティグ溶接にも共通することなので,これらの溶接作業を行う際にも参考にしてほしい.

被覆アーク溶接作業に最低限度必要なものは,アーク溶接機(アーク溶接電源),ケーブル類,溶接棒ホルダ,アース クランプ,自動電撃防止装置(交流アーク溶接機の場合),作業台,各種工具類,作業服と各種保護具類と,次項で説明する被覆アーク溶接棒,溶接母材である.

(i) アーク溶接機 とくに,一次側ケーブルと,二次側のキャブタイヤ ケーブルがしっかりと接続され,絶縁テープで完全におおわれているか,接地が正しく行われているか点検する.

アーク溶接機の主な点検項目を表6・1に示す.

(ii) ケーブル類 使用する溶接機の容量に見合った正しい太さのものが使われているか確認するとともに,被覆にひび割れなどの損傷がないか念入りに点検する.

表6・2に溶接電流とケー

表6・1 アーク溶接機の点検項目

定期的に点検すべき項目	使用するたびに点検すべき項目
① 電源スイッチ類の作動状態は良好か.	① ハウジング内部の清掃,注油.
② 電流調節ハンドルや指針の作動状態は良好か.	② 電気的接点の摩耗した部品の交換.
③ ケーブル接続部のゆるみの有無,絶縁状態は良好か.	③ アース部のボルト増締め.
④ 異臭,雑音,振動の有無.	④ 回路の絶縁状態のチェック.
⑤ 冷却ファンの回転状態は良好か.	⑤ コイルや鉄心の取付けボルトの増締め.

〔注〕 表に記したのは,ごく基本的な点検項目にすぎず,詳細についてはそれぞれの溶接機の取扱説明書に従う.

表6・2 溶接電流とケーブルの太さとの関係

使用電流 (A)	50	100	150	200	250	300	400	500
ケーブルの断面積 (mm²)	8〜14	22	30	38	50	60	80	100

ルの太さとの関係を示す．

　(iii) **溶接棒ホルダ**　軽くて握りやすく，溶接棒の着脱が容易であるほかに，絶縁体で完全におおわれていることが条件である．ホルダが破損して金属部が露出していると，電撃事故に直結するので，注意が必要である．

　表 6·3 および図 6·1 にそれぞれ溶接棒ホルダの規格と外観を示す．

　(iv) **アースクランプ**　二次側ケーブルを母材や作業台に接続する際の接点となるものである〔図 2·1(a) 参照〕．ここにゆるみがあると，アークが不安定になり，発熱の原因となって危険でもあるから，確実に接続されていることを確認する（図 6·2）．

　(v) **自動電撃防止装置**　交流アーク溶接機を使用する際は，自動電撃防止装置が確実に作動することを確認する．

　(vi) **各種工具類**　必要に応じてすぐ手に取れる位置に整理して並べておく．

　(vii) **作業服と各種保護具類**　熱に弱い化繊は避けて，なるべく木綿製のものを着用し，靴は皮製ゴム底の安全靴を履く．保護具類のうち，手袋，エプロン，腕カ

表 6·3　ホルダの寸法要求　（JIS C 9300-11）

ホルダの定格電流 (A)	つかみ得る溶接棒径の最小限の適合範囲 (mm)	溶接ケーブルの断面積の最小限の適合範囲 (mm^2)
125	1.6 ～ 2.5	10 ～ 25
150	2.0 ～ 3.2	16 ～ 25
200	2.5 ～ 4.0	25 ～ 35
250	3.2 ～ 5.0	35 ～ 50
300	4.0 ～ 6.3	50 ～ 70
400	5.0 ～ 8.0	70 ～ 95
500	6.3 ～ 10.0	95 ～ 120

〔注〕電流値は使用率 60 % における定格を示す．使用率 35 % での電流は，表中のつぎの行の大きい値を用いてもよい．この場合の最高電流値は 600 A．

図 6·1　溶接棒ホルダ

図 6·2　アースクランプの接続

（a）ハンドシールド形　　（b）ヘルメット形安全帽取付けタイプ　　（c）ヘルメット形ヘッドギアタイプ

図 6·3　溶接用保護面の種類

バー，足カバーなどは，破損や油汚れのない皮製のものを正しく着用する．遮光面は破損のないものを使用し，用いる溶接電流に見合った遮光度のフィルタ プレート（遮光ガラス）を正しく装着する．図6・3に溶接用保護面の種類を示す．

（2）溶接棒と練習板（母材）の準備

被覆アーク溶接棒（以下，溶接棒という）は，イルミナイト系（JIS；E4319）および低水素系（JIS：E4316）の，心線直径3.2 mmと4.0 mmのものを準備する．たとえ練習であっても，溶接棒は，正しい乾燥条件に従って十分に乾燥させてから使用する心がけが大切である．とくに低水素系の溶接棒は，他の被覆系統の溶接棒と乾燥温度や時間が異なるので，注意しなければならない．また，低水素系の溶接棒には，裏当て金なしの突合せ溶接の第1層目で，比較的容易に裏波が出せる裏波専用棒（たとえば，神鋼LB-52Uなどがある．"U"はura-namiを表す．図6・4）というものもあるので，できれば準備したい．

図6・4　裏波溶接専用被覆アーク溶接棒

練習用の鋼板は，SS400材でよいが，SM400材が準備できればそれに越したことはない．板厚は，本書では薄板溶接練習用の"呼び3.2 mm"，中板溶接練習用の"呼び9 mm"を準備する．厚板の溶接練習を行うならば，"呼び20 mm"厚の板が必要である．このほか，裏当て金用として，6 mm厚の帯鋼板を準備する．板の大きさは適宜でよいが，検定の受検を目的とする場合は，検定で定めている試験材と同じ寸法のものを使うほうがよい．

（3）溶接電流の設定

被覆アーク溶接作業に限らず，溶接条件，とくに溶接電流の設定は，溶接結果を大きく左右するほど大切であるから，自分の作業内容に適した溶接電流の大きさを知っておくことはもちろん，なるべく迅速かつ正確に，その電流値に溶接機の目盛りを合わせられるように練習しておく必要がある．

溶接電流は，以下の手順で設定する．

① 溶接機の一次側電源をONにし，溶接棒ホルダに溶接棒のつかみ部を図6・5のように直角にはさむ．

② 図6・6のような

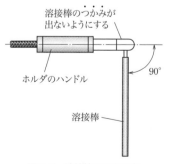

図6・5　溶接棒のはさみ方

図6・6　可動鉄心形交流アーク溶接機

可動鉄心形交流アーク溶接機を用いる場合，電流調整ハンドルを回して，指針を希望する電流値を表示する目盛りの数字付近に合わせ（これはあくまでも目安であって，あまり正確なものではない），溶接機の二次側電源をONにする．

③　片手で溶接棒ホルダをもち，他方の手で，図6・7に示す携帯電流計（クランプ メータ，トング テスタなどとも呼ばれる）のあごをホルダ付近のケーブルにはさむ（図6・8）．

④　溶接棒の先端を，作業台上に置いた練習用鋼板に垂直に打ち当てて短絡電流を流す．

図6・7　携帯電流計

⑤　このとき，携帯電流計の針が指し示す目盛りをすばやく読み取る．"すばやく"というのは，いつまでも短絡させておくと，棒焼け（溶接棒が電流で加熱され，被覆剤の成分の品質が損なわれること）してしまうからである．目盛りを読んだら溶接棒を母材から引き離し，短絡を解除する．

⑥　上の作業を繰り返し行い，短絡時の携帯電流計の指針が，希望する電流値よりも10Aほど高くなるように，溶接機の電流調整ハンドルを回して調整する．たとえば，溶接電流を100Aにしたい場合，短絡電流を110A付近になるように調整する．一般に，溶接電流の大きさは，短絡電流の90％内外である．

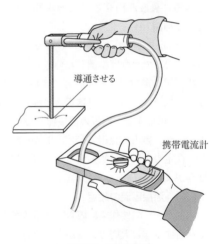

図6・8　電流の測定

溶接電流(A) ≒ 短絡電流(A) × 0.9

⑦　つぎに，アークが安定して発生しているときの電流を調べてみる．短絡電流を⑥のように110A付近に合わせ，片手で溶接棒ホルダを保持し，他方の手の携帯電流計をホルダ ケーブルの適当な位置にはさむ．アーク光を頭部に浴びないよう対策を施したうえで，図6・8のように，溶接棒を練習板上に打ち当ててアークを発生させ，パチパチという連続音が聞こえるようにアークを保持しながら，このときの携帯電流計の指針を読み取る．針は左右に揺れているはずなので，振幅のほぼ中央を読み取るようにする．

このとき読み取った値が，短絡電流値の約90％，つまり100Aとほぼ等しくなっているか確認する．もしずれているようであれば，調整ハンドルを回して微調整する．

⑧　実際に100Aの溶接電流が得られるときの，溶接機の指針と目盛りとの位置関係を覚えておくと，次回から容易に100Aの溶接電流に合わせることができて便利で

ある．よく使用する，他の電流値についても同様の作業を行い，その溶接機の電流目盛りのくせを知っておくようにする（大電流域あるいは小電流域では，実際の電流値と目盛りとの関係が，中央付近の電流域よりも大きく，くるっている場合があるので，100 A 付近の目盛りのくせだけを覚えて，すべてよしとしないこと）．

6・2 被覆アーク溶接の基本実技

6・2・1 下向き溶接のかまえ方

下向き姿勢の最も基本的なかまえ方を図 6・9 に示す．

作業台の前に置いたいすに，両膝を開いて浅く腰掛ける．作業台といすの高さは，不自然に窮屈な体勢をとらずに，無理なく作業できるものならばよい．上体は前に傾け，ホルダをもった腕の肘（ひじ）を脇腹から離して水平に近く上げ，肩の力を抜いて，ゆったりとかまえる．

① 着座姿勢

② アーク スタート

図 6・9 下向き溶接のかまえ方

6・2・2 アークの出し方とアーク長さの保ち方

（1） タッピング法によるアークの発生

これは，図 6・10 のように，溶接棒の先端を，練習板の溶接開始点付近に軽く打ち当て，短絡（ショート）させると同時に棒端を練習板から数 mm 引き離して，アークを発生させる方法である（図 6・11）．棒を練習板に接触させるとき，力を入れすぎたり，長い時間，短絡させすぎたりすると，溶接棒自体が板に溶着してしまい，ホルダをも

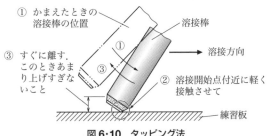
図 6・10 タッピング法

図 6・11 アークの発生

つ手が上がらなくなって途方に暮れることがある．そんなときはあわてずに，ホルダを握ったまま，棒端を練習板に押し付け，手を左右に円弧を描くように大きく動かしてやれば，たいてい取ることができる．

溶着した練習板を溶接棒もろとも持ち上げて，振り回したりしてはならない．もしどうしても外れないときは，溶着した練習板を棒とともに静かに持ち上げ，作業台からコンクリートなどの床上に下ろし，そこでなんらかの方法でゆっくり取り外せばよい．いずれにしても，あまり長時間，溶接棒を作業台上で短絡させておくと棒焼けが起こるので，注意が必要である．棒焼けを起こしてしまった溶接棒は，期待する溶接品質が得られないので，練習といえども，惜しまず廃棄する．

なお，一度でもアークを発生させた溶接棒の先端部には，図6・12に示す被覆剤の壁（保護筒，カップという）が形成され，2度目からは，練習板に軽く打ち当てた程度では短絡しなくなるので，棒の先端を，作業台とは電気的に絶縁されているコンクリートの床の上などで，軽くたたいたりこすったりして，保護筒を崩してやる必要がある．

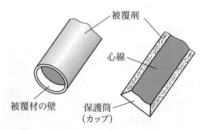

図6・12 保護筒（カップ）

（2）ブラッシング法によるアークの発生

これは，ちょうどマッチ棒に火をつけるときと同じく，溶接棒の先端を，図6・13のように，練習板にこすり付けてアークを発生させる方法である．この方法は，タッピング法に比べて，溶接棒が板にくっついて困ることも少なく，初心者でも，比較的容易にアークを発生できるが，アークによって板が汚損される（これを**アークストライク**といい，溶接欠陥の原因にもなる）面積が広く，また，目標とする溶接開始点を見失いやすいので，なるべくタッピング法に慣れておくほうがよい．

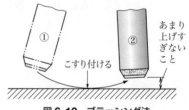

図6・13 ブラッシング法

なお，タッピング法，ブラッシング法のどちらも上手にできるようになったら，異なる心線直径や被覆系の溶接棒に替えて，同じ練習をしてみるとよい．とくに，低水素系被覆（JIS；E4316など）の溶接棒は，アークの発生時に独特のくせがあるので，慣れておくと，後のちのために都合がよい．

（3）アーク長さの保ち方

アークを自在に発生できるようになったら，つぎは，アークを正しい長さに保つ練習を行う．

アークが発生すると，その高熱で溶接棒の心線は溶け，これを包む被覆剤は分解されるため，溶接棒は下からどんどん短くなっていく．したがって，仮にホルダの高さをい

つまでも一定にしておくと，アークの長さはしだいに増加し，いずれは消えてしまう．そこで，図6・14のように溶接棒の消耗速度に合わせてホルダを持つ手の位置を下げ，つねに一定のアーク長さで溶接棒を供給する操作を練習する必要がある．

適切なアークの長さ（mm）は，溶接姿勢やその他の作業条件によって微妙に異なるが，大まかには，使

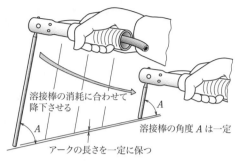

図6・14　アーク長さの保ち方

用している溶接棒の心線の直径程度とされている（たとえば，心線直径3.2 mmの棒ならば，適切なアーク長さは約3 mm）．アークの長さが適切に保たれているときは，"パチ・パチ…"という軽快な連続音が聞こえるが，長くなると，"ボー…"という鈍い音に変わるので，アーク長さの良否は容易に判断できる．

6・2・3　ビードの置き方

（1）ストリンガ ビードの置き方

アークの長さを正しく保てるようになったら，つぎはそのアーク長さを一定にしたまま，溶接棒を右（または左）方向に，等速度で一直線に移動させる練習を行う．このとき溶接棒は，進行方向に70〜80°傾ける（図6・15）．

① ストリンガ ビードの開始

② ストリンガ ビードの置き方（その1）

③ ストリンガ ビードの置き方（その2）

図6・15　ストリンガ ビードの置き方の順序

溶接棒が通過した後に，黒く帯状に盛り上がった細長いものが見られるが，これは，溶接金属（溶けた溶接棒の心線と，溶けた母材の一部とが混合して凝固したもの）を保護している**スラグ**（溶着部に生じる非金属の生成物）で，これを**スラグ ハンマ**（**チッピング ハンマ**，**スケール ハンマ**などともいう）で叩いて崩し，除去すると，中から銀色の光沢をもった，表面に波状の縞（しま）模様のある金属部が現れる．これを**ビード**と呼び，この練習のように，溶接棒を一直線に移動したときに得られるものを**ストリンガ ビード**（**ストレート ビード**という場合もある）と呼ぶ（図6・16）．

ストリンガ ビードを置くときの注意点を，つぎにまとめておく．
① （溶接棒の）速度が適切で，一定．
② （アークの）長さが適切で，一定．
③ （溶接棒の）角度が適切で，一定．

（a） スラグを除去する前のストリンガ ビード

（b） スラグを除去した後のストリンガ ビード

図6・16 スラグを除去したストリンガ ビード

溶接棒の移動（運棒）速度については，要するに，"これから自分が置きたいと思うビードの幅を頭の中に思い描き，プール（後述）の大きさが，その幅とほぼ等しくなるように，棒の送り速度を調節すればよい"ということなのであるが，初心者には，これがなかなかむずかしいようだ．

ストリンガ ビードの幅は，使用している溶接棒の心線直径のおよそ2.5倍を目安とする．たとえば，溶接棒の心線直径が3 mmならば，ビード幅は7～8 mm，心線直径が4 mmならば，ビード幅は10 mm程度となる．

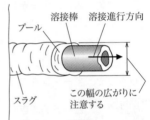

溶接が開始されると，発生しているアークの真下に，図6・17のように液体状の部分が見える．これを**プール（溶融池）**と呼ぶ．このプールの直径の広がり具合をよく見て，それが自分の思い描いたビードの幅と大体等しくなったのを見きわめつつ，溶接棒を横に移動させていく．この操作が無理なく自然

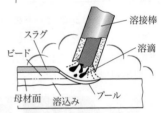
図6・17 プール（溶融池）

にできるようにならないと，美しいストリンガ ビードを置けるようにはならない．言い換えると，これは，後の章の炭酸ガスアーク溶接やティグ溶接も含めた手溶接・半自動溶接全般に通じることであるが，"プールをよく観察できるようになるのが上達の第一歩"ということになる．

（2） ビードの始点と終点の処理

アークの発生直後は，アークがまだ安定せず，シールド ガスも十分生成していないなどの理由で，ビードに不具合が生じやすい．また，母材も冷えているので，溶込み不足や融合不良といった溶接欠陥を起こすことが多い．

一方，溶接線の終点で急にアークを切ると，図6・18に示すように，**クレータ**と呼ばれるくぼみが残るが，この部分は，ビードの肉厚が不足している

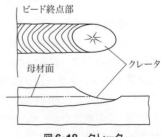
図6・18 クレータ

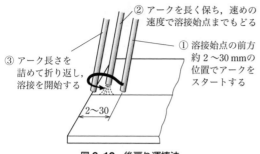

図6・19 後戻り運棒法

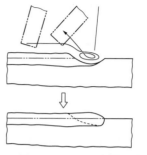

図6・20 クレータを埋める操作

とともに，急冷されるため，非常に割れが発生しやすい場所である．

したがって，ビードの始点では，図6・19に示すような後戻り運棒法を用いて，アークを安定させるとともに，溶接始点付近の母材を十分に温めておき，また，溶接終点部では，図6・20に示すように，クレータを埋めるための操作を行う必要がある．

（3） ビードのつなぎ方

溶接線の途中で溶接棒が足りなくなったときは，作業をいったん中断し，新しい溶接棒に付け替えて溶接を続行しなければならない．図6・21は，その要領を説明したものである．上達すると，ビードのつなぎ目の位置を，ほとんどわからなくすることも可能である．

（4） ウィービング ビードの置き方

たとえば，中・厚板のV形開先内突合せ溶接を行う場合，図6・22のように，上層部になると，ストリンガ ビードでは溶接線の幅をカバーできなくなる．このようなときは，溶接線の中心線をはさんで両側に溶接棒を振る運棒（**ウィービング操作**）を行う．これによってできた幅の広いビードを**ウィービング ビード**という．

図6・23に示すウィービング操作の要領について，つぎに，注意すべきポイントをまとめた．

① 運棒のピッチ（間隔）は一定にし，粗すぎても，細かすぎてもいけない．

① アーク長さを詰めてすばやく切る．

② クレータ付近のスラグをはがし，清掃する．

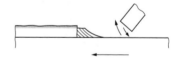

③ クレータのやや前方でアークをスタートする．

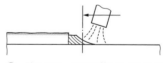

④ 長めのアークで予熱しながらもどる．

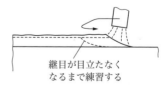

⑤ アーク長さを詰めて折り返す．

図6・21 ビードのつなぎ方

運棒のピッチが粗すぎると，溶接棒の通過しなかった部分に溶接不良が生じ，逆に細かすぎると，板がオーバヒートしてビードの波形が荒れる．

② 棒を振る速度は，止端（棒の振り幅の両端部）と止端との間はいくぶん速めにし，止端部ではややゆっくりと，あるいは一拍止めるような感じで運棒する．

ビードの両止端で運棒を遅くしたり止めたりするのは，この部分に溶滴を多めに補給することで，**アンダカット**（ビードの止端で，母材との境界部付近がえぐれて，溝が残っている状態）が発生するのを防ぐと同時に，図6・23(b)に示すように，プールにはたらく表面張力の作用により，この止端部に多めに補給された溶滴をビード中央に集め，なだらかに盛り上がった断面形状のビードをつくる効果があるからである．

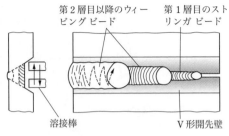

〔注〕層を重ねるにつれて幅が広くなるので，棒を振る必要がある．

図6・22 上層の広幅ビード

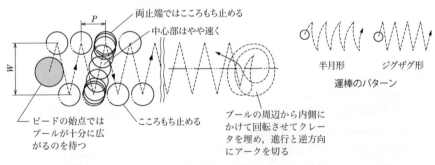

(a) 操作のポイント

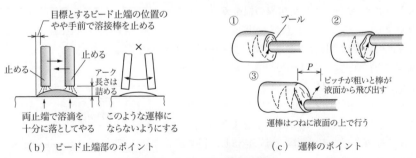

(b) ビード止端部のポイント　　(c) 運棒のポイント

図6・23 ウィービング操作の要領

③ 棒の振り幅は一定にし，心線直径の3倍程度を限度とする．棒の振り幅があまりに大きいと，一方の止端側に棒が振られている間に，反対側の止端付近のプールが凝固し始め，ビード幅全体に表面張力をはたらかせることができなくなるばかりでなく，プール上ですでに凝固したスラグの上を再度溶接棒が通過する結果，溶接金属中にスラグを巻き込む原因にもなるからである．つまり，棒の振り幅を心線直径の3倍程度とするというのは，まだ凝固していないプールの"液面"の上で溶接棒を振ることのできる限界を表わしたものである．

(5) 多層盛ビードの置き方

ストリンガ ビードとウィービング ビードの置き方を反復練習するための有効な方法として，多層盛溶接の練習がある．図6・24にその要領を示した．

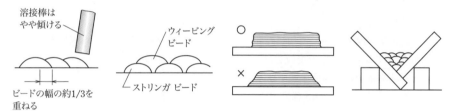

図6・24 多層盛ビードの練習

6・2・4 水平すみ肉溶接の練習

図6・25のように，T字形に接する2枚の母材からなる継手のすみ（隅）を溶接することを**すみ肉溶接**という．**水平すみ肉溶接**というのは，2枚の母材が図6・26に示すような位置関係にある場合をいい，図6・27の下向きすみ肉溶接とは区別する．工場，現場を問わず，非常に多く用いられる継手形式であるから，よく練習しておくとよい．

図6・25 すみ肉溶接の例

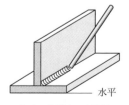
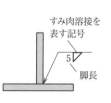

図6・26 水平すみ肉溶接

図6·27 下向きすみ肉溶接

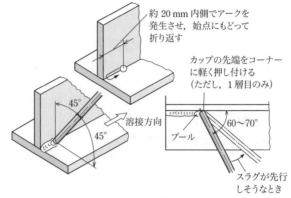

図6·28 すみ肉溶接の運棒法

練習板として，6 mm 厚の鋼板，溶接棒は3.2 mm径のイルミナイト棒もしくは低水素棒を準備し，溶接電流は約130A に合わせる．

まず，2枚の板を互いに直角になるように保持し，溶接線を避けた両端部をしっかりと仮付けする．溶接線上で仮付けする場合は，本溶接の妨げにならないように，2.6 mm径の棒を用いる．練習手順を以下に示す．

① 溶接線始点の20 mm程度内側でアークをスタートし，アークを長めにして，母材を温めながら始点に戻り，折り返すと同時に，棒の端部をコーナ部に軽く接触させて（コンタクト法）ストリンガビードを置く．

図6·28 に示す棒の保持角度は，途中で変えないのが原則であるが，プール上のスラグが溶接棒よりも先行しそうになったときは，棒を進行方向にさらに深く傾け，スラグをアークの力で押し返すような操作を加える．大切なのは，あくまでもプールをよく観察することである．

② ビードを置いたら，スラグをはがし，ビードの外観を調べる．立板側の溶接止端にアンダカットがあるならば，溶接電流が高すぎたことが原因の第一に考えられる．その他の原因としては，棒の保持角度のくるい，運棒速度の速すぎ，アーク長さの不均一などがあげられる．

③ つぎに，水平板側を検査する．水平すみ肉溶接で水平板側に多く現れる欠陥の代表は，**オーバラップ**〔ビードの止端で，溶着金属が母材と融合しないで重なっている状態．図6·29 (a)〕である．その原因としては，溶接電流の低すぎ，運棒速度の遅すぎがあげられる．

（a）オーバラップ

（b）ビードの形状不良（脚長の不ぞろい）

図6·29 水平すみ肉溶接の欠陥の例

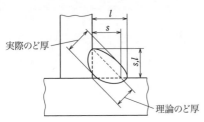
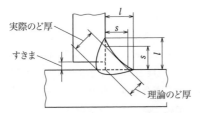

(a) すみ肉溶接の各部寸法の名称　　(b) 目標とする脚長に見合うビード幅の目安

図6・30　脚　長

④　すみ肉溶接ビードの検査で最も大切なのは，脚長の不ぞろい〔図6・29(b)〕がなく，図6・30に示す脚長がそろっていることである．脚長が不ぞろいになる原因の大部分は，溶接棒の保持角度が適切でなかったことにある．図6・28に示した棒の保持角度はあくまでも目安なので，練習を重ねる過程で，脚長が等しくなる棒の保持角度を，自分なりに工夫して見出してもらいたい．

⑤　水平すみ肉溶接で，もっと大きな脚長のビードを置きたいときは，図6・31に示すように，複数パスの溶接またはウィービング操作を行うが，必要とする脚長が比

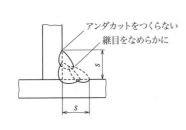
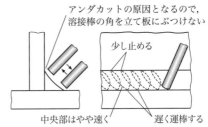

(a) 複数パスのビードを置いて脚長　　(b) ウィービングで脚長を大きくする方法
　　を大きくする方法

図6・31　脚長の大きなビードの置き方

較的大きい場合は，ウィービングでは困難なので，複数のパスを置く方法をとる（図6・32）．いずれの場合でも，脚長を等しくすることと，アンダカットやオーバラップ，スラグの巻込みを起こさないようにすることを練習の目標とする．

図6・32 水平すみ肉溶接の2パス目

6・3 下向き突合せ溶接の実技

ここでは，JIS溶接検定〔溶接作業者の技能レベルの検定および認証試験．いわゆる**JIS検定**．JIS Z 3801 "手溶接技術検定における試験方法および判定基準" にもとづいて（一社）日本溶接協会が定める WES8201 "手溶接技能者の資格認証基準" に準拠して同協会が実施する〕のうち，被覆アーク溶接による突合せ継手作製実技の練習方法を示す．同検定の受検を考えている人は，参考にしてほしい．

ところで，この検定では，実技試験の種類を **A-2F**，**N-1V** などの記号で表すので，まずはじめに，この記号の意味を説明しておく．

① 最初のアルファベットは，溶接の種別を表す．**A**，**N** は，いずれもアーク溶接で，**A** は裏当て金あり（ari）の突合せ継手，**N** は裏当て金なし（nashi）の突合せ継手を表す．**G** はガス溶接を表す．

② つぎの数字は，板厚を表し，**1** は薄板または薄肉管，**2** は中板または中肉管，**3** は厚板または厚肉管を表す．

③ 最後のアルファベットは，溶接姿勢で，**F** は板を flat（平ら）に置く下向

図6・33 下向き突合せ溶接

き姿勢（図6・33），**V** は vertical で立向き姿勢，**H** は horizontal で横向き姿勢，**O** は overhead で上向き姿勢を表わし，**P** は固定管の突合せ溶接を表す．

6・3・1 中板裏当て金あり下向き突合せ溶接（A-2F）の実技

（1）練習板

実際の試験材の寸法を図6・34に示す．練習の場合，全長だけは検定にならって150 mm とするが，幅は経済的な都合もあるので，適宜の寸法でよい．60°のV形開先を設けるので，練習板には長手方向に，それぞれ30°のベベル角を加工する．ナイフエッジのままでもよいが，図6・35のように，やすりやグラインダで軽く（0.5 mm 程度）ルート面を取っておくとよい．

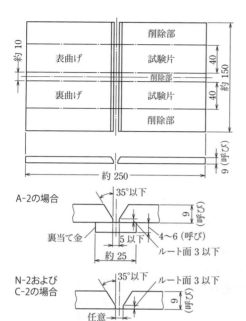

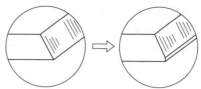

〔注〕やすりやグラインダでルート面を加工する（規定では3 mm以下となっているが，あまり広く削らないようにする）．

図6・35 ルート面の加工

図6・34 中板試験材の寸法（単位mm）

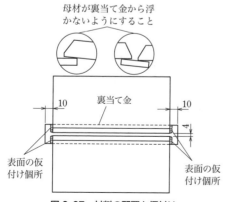

図6・36 材料の配置と表面の仮付け

裏当て金用として，このほかに，板厚6 mm，幅×長さ＝25×170の板を準備する．これらの板の，溶接線付近に当たる部分の黒皮や，付着しているスラグなどの異物は，やすりやグラインダで十分に落としておく．

以下に，手順をくわしく説明する．

(2) 仮付け（図6・36）

① 裏当て金を含めた3枚の板を，図6・37のように組み合わせて仮付け溶接する．ギャップは約4 mmとり，裏当て金は，母材の両端から均等に10 mmずつ突出させる．

図6・37 材料の配置と仮付け

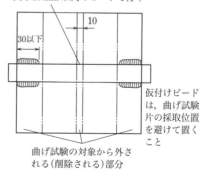

図6・38 裏面の仮付け

② 電流を，3.2 mm 径の溶接棒の場合 120 A，4 mm 径の棒の場合は 150 A にして，同図に示す両端の 4 カ所をしっかりと仮付けする．
③ 材料を裏返して，図 6・38 に示す位置をすみ肉溶接の要領で仮付けする．このビードの全長は，曲げ試験片採取部を避けるため，板端から 30 mm 以内とする．
④ 仮付けがすんだらスラグを取り除き，ワイヤ ブラシでよく磨いておく．

（3） 逆ひずみ

仮付けした板をこのまま溶接すると，熱変形によって継手が反り返ってしまので，変形量を見込んで，あらかじめ板を逆方向に反らせておく．これを**逆ひずみをとる**という．

逆ひずみを何度くらいとるかは，多分に経験的なものであるが，一般に，逆ひずみは，母材への入熱量に比例して多くとればよい．つまり，薄板よりも中板，中板よりも厚板のほうが，大きな逆ひずみを必要とすることになる．また，同じ板厚でも，下向き溶接は，立向きや上向き溶接の場合よりも用いる溶接電流が高い分，逆ひずみは大きくしなければならない．いずれにしても，最後のビードを置いたときに，2 枚の母材の表面がほぼ水平に近い状態になるような逆ひずみをとればよいわけで，その大きさは，練習を積む過程で体得するしかない．

逆ひずみのとり方には，あらかじめ裏当て金を削っておく方法や，図 6・39 のように，仮付け溶接後に裏当て金の裏面をハンマで叩いて曲げ，強制的に逆ひずみをとる方法などがある．ここでは，約 5°の逆ひずみをとる．

図 6・39 逆ひずみのとり方

（4） 本溶接

裏当て金があってもなくても，突合せ溶接継手の品質は，第 1 層目の出来栄えで決まるといってもよい．中間層や最上部の仕上げ層に外観の美しいビードを置いても，土台となる初層のビードに，溶込み不足やスラグの巻込みなどがあっては台無しだからである．図 6・40 に，各層のビードの状態の例を示す．

（a）中板初層　　　（b）中板中間層　　　（c）中板仕上げ層
図 6・40 各層のビードの状態の例

本溶接の手順を以下に示す．
① よく乾燥した 4 mm 径のイルミナイト棒，または低水素棒を準備し，溶接電流を 180 A に合わせる．
② 母材の横から突き出ている裏当て金の上でアークを出し，アークが落ち着くのを

待ってから，溶接棒を開先内に移して溶接を開始する．

棒の角度は，図6・41のように，2枚の母材に対しては直角を保ち，溶接の進行方向にのみ，やや傾けてストリンガ ビードを置く．溶接中，スラグが棒の前方に回り込みそうになったら，棒をさらに傾け，アークの吹付け力を利用して，スラグを押しもどすような操作を加える．アークはできるだけ短くするが，棒端が裏当て金に接触しないようにする．裏当て金の中心線上をねらい，開先の底部，母材のルート部と裏当て金との接触面を十分に溶かしながら，スラグが先行しない範囲で，なるべくゆっくりと運棒する．図6・42，図6・43に第1層目の溶接とその運棒の要領を示した．

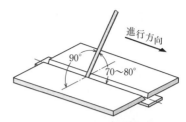

図6・41 溶接棒の保持角度

図6・42 第1層目の溶接

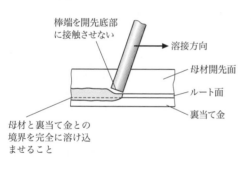

（a） 運棒上の注意

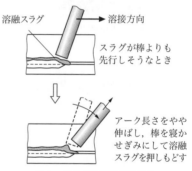

（b） スラグの先行の防ぎ方

図6・43 第1層目の運棒

③ ビードを置いたらスラグを取り除くが，開先内の第1層目のスラグは，はがれにくいのがふつうである．とくに，図6・44に示すように，ビードの両肩の部分にスラグが残りやすいので注意する．取り残されたスラグは，次層のビードを置いても再溶融されず，スラグの巻込みとなって残るので，慎重に除去しなければならない．

④ スラグを完全にはがしたら，ビードの表面と開先壁面をワイヤ ブラシでよく磨いておく（図6・45）．第2層目のビードは，数分後，鋼板を少し冷ましてから置く．母材が熱すぎると，ビードの波が荒れるので，第2層目以降，層を重ねるに従っ

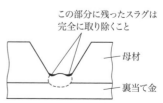

図6・44 ビード両肩部のスラグ

て，約 5 A ずつ溶接電流を下げていく．溶接電流を下げすぎると，プールの広がりが悪くなるので，最低電流は 160 A を限度とする．

⑤ 第 2 層目以降はウィービング ビードを置く．アークはできるだけ短く保ち，アンダカットの原因となるので，溶接棒先端のカップを開先面にぶつけないように，均等なピッチで運棒する．両止端部では意識的に運棒速度を遅くして（あるいは止めて），溶融スラグがちょうど砂浜に打ち寄せるさざなみのように，開先壁面にせり上がってくるのを見届けてから，反対側の開先面に向かって棒を移動する．図 6・46 にその様子をくわしく示したが，これが，アンダカットのない良好なウィービング ビードを置くためのコツである．

図 6・45 ワイヤ ブラシでビード表面を清掃

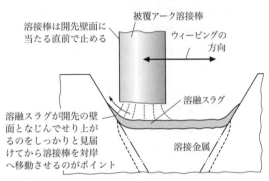

図 6・46 ウィービングのポイント

⑥ 第 3 層目は，第 2 層目と同じ要領で，より幅の広いウィービング ビードを置く．A - 2F の場合，4 層仕上げとする場合が多いので，仕上げビード直前の層となるこの第 3 層目の表面は，仕上げビードを置くための下地として，図 6・47 に示すように，母材表面の約 0.5 mm 下の高さに位置するのが理想的である．

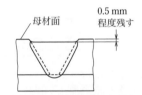

図 6・47 仕上げビード直前の層の高さ

⑦ 最終仕上げビード（図 6・48）は，板の過熱による外観の荒れを防ぐために，第 3 層目のビードを置いてから 10 分程度冷ましたうえ，さらに 5 A ほど電流を下げて置くようにする．運棒上の注意点は今までと同じであるが，とくにこの仕上げ層は，外観検査の対象となる部分であるから，より慎重な運棒操作が必要である．スパッタを減らすために，アーク長さはいっそう短めに

図 6・48 最終仕上げ層の溶接

保ち，棒の振り幅は，原則として開先幅を限度とするが，この場合，仕上げビードと母材との境界間に融合不良を起こさないように注意が必要となる．そのためには，棒の振り幅を開先幅よりも少し広めにするとともに，ピッチをやや細かくするとよい．

⑧ スラグをはがし、ブラシで磨いたら、以下の点について外観検査を行う．
　イ　ビードの幅はそろっているか．
　ロ　ビードの始点がだれていないか．クレータは埋めてあるか．
　ハ　余盛の高さは適切か．
　ニ　ビードの表面は荒れておらず、波模様は美しいか．
　ホ　アンダカットやオーバラップがないか．
　ヘ　板が反っていないか．逆ひずみの大きさは適切だったか．

6・3・2　薄板裏当て金なし下向き突合せ溶接（N-1F）の実技

（1）練習板

図6・49に試験材の寸法を示した．板厚は3.2 mm、長さは150 mmであるが、練習の場合、横幅は任意でよい．裏波を十分に出すために、図6・50のように、板の角にグラインダで45°の面取りをする．このとき、板厚の半分まで削ると溶落ちしやすくなるので、削る量を1.2 mm程度にしておき、また、板の全長にわたって均等に削るのがポイントである．

（2）仮付け

裏当て金なしの溶接では、2枚の板のすき間（**ギャップ，ルート間隔**ともいう）をどのくらいにするか（規定では任意となっている）が、溶接の結果に直接影響するので、仮付けには十分な注意が必要である．

ルート間隔は、広すぎると溶落ちしやすくなり、反対にせますぎると裏波が出なくなる．使用する溶接棒によっても異なるが、溶落ちさせずに十分な裏波を出すためのルート間隔は、最大で2 mm程度である．

仮付けは、2枚の母材を平らな鋼板の上に向かい合わせて置き、作業台から10 mmくらい浮かせた状態で、3.2 mm径のイルミナイト棒を用いて行う．溶接電流は90 Aとす

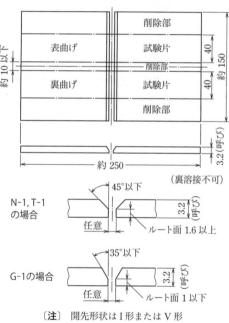

図6・49　薄板試験材の寸法（単位 mm）

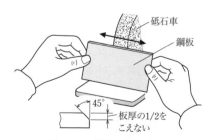

図6・50　薄板の開先の加工

る．このとき母材のルート面に，板厚2mmの鋼板をはさんでおくと，ギャップがくるわず，作業がしやすい．

（3）逆ひずみ

薄板の溶接は1パスで仕上げるため，一般に，逆ひずみをとる必要はない．

（4）本溶接

溶接棒は 3.2 mm 径の低水素系裏波溶接棒を使用する．本溶接の作業手順を以下に示す．

① 溶接電流は，ルート間隔がせまいときやルート面が広いときは 90 A，それ以外のときは 80～85 A とする．裏波溶接の場合，練習板は板厚 10 mm 程度の鋼板の上に置き，作業台の表面から浮かせておく．

② 左端の仮付けの上でアークを出し，アークが安定したところで運棒を開始する．棒の角度は2枚の母材に対して必ず直角を保つ．また，図6・51のように，進行方向には A-2F のときよりも深めに傾けると，溶落ちを防止する効果がある．アーク長さはできるだけ短くし，こころもちウィービング運動を与えてやると，溶落ちしにくくなる．

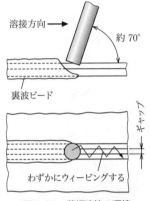

図6・51 薄板溶接の運棒

③ 溶接が開始されると，プールの進行方向側先端に，図6・52に示すような小穴（**キーホール**という）が生じる．このキーホールが，大きくなりすぎると溶落ちするので，その大きさをよく観察しながら棒を進める．溶接棒とキーホールとの間隔が，つねに 2 mm くらいになるように運棒速度を調節するとよい．これ

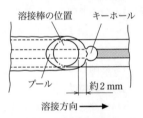

図6・52 溶接棒とキーホールとの位置関係

がせまいと溶落ちしやすくなり，逆に広すぎると裏波が十分に出なくなる．

また，このキーホールができると，アークが板の下に抜ける独特の音がするので，これにも注意を払う必要がある．この音がまったくしないときは，アークが板厚を貫通していない証拠で，裏波の形成も不十分である．

溶落ちしそうになったときは，図6・53のように，棒をさらに寝かすとともに，棒端をプールの後方にずらして，アークの吹付け方向を逃がしてやる．本溶接は1パス仕上げとし，裏溶接は厳禁である．

④ ビード表面とともに，裏

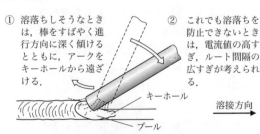

図6・53 溶落ちを防ぐための処置

波ビードのスラグもきれいにはがして，つぎの点について検査する．
　　㋑　溶落ちしていないか．
　　㋺　アンダカットやオーバラップはないか．
　　㋩　裏波が仮付け部分を除く溶接線全長にわたって均一に出ているか．裏波が十分に出ていない場合は，溶接電流が低すぎる，ルート間隔がせますぎる，ルート面が広すぎる，運棒が速すぎるなどの原因が考えられる．

6・4　立向き溶接の実技

　立（たて）向き溶接作業（図6・54）の基本は下向き溶接であるが，実際の作業現場では，それ以外の不自然な姿勢で作業しなければならないことが多い．下向き姿勢は，重力の法則に逆らわず，溶滴を下へ落としながら行うため，あまり問題はないが，それ以外の溶接姿勢では，溶滴を落下させずにビードを形成するための微妙な電流値の調整や，溶接棒を操作するうえでの微妙な加減が必要となる．

図6・54　立向き溶接

6・4・1　立向き溶接のかまえ方

　立向き溶接は，下向き溶接と異なり，運棒操作が垂直方向（上昇または下降）で，また，溶接棒を溶接部に供給する動作が，ホルダを前方に押し出す方向に変わる．これらの動作は，どちらも下向き姿勢に比べると腕が疲労しやすいので，できるだけ腕にかかる負担が少なくなるような体勢をとることがポイントとなる（図6・55）．
　練習板は，溶接線の始点から終点まで，つねにプールの状態を観察できるようにする

（a）側　面

（b）正　面

図6・55　立向き溶接のかまえ方

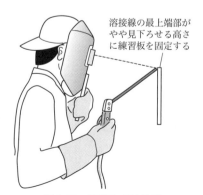

図6・56　練習板の固定位置

ため，図6・56に示すように，終点部が目の高さよりも低くなるように固定する．また身体は，図6・55(b)に示したように，溶接線に対して正面か，右利きの場合やや左側に置く．立った姿勢で作業するときは，両膝を柔軟にして腰をやや落としぎみにし，腰掛けて作業する場合は，両膝を大きく開いて，利き腕が膝に接触しないように注意する．どちらの場合も，肘を脇腹から離して，腕の運動を妨げないようにすることが大切である．

6・4・2　立向きストリンガビードの置き方

（1）上進溶接

立向き溶接には上進法と下進法があるが，上進法が一般的である．以下に練習の要領を示す．

板厚9 mm，全長150 mmの鋼板を，上端が目の高さよりも下になるようにジグ（治具）に固定する．溶接棒は，4 mm径の低水素棒またはイルミナイト棒を準備し，図6・57に示すように，ホルダに対して120°の角度に取り付ける．電流は，とりあえず120 Aに調節しておく．棒をかまえる角度は，図6・58に示すように，両母材面に対しては直角を

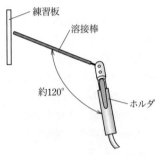

図6・57　溶接棒の取付け方

守り，また，進行方向（上方）に向けてやや棒端を上げる．この棒の保持角度は，溶接線の全長にわたって途中で変えないのを原則とする．

練習板の下端でアークを発生させたら，長めのアーク長さで練習板の始点付近を温めるとともに，アークが安定するのを待つ．

アークが十分に安定したら，アーク長さを3 mm程度に詰めて，上に向かって一直線に運棒してみる．このとき，速度はできるだけ一定に保ち，図6・59に示すように，棒端にごくわずかなウィービング動作を与えると，棒をせり上げるときの速度感をつかみやすい．この段階では，棒を上昇させる動作に慣れることが練習の主目的であるから，ビードの外観が多少悪くても気にしなくてよい．

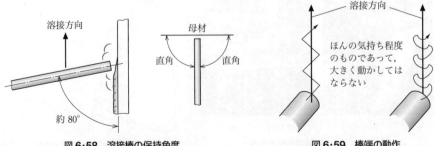

図6・58　溶接棒の保持角度　　　　　図6・59　棒端の動作

スラグをはがし，ビードの表面に溶接金属の垂下がり（図6・60）や，アンダカットが生じていたりするときは，溶接電流が高すぎる場合が多いので，数アンペアずつ小刻みに電流を下げてみる．逆に，ビードが高く盛り上がり，オーバラップぎみであるようならば，電流が低すぎることが考えられる．

電流をいくら調整しても，垂下がりやアンダカット，オーバラップが直らないときは，運棒操作に原因がある．アークは長すぎないか，運棒速度は適切だったかなどをチェックしながら，繰り返し練習する．

溶接金属の垂下がりを防ぐための技法として，図6・61に示すように，溶接棒の先端を一瞬跳ね上げてプールを冷やし，すぐに元の位置にもどして溶接を続ける**ウィッピング**と呼ばれる運棒操作があるが，スラグの巻込みを起こしやすいので，なるべくやらないほうがよい．

図6・60　垂下がりの生じたビード

（2）下進溶接

立向きのストリンガビードは，上から下に向けて運棒することもある（**下進法**とか**流し付け**などと呼ぶ）ので，併せて練習しておく．

下進溶接では，スラグの流れがよすぎると，スラグが棒に先行して溶接を続けることが困難になるので，なるべくスラグの融点が高く，粘性に富む溶接棒を使用する必要がある．これらの条件に適する溶接棒として，高酸化チタン系（E4313；溶接棒の種類を表す記号．表4・4，表4・5〔注〕参照）や低水素系（E4316）などがある．また，立向き下進溶接専用棒（たとえば，神鋼LB26Vなど）というものもあり，少し高価なのが難点であるが，作業性は格段によくなる．

立向き下進溶接の要領を図6・62に示した．

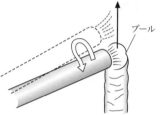

図6・61　ウィッピング動作

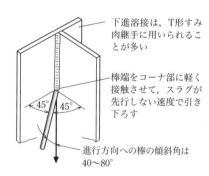

図6・62　立向き下進溶接の運棒

6・4・3　立向きすみ肉溶接の実技

図6・61に立向きすみ肉溶接の例を示す．

9 mm厚の練習板をT字形に組み，両端を仮付けする．溶接棒は4 mm径のイルミ

ナイト棒または低水素棒を準備し，溶接電流は，とりあえず130 Aに調整する．溶接棒は，図6·64に示すように，両母材に対して45°にかまえ，アークをすみ部の奥へ向けて吹き付けるようにして，図6·65のように，両母材を均等に溶かし込むのがポイントである．

図6·63 立向きすみ肉溶接

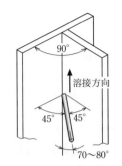

図6·64 立向きすみ肉溶接の溶接棒の保持角度

運棒は原則として直線状でよいが，棒端に小刻みなウィービング動作を与えると，上昇のタイミングをとりやすい．アークが長いと，アンダカットの原因になるので注意する．

スラグをはがしてみて，垂下がりやアンダカットがある場合は，電流を少し下げるとともに，上進速度をやや速くするなどの工夫をする．また，脚長がそろっていないときは，両母材に対する棒の保持角度が正しくなかったことが考えられる．

〔注〕 運棒方法は図6·59の右側の動作を用いるとよい．

図6·65 両母材を均等に溶かす

6·4·4 立向きウィービング ビードの置き方

練習板は，6·2·4項のすみ肉溶接の練習に使用したものを利用する．つまり，すみ肉溶接ビードの上にウィービング ビードを重ねるわけである．

溶接棒は4 mm径のイルミナイト棒または低水素棒を使用し，電流は130 Aを基準にして，練習を積む過程で最適な電流値を見つけるようにする．

練習板の下端を十分に温め，プールの面積が広がったのを見計らってウィービング操作を開始する．棒の保持角度はストリンガ ビードのときと同じでよい．

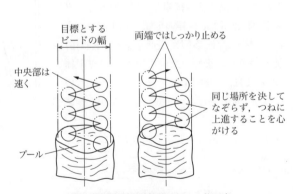

〔注〕 運棒の幅は溶接棒の径の3倍以内．

図6·66 立向きウィービングのパターン

ウィービングのパターンを図6・66に示す．下向きのときと同じように，中央部付近では少し速めに棒を送り，両止端では送りを意識的に遅くするが，中央部の送りは，下向きのウィービングのときよりも速くしないと，垂下がりが起きやすい．また，両止端部では，下向きのときのようにあまりゆっくりと棒を送ると，図6・67に示すようなうろこ状ビードになりやすいので注意を要する．

上進するピッチは"粗すぎず細かすぎず"を心がける．とくに立向きの場合，上進ピッチが細かすぎると，垂下がりやオーバラップの原因になるので注意する．同じ場所を決してなぞらず，つねに上に進む気持ちで運棒することが大切である．

図6・67 うろこ状ビード

6・5 立向き突合せ溶接の実技

6・5・1 薄板裏当て金なし立向き突合せ溶接（N-1V）の実技

（1）練習板

N-1Fと同じ練習板を準備するが，ベベル角の加工はこれよりも浅めにする．

（2）仮付け

ギャップは，はじめ2mm程度にして仮付けする．慣れてきたら徐々に広げていき，溶落ちさせずに，十分な裏波が出せる最大のギャップを見出すようにする．

（3）逆ひずみ

N-1Fのときと同じ理由で，逆ひずみはとらない．

（4）本溶接

① 溶接棒は3.2mm径の低水素系裏波専用棒を使い，溶接電流は75～80Aに調整する．アークは母材下端の仮付け上で発生させ，アークが安定するまで2秒ほど待ってから，溶接線上に移動する（図6・68）．

② 図6・69に示すように，溶接棒は，両母材に対して直角を保ち，進行方向に棒端を20°ほど上げて運棒する．N-1Fのときと同様に，プールの上端にできるキーホールをよく観察し，図6・70に示すように，棒とキーホールとの間

図6・68 薄板立向き突合せ溶接

隔を1mm程度に保って溶接棒をせり上げていく．

③ アーク長さはできるだけ詰め，棒端をプールに押付けぎみにして，ごくわずかなウィービング動作を与えてやると，溶落ちを防ぐ効果がある．溶落ちしそうになったとき

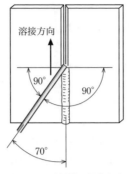

図6・69 溶接棒の保持角度

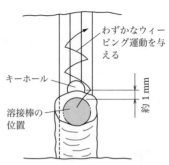

図6・70 薄板立向き溶接の運棒

は，棒端をプールの下方にすばやく移し，棒をさらに深く傾けて，溶落ちを回避する．

6・5・2　中板裏当て金あり立向き突合せ溶接（A-2V）の実技

（1）練習板
A-2Fのときと同じ練習板を準備する．

（2）仮付け
A-2Fのときと同様に仮付けする．

（3）逆ひずみ
3〜4°の逆ひずみを一応とるが，練習の過程で結果を見て調整する．

（4）本溶接
① 溶接棒は4mm径の低水素棒を用いる．第1層目は溶接電流120Aでストリンガ ビードを置くが，棒端にわずかなウィービング動作を与えてやると，上昇するタイミングが得やすくなるとともに，ルート部をよく溶かし込む効果がある．

② 第2層目を置く前に，アンダカットを防ぐために冷却時間をやや長めにとり，溶接電流を5Aほど下げる．

第2層目からはウィービング ビードを置く．ウィービング操作は，垂下がりを防ぐため，全体として下向き姿勢のときよりもテキパキとした運棒をするよう心がける．ただし，上進を急ぎすぎると，かえってアンダカットを起こすので注意する．棒を左右に振り分ける際のねらい位置は，図6・71に示すように，前の層の両肩部，つまりビードの止端と開先壁面との境界である．この部分では，とくにアーク長さを詰めるとともに，運棒速度を意識的に遅くして十分に溶かし込

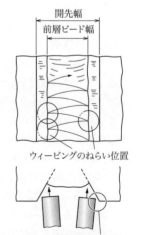

図6・71 ウィービングのねらい位置

むことが必要で，また，こうすることによって凸形ビードになるのを防止できる．

③　最終仕上げ層は，母材表面とビードとの境界部にアンダカットを生じないように，細心の注意が必要である．そのために，板の冷却時間を十分にとり，電流も5Aほど下げる．

運棒は開先角部をおよそ1mm溶かすように行い，ウィービングのピッチは，こころもち細かくする．

6·6　横向き溶接の実技

6·6·1　横向き溶接のかまえ方

横向き姿勢は，立向き姿勢に次いで現場で多く遭遇する溶接姿勢である（図6·72）．母材が作業者の正面に直立している（傾斜していることもある）ところは，立向き姿勢の場合と同じで，ただ，運棒の方向が左右方向であるところが立向き溶接と異なっている．したがって，溶接のかまえ方も立向き姿勢とよく似ている．大切なことは，いずれの溶接姿勢でも，溶接線の全長にわたって溶接部をしっかりと観察でき，また，不自然で窮屈な体勢をとらずに作業できることである．

図6·72　横向き溶接のかまえ方

横向き溶接の場合，溶接線の高さをほぼ胸の高さに合わせ，溶接線の終点部が身体の中心線のやや右側にくるようにすると，溶接線の全長にわたって，プールの状態がよく観察でき，棒の角度も一定に維持しやすい．

6·6·2　横向きビードの置き方

（1）　ストリンガビードの置き方

垂直に固定した練習板の上に，横向きに溶接棒を移動させて横向きビードを置くと，図6·73に示すように，ビードの上辺は肉が薄くなって，アンダカットが，また，逆にビードの下辺には溶接金属が集まってオーバラップが生じやすくなる．したがって，この練習では，いかにしてビードがこのような状態にならないようにするかに重点が置かれる．

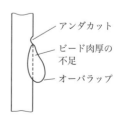

図6·73　横向きビードに生じやすい溶接不良

板厚 9 mm，全長 150 mm の練習板を，溶接線がほぼ胸の高さになるようにジグに固定する．溶接棒は 4 mm 径のイルミナイト棒または低水素棒を用い，溶接電流は 150 A を基準に微調整する．溶接が右方向に進行する場合，棒の角度は，図 6・74 に示すように，母材に対しては直角か，もしくは 5°程度仰向け，進行方向には 70〜80°に傾けてかまえる．

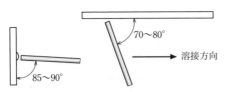

図 6・74 横向きストリンガ ビードの溶接棒の保持角度

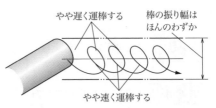

図 6・75 横向きストリンガ ビードの運棒

運棒は単純な直線運動ではなく，図 6・75 に示すように，ごく小さな円を描くような気持ちで進める．このとき，円運動の上部では棒の送りを意識的に遅くし，下部ではやや速めにする．アーク長さはできるだけ詰める．

でき上がったビードを観察して，アンダカットやオーバラップが生じているときは，電流値や棒の角度，運棒速度などをこまめに変えて，ビードの断面が少しでも平滑になるように根気よく練習を続ける．

ストリンガ ビードが置けるようになったら，図 6・76 に示すように，その上につぎのビードを積み重ねる練習（**積層ビード法**）を行う．この場合，2 パス目以降のビードは，前パスのビードを足掛かりにして，ビード幅のおよそ 1/3 程度を重ねるようにする．棒の角度は，母材面に対して直角か，もしくはやや下に向けるようにする（図 6・77）．

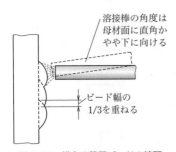

図 6・76 横向き積層ビードの練習

図 6・77 横向き積層ビードの溶接棒の保持角度

（2） ウィービング ビードの置き方

横向き溶接では，下向きや立向き姿勢の場合と違い，溶接線を中心にして溶接棒を左右に振り分ける通常のウィービング操作は原理的に困難である．したがって，横向き姿勢で幅の広いビードをつくるときは，前項で説明した積層ビード法を用いるのがふつうである．

しかし，V形突合せ溶接の開先内などのように，つぎのビードを置くための足場を下側に確保できる場合には，図6·78に示すように，ストリンガ ビードのところで説明した円運動運棒をやや大きめに行うことにより，幅の広いビードを置くこともできる．これを横向きのウィービング ビードといってもよい．

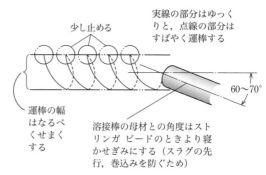

図6·78 横向きウィービング ビードの運棒

6·6·3 中板裏当て金あり横向き突合せ溶接（A-2H）の実技

（1） 練習板

A-2Fのときと同じものを準備する．

（2） 仮付け

A-2Fのときと同じように，ルート間隔を4mmにして仮付けする．

（3） 逆ひずみ

5°を基準として，練習結果により調整するが，溶接パス数が多くなるので，立向き溶接の場合よりも大きめの逆ひずみが必要となる．

（4） 本溶接

横向き溶接では，あまり幅の広いビードを置くことは原理的に困難で，複数パスのビードを置くことによって開先内を埋めていくのが原則であるが，パス数が増えると，各パス間相互に，融合不良などの欠陥を生じる機会も増えるので，この点に注意する必要がある．

図6·79 横向き溶接の積層の順序

各ビードはつぎのパスのビードをいかに置きやすくするかをつねに考えて，図6·79に示すように，下から順次，上に向かって置いていくのが基本である．

溶接棒は，イルミナイト系，低水素系のどちらを使用してもよい．

① 第1層目に当たる1パス目は，4mm棒を使用し，やや強めの160Aの溶接電流で，小さな円運動をともなったストリンガ ビードを置く．棒の保持角度は，図6·80に示すように，上側の母材に

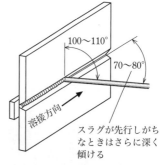

図6·80 横向き溶接初層の溶接棒の保持角度

対して 100～110°を保ち，進行方向に 70～80°に傾けてスラグの先行を防ぐ．

② 第 2 層目は，2 パスに分けてビードを置く．図 6・81 で，b のビードは棒端をやや下に向け，アーク長さを詰めて，下側の母材の開先面と a のビードとの境界部をよく溶かし込みながら運棒する．また，c のビードは，棒を母材面に対して直角にするか，または少し上に向けて置くが，上側の母材をよく溶かそうとするあまり，溶接棒を上に向けすぎると，かえってアンダカットを助長することがあるので注意する．

③ 仕上げ層（第 3 層目）は，電流をやや低めにして，3 パスに分けてビードを置く．すなわち，図 6・82 で d, e のビードは，ウィービング（円運動）操作によってやや幅を広くするが，その際，e のビードは，d のビードにビード幅のおよそ 1/3 を重ねるようにする．最終パスである f のビードは，幅のせまいビードを e のビードの上に重ねる．結果として，最終仕上げ層の，三つのパスのビード幅がほぼそろっており，また，表面に大きな凹凸がなく滑らかに仕上がっていれば上出来である．

図 6・81　2 層目のビードの置き方

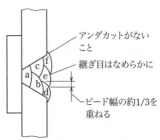

図 6・82　最終仕上げ層のビード

6・7　上向き溶接の実技

6・7・1　上向き溶接のかまえ方

上向き溶接（図 6・83）は，各溶接姿勢のうちでも作業者が最も疲労しやすく，これが，上向き溶接はむずかしいといわれる最大の理由である．したがって，いかにして疲

図 6・83　上向き溶接のかまえ方

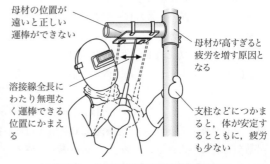

図 6・84　上向き溶接のかまえ方のポイント

労の少ない楽な作業姿勢をとるかが，上向き溶接の上達のスピードを左右するといってもよい．

図6・84に，上向き溶接のかまえ方のポイントを示した．練習板は，額の上部よりもやや上あたりの高さに水平に固定する．これ以上高くすると，腕の疲労がはげしく，反対に，これ以上低くすると，プールが観察できなくなる．練習板の手前側の板端は，なるべく顔の近くに配置するようにする．スパッタが降り注ぐのを恐れて溶接線を顔から遠ざけると，棒の保持角度を維持するのがむずかしくなるとともに，疲労も増す．上体を安定させるために，後ろに壁があれば，それに寄り掛かってもよく，また，空いたほうの手でホルダを持つ手の肘を支えてやってもよい．

6・7・2　上向きビードの置き方

（1）ストリンガビードの置き方

板厚9 mm，全長150 mmの練習板をジグに水平に固定する．溶接棒は，イルミナイト棒をはじめ，いわゆる全姿勢用といわれるものならばなんでもよいが，こと上向き溶接に関しては，溶滴が大粒で移行する低水素棒が使いやすいという定評がある．ここでは，低水素系の4 mm棒を用いることにする．

溶接棒は，図6・85のように，ホルダの軸線に一致させてはさむ．上向き溶接の電流値は，同じ条件の立向き溶接よりもやや高めにするのを原則とする．イメージ的には，立向き姿勢よりも電流を下げたくなりがちであるが，これは誤りである．電流は140 Aに調整し，これを基準にして，溶接結果に照らして微調整する．

① 練習板の端でアークを出し，図6・86に示すように，プールが十分に広がるのを見届けて棒端を軽く接触させると，溶滴がプールの表面張力の作用で吸い上げられる．このタイミングというか，雰囲気のようなものがつかめたら，アーク長さが伸びないように腕を上昇させ，図6・87のように，棒を休みなく供給しながら運棒を開

図6・85　溶接棒の取付け方

図6・87　アーク長さが伸びないよう棒を常に供給する

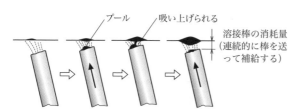

図6・86　上向き溶接の原理

始する．

② 棒の保持角度は，両母材面に対して直角を保ち，スラグの先行を防ぐため，進行方向にはやや深く 70°程度に傾ける．運棒は，単なる直線運動ではなく，図 6・88 に示すような小さなウィービング操作を行ったほうが，送りのタイミングをとりやすく，また，溶融金属の垂下がりを防止する効果もある．

電流値・棒の保持角度・送り速度・アーク長さなどをこまめに調節して，断面が極端な凸形でなく，また，アンダカットのないビードが得られるまで，根気よく練習を積むことが大切である．

(2) ウィービングビードの置き方

上向き溶接では，横向き溶接と同様に，あまり幅の広いビードは原理的に置けないので，ウィービングの振り幅は，図 6・89 に示すようになるべくせまくし，また，ピッチも細かくしたほうがよい．

アークは，棒端がほとんどプールに接触するほど短くし，溶融金属の表面を軽くなでるような気持ちで運棒する．このとき，決して溶融金属の表面をかき回してはならない．ビードの止端部では運棒を遅くするか，少し止め，中央部では速めに運棒することは，下向き姿勢や立向き姿勢の場合と同様である．

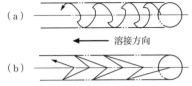

図 6・88　上向きストリンガビードの運棒パターン

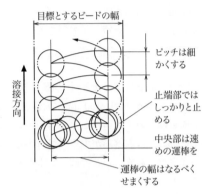

〔注〕　アーク長さはできるだけつめる．

図 6・89　上向きウィービングビードの運棒

6・7・3　中板裏当て金あり上向き突合せ溶接 (A-2O) の実技

(1) 練習板

A-2F のときと同じ練習板を準備する．

(2) 仮付け

A-2F のときに同じである．

(3) 逆ひずみ

4～5°の逆ひずみをとる．

(4) 本溶接

溶接棒は 4 mm 径の低水素棒を全層にわたって使用する．溶接電流は，上向き溶接では溶融金属が頭上に落ちてくる恐怖感から，立向き姿勢のときよりも低い電流を選びがちであるが，これは正しくなく，むしろ，同じ条件（板厚や裏当て金の有無，溶接棒

6・7 上向き溶接の実技

の直径や種類など）の立向き溶接よりもやや強めの電流を用いて，アークの吹付け力をも，ある程度利用して溶接したほうが，よい結果が得られる場合が多い．ただし，強すぎると，垂下がりや凸形ビードの原因になる．

① 第1層目は，130 A で，図6・90 に示すように，小刻みなウィービング動作をともなうストリンガビードを置く．向こう側の裏当て金の上でアークを発生させ，図6・91 に示すように，棒を深く寝かせて，アークが安定するまで溶滴を落下させながら待つ．

アークが安定したら，棒の角度を70～80°にもどしながら開先内に棒端を移し，プールに軽く接触させる気持ちで運棒を開始する．

スラグが先行しそうになったら，進行方向へ棒をさらに深く寝かせて

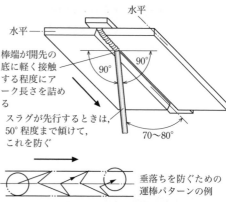

図6・90　A-2O 初層の運棒

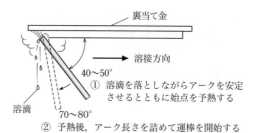

図6・91　溶接始点の予熱

やる必要があるが，上向き姿勢でこの操作を迅速に行うためには，手首と肘をかなり柔軟な状態にしておかないと困難である．

② 第2層目は，溶接電流を 125 A に下げてウィービングビードを置く．上向き姿勢の場合は，図6・92 のように，ウィービングの振り幅をことさら小さくするようにし

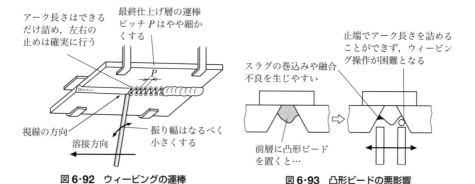

図6・92　ウィービングの運棒　　　　図6・93　凸形ビードの悪影響

ないと，溶接金属の垂下がりが起きやすいことは，容易に想像できる．アーク長さはできるだけ詰めて，棒端で溶接金属の表面をならすような気持ちで，手ぎわよくリズミカルに運棒するのがポイントである．他の姿勢のウィービングと同様，ビード両肩の止端部では棒の送りを遅くし，中央部はやや速くして，凸形ビードになるのを防ぐ．上向き溶接ではとくに凸形ビードになりやすく，そうなると，図6・93に示すように，つぎの層のビードが置きにくくなるので注意を要する．

③　仕上げ層となる第3層目は，十分な冷却時間をとった後，前層と同じ125 Aの電流でウィービングビードを置く．運棒の振り幅は開先の両角部を約0.5 mm溶かす範囲とし，アーク長さはできるだけ詰めて，なるべくピッチの細かいウィービング操作を行う．

でき上がったビードの両止端にアンダカットがなく，ビードの中央部がなだらかで，ビード幅が約15 mm，高さが約3 mmになっていれば，良好である．

6・8　固定管の突合せ溶接の実技

6・8・1　固定管の突合せ溶接について

固定管の突合せ溶接は，前節までに説明した立向き・横向き・上向き姿勢の集大成ともいえる応用実技である．JIS検定の規定によると，中肉および厚肉固定管の溶接は，図6・94に示すように，下側2/3（つまり，中心角でいうと240°に相当する範囲）は，管を水平方向に固定して，上向きから徐々に立向き（上進）に移る姿勢で溶接し，残る上側の1/3（中心角120°の範囲）は，管を鉛直方向に固定して，横向き姿勢で溶接することになっている．

管を水平方向から鉛直方向に変える場合を除いて，溶接中に材料の固定位置を少しでも動かしてはならない．また，1層ごとに水平，鉛直の固定位置を変えることはかまわないものの，最初に水平または鉛直に固定したときの上下・左右・前後を逆にすることは認められない．ここでは，比較的需要の多い中肉管の突合せ溶接を例に，その実技の練習法を説明する．

①　試験材を水平から鉛直方向に変える場合を除いて，溶接中に材料の位置を変えることは不可．
②　1層ごとに水平，鉛直の固定位置を変えるのはかまわないが，最初に水平または鉛直に固定したときの上下・左右・前後を逆にしてはならない．

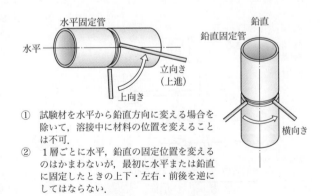

図6・94　固定管の溶接姿勢

6・8・2 中肉固定管裏当て金なし突合せ溶接（N-2P）の実技

（1）練習材

あくまでも練習に限っていえば，使用する管の材質は，相応の肉厚をもつ通常の軟鋼管であればよいが，念のため，JIS 検定で規定されている材質を紹介しておく．

① JIS G 3445 に規定する STKM 14 A または引張り強さ 400 MPa 以上の STKM 13 A
② JIS G 3454 に規定する STPG 410 または引張り強さ 400 MPa 以上の STPG 370．
③ JIS G 3455 に規定する STS 410 または引張り強さ 400 MPa 以上の STS 370．
④ JIS G 3456 に規定する STPT 410 または引張り強さ 400 MPa 以上の STPT 370．
⑤ JIS G 3461 に規定する STB 410．
⑥ 上記と同等品と認められるもの．

管の肉厚は，中肉管の場合，規定で 11 mm となっているので，これに近いもの（最低 9 mm 以上）を準備する．突合せ部には，図 6・95 に示すように 60°の V 形開先を加工し，ルート面は約 1.5 mm とる．

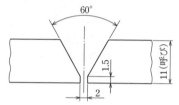

図 6・95 N-2P の開先部の形状と寸法

（2）仮付け

仮付けは，図 6・96 に示すように，管の突合せ部に目違いや段差が生じないように，鋼管を V ブロックや山形鋼の上に置いて行う．ルート間隔は 2 mm を限度とする．正確を期すため，仮付けは，ルート間隔と同じ板厚の板ゲージをはさんで行う．仮付けビードの大きさは 10 mm 以内とし，個数は図 6・97 に示すように，円周上で等間隔（120°間隔）に 3 カ所とする．仮付けビードを 1 個置くごとに，板ゲージを用いて，ルート間隔がくるっていないことを確認することが大切である．仮付けが済んだら，ルート間隔のくるいや目違いの有無を再度検査しておく．

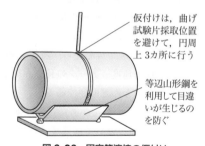

図 6・96 固定管溶接の仮付け

（3）本溶接

本溶接は，仮付けの済んだ鋼管に対し，図 6・98 に示す順序と方向で行う．①と②は水平固定管の溶接で，上向きおよび立向き姿勢

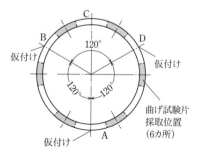

図 6・97 仮付け位置

の応用作業である．③は鉛直固定管の溶接で，横向き姿勢の応用作業である．

第1層目は，①，②，③とも溶接電流を約80Aに調整し，低水素系裏波専用棒を用いてストリンガビードを置く．

① 真下の仮付けビード上でアークを発生し，母材を十分に予熱した後に，まず上向き姿勢から溶接を開始し，溶接の進行に従って徐々に上体を起こしていき，立向きの姿勢に移って，上方の仮付け部分まで一気に溶接する．上向き，立向きとはいっても，図6·99のように，相手はこれまでのような平板ではなく湾曲した鋼管であるから，溶接棒の保持角度には細心の注意が必要で，ホルダを握る手と上体をつねに柔軟な状態にしておかないと，棒の保持角度を適正に保つことはできない．

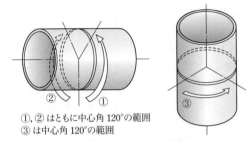

①，②はともに中心角120°の範囲
③は中心角120°の範囲

図6·98 管溶接の溶接順序

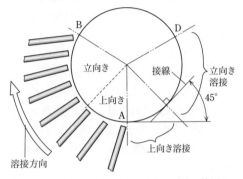

〔注〕 接線の傾き約45°までが上向き溶接の範囲で，これをこえると，立向き溶接の領域にはいる．

図6·99 管溶接における溶接棒の保持角度のめやす

② ①の溶接が済んだら，身体を鋼管の反対側に移動し，同じ手順で②の溶接を行う．棒の保持角度，アークの長さ，溶落ちさせないための処置など，前節までの平板溶接の場合とほとんど同じである．

③ ①と②の溶接が済んだら，鋼管をジグから取り外し，今度は直立状態に固定して，③を横向き姿勢で溶接する．溶接線が湾曲しているので，棒の保持角度に，より神経を注ぐ必要があることを除いて，溶接の要領はN-2Hの場合と同じである．

第1層目の溶接が終了したら，ビードを検査した後，鋼管を再度，水平方向（第1層目を溶接したときとまったく同じ状態に固定すること）に固定して，第2層目の溶接に移る．第2層目からは，溶落ちの心配がないので，溶接電流を約100Aに上げ，同じく3.2 mm径の通常の低水素棒を用いて溶接する．溶接の手順，方向は，第1層目と同じである．ウィービング操作については，該当する項を参照してほしい．

管の肉厚にもよるが，溶接は3層仕上げ（4層となる場合もある）を標準とする．いずれの場合も，最終仕上げ層の溶接は，ある程度の冷却時間をとった後に行うほうがよい．③の横向き溶接の仕上げ層は，3パス仕上げとする．すべての溶接が終了したら，ビードの外観とともに，アンダカットやオーバラップの有無を検査しておく．

7
炭酸ガスアーク溶接の実技

炭酸ガスアーク溶接（図7・1）を代表格とする**マグ溶接法**（本書では，炭酸ガスを単体でシールド ガスとして用いる炭酸ガスアーク溶接法と，アルゴン ガスと炭酸ガスとの混合ガスを用いる混合ガスアーク溶接法を総称して呼ぶことにしている．2・1・2項参照）は，鋼構造物の溶接の分野に限っていえば，作業速度，溶着効率，溶接品質の点において被覆アーク溶接をはじめとする主要な溶接法に勝っており，現在では，被覆アーク溶接法に並んで，いわゆる"アーク溶接法"の代名詞ともいえる存在になっている．

なかでも炭酸ガスアーク溶接は，マグ溶接法のもつ上記の利点に加えて，シールド ガスが安価なため非常に溶接コストが低いという特色をもち，これが産業界に歓迎され，今日の隆盛をみる要因となっている．

この章では，炭酸ガス半自動アーク溶接の中でも比較的利用範囲の広い，小電流域で主として板厚の薄い母材に応用される炭酸ガスショートアーク溶接を中心に，その実技を練習するうえでの要点について説明する．

図7・1　炭酸ガスアーク溶接

7・1　炭酸ガスアーク溶接装置の構成

炭酸ガスアーク溶接作業を行ううえで最低限必要なものは，図7・2のように各種制御装置が内蔵されたアーク溶接機（アーク溶接電源），ワイヤ送給装置，溶接トーチ，トーチ ケーブル・ホース類，リモコン ボックス，ガス流量計付き圧力調整器などの機器類，冷却水循環装置（水冷式トーチを用いる場合）と，炭酸ガス容器，マグ溶接ワイヤなどの消耗品類である．

（1）炭酸ガスアーク溶接機

アーク溶接機は発達がめざましく，多くの優秀な機器が開発されている．アーク溶接機の開発の歴史は，めまぐるしく変化する溶接アークの挙動に対し，いかにして最適な電流波形の出力制御を行って，これに対応するかという技術の進歩の歴史といってもよ

い．その意味で，昨今多く用いられるようになったインバータ制御形アーク溶接機は，溶接電流の出力を，数kHz～数10kHzの高速でトランジスタ制御することが可能で，これにより，アークスタートの瞬時性，溶接の高速化，スパッタの

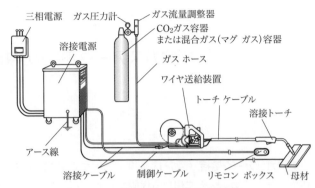

図7・2　炭酸ガスアーク溶接の装置構成

減少など，溶接性能の大幅な改善が図られる一方，アーク溶接機の小型軽量化，省電力化にも貢献している．図7・3は，インバータ制御形炭酸ガスアーク溶接機の例である．

炭酸ガスアーク溶接に用いられるアーク溶接機の外部特性には，ワイヤの送給方式との組合わせにより，つぎの2種類があるが，（ⅰ）の定電圧特性電源-ワイヤ一定速度送給方式のほうがより一般的である．

図7・3　インバータ制御形炭酸ガスアーク溶接機

（ⅰ）定電圧特性電源-ワイヤ一定速度送給方式　アーク長さが変わると溶接電流が大きく変化する性質をもつ定電圧特性〔5・3節(3)項参照〕の直流電源を用い，溶接中に手ぶれによってアーク長さが長くなると，溶接電流が下がってワイヤの溶ける速度が落ち，逆に短くなると，溶接電流が上がってワイヤの溶融速度が増す．これに対し，ワイヤのほうは相変わらず一定の速度で送られてくるので，結果として，アークの長さは一定に保たれるというものである．比較的高速でワイヤが送られてくる，ソリッドワイヤおよび細径のフラックス入りワイヤを使用する溶接に用いられる．

（ⅱ）垂下特性電源-ワイヤ送給速度制御方式　アーク長さが変わるとアーク電圧が上下する垂下特性電源の性質を利用して，アーク電圧の変動をワイヤ送給モータに伝え，モータの回転速度をコントロールすることによりワイヤの送給速度を変化させ，アーク長さを一定に保つ方式である．サブマージアーク溶接（2・1・6項参照）や，比較的ワイヤの送給速度が遅い太径フラックス入りワイヤを用いる炭酸ガスアーク溶接などに用いられる．

（2）ワイヤ送給装置

ワイヤ送給装置は，直流モータの力でワイヤリールから溶接ワイヤを引き出すとと

7・1 炭酸ガスアーク溶接装置の構成

図7・4 ワイヤ送給装置

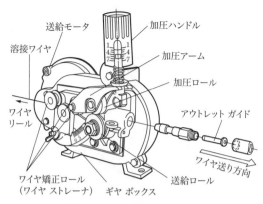

図7・5 ワイヤ送給装置の機構

もに，トーチ ケーブルと溶接トーチ内にこれを押し込んで（これを**プッシュ方式**という），溶接部に供給するためのもので，① ワイヤ送給用モータ，② シールド ガス開閉用電磁弁，③ ワイヤ搭載用リールなどから構成されており，ここに溶接トーチ用ケーブルを接続して使用する．図7・4にワイヤ送給装置の例を，また図7・5にその機構を示す．

溶接ワイヤは，矯正装置（巻きぐせを直すために設けられた複数のロールからなる）を通過した後，ロールにより適度に加圧されて溶接トーチに送られる．加圧力は，強すぎるとワイヤの変形や損傷の原因となり，反対に弱すぎると，滑って正しいワイヤ送りが行われなくなる．装置には，ワイヤの直径や材質に応じた適切な加圧力が表示してあるのがふつうなので，これに従って加圧力を調節する．

（3）溶接トーチ

溶接トーチは，ワイヤ送給装置から送られた溶接ワイヤに，チップを通じて通電してアークを発生させるほか，シールド ガスを溶接ワイヤやアークの周囲に噴出させるという大切な役目をもっている．

溶接トーチには，その形によってカーブド形，ピストル形などがあり，なかでも図7・6に示すカーブド形のものが最も広く用いられている．

図7・6 カーブド形トーチ

また，冷却の方法によって，小電流向きの空冷式トーチと，大電流に適し，連続溶接が可能な水冷式トーチがある．一般的に多く用いられているのは，空冷式のカーブド形トーチであるが，最近の空冷式トーチには，パワー ケーブル，ガスホース，トーチ スイッチを一体形にした，簡便なセントラルコネクション方式が採用されている．いずれの場合も，トーチには，軽くて扱いやすいことが条件として求められる．カーブド形空冷式トーチの例と部品構成を図7・7に示す．

（4）トーチ ケーブル・ホース類

ワイヤ送給装置とトーチ間を接続するトーチ ケーブルには，① 必要に応じて溶接電

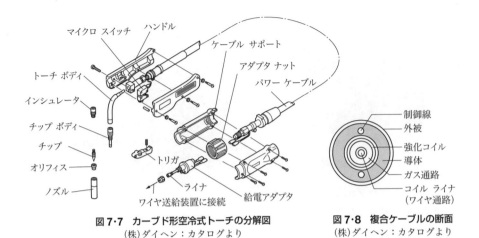

図7・7　カーブド形空冷式トーチの分解図
(株)ダイヘン：カタログより

図7・8　複合ケーブルの断面
(株)ダイヘン：カタログより

流を流す，②溶接ワイヤを案内する，③シールド ガスをトーチに送るという複数の役目がある．

　図7・8は，広く用いられている複合ケーブルの断面構造を示すもので，溶接電流を通す導体（パワー ケーブル），溶接ワイヤを案内するコイル ライナ，ガス通路，制御線が1本のケーブルにコンパクトにまとめられており，操作性がよい．水冷式トーチを用いる場合には，このほかに給水ホースが必要となる．

（5）リモコン装置

　リモコン装置は，溶接電流やアーク電圧を作業者の手元で調節できるようにして，溶接作業の能率を向上させるためのものであるが，ワイヤをトーチの先端まで送給するインチング ボタンを備えたものが一般に用いられている．図7・9にリモコン装置の例を示す．

図7・9　リモコン装置

（6）ガス流量調整器

　ガス流量調整器は，高圧で充てんされている容器内のシールド ガスの圧力を安全な使用圧力に下げる圧力調整器と，ガスの流量を適切な値に調整するためのガス流量計とを組み合わせたものである．図7・10にその例を示す．容器内の炭酸ガスは，高圧により液状で充てんされている．これを外部に取り出すと，急激に膨張して気化するが，このとき奪われる気化熱に

図7・10　ヒータ付きガス流量調整器

よって圧力調整器のガス通路が凍結するのを防ぐために，電気ヒータが取り付けられている場合が多い．

（7）冷却水循環装置

冷却水循環装置は，水冷式トーチを用いる場合に，トーチ本体やノズル，チップおよびケーブルを冷却して，長時間の連続溶接を可能にするためのもので，水タンクと水ポンプを備え，水の便の悪い場所でも使用できるようになっている．

図7·11は，強力なポンプ機能を備え，高所での作業時にも移動する必要なく冷却水の供給ができるウォータ タンクの例である．

図7·11 水冷式トーチ用ウォータ タンク

7·2 溶滴の移行現象

被覆アーク溶接の溶接棒心線と同じように，炭酸ガスアーク溶接を含むマグ溶接では，アークの熱によって母材とともにワイヤの先端が溶かされて，母材のプール上に落下し，これが繰り返されることによって溶接が進行する．

この溶けたワイヤが母材側に落下して移行することを**溶滴の移行現象**といい，これには，図7·12に示すように三つの基本形態がある．

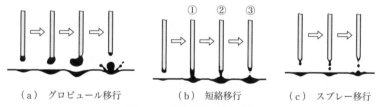

（a）グロビュール移行　　（b）短絡移行　　（c）スプレー移行

図7·12 溶滴移行の基本形態

（1）電磁ピンチ力と溶滴の移行

溶けたワイヤの先端がワイヤから分離して落下するのは，電磁ピンチ力によって説明される．図7·13のように，導体に電流が流れると，これに直角の方向に右回りの磁力線が生じ，これにより，導体を周囲から締め付けようとする力が作用をする．この締付け力のことを**電磁ピンチ力**といい，電流の2乗に比例して大きくなる．

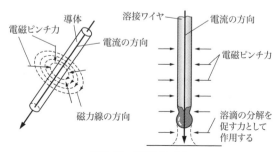

図7·13 電磁ピンチ力

(2) 溶滴移行の基本形態

(i) グロビュール移行 グロビュール移行（globule は小球体という意味で，"塊状移行"などと呼ばれる）は，炭酸ガスアーク溶接で大電流を使用したときに，図7・12（a）のように溶けたワイヤの先端が，ワイヤの直径またはそれ以上の大粒の塊になって母材に移行する現象である．

(ii) 短絡移行 短絡移行は，小電流域の炭酸ガスアーク溶接や混合ガスアーク溶接で，同図（b）のように，① まずアーク熱によって溶滴が成長し，母材と短絡する，② 短絡部に前述の電磁ピンチ力がはたらいてくびれが生じる，③ 短絡が破壊されて再びアークが発生する，④ 溶滴が成長する，という過程を毎秒 50〜100 数十回繰り返して溶接が進行するもので，電流が低いことに加えて，アークが消滅する時間にプールが冷却されるので，薄板や立向き・上向き姿勢などの入熱量を制限したい溶接に有効である．

(iii) スプレー移行 スプレー移行は，アルゴンを主体として，炭酸ガスなどの活性ガスを混ぜた混合ガスをシールドガスとして使用し，ワイヤをプラス極に接続して，比較的高い電流域でアークを発生させたとき，同図（c）のように，溶滴が細かい粒状になって母材側に高速で移行する現象である．

また，グロビュール移行からスプレー移行に移る境界の電流（**臨界電流**という）は，混合ガスの組成によって上下し，アルゴンの比率が高いほど低くなり，炭酸ガスの比率が30％をこえると，スプレー移行は起きなくなる．

表7・1 に，3 種類の溶滴移行形態の特性と発生条件，適用できる板厚をまとめた．

表7・1 溶滴の各移行形態の特性と発生条件，適用板厚

	溶滴の移行形態	グロビュール移行	短絡移行	スプレー移行
現象	溶滴の移行 アークの音 スパッタ 溶込み深さ	大粒 パシャパシャ 大粒 深い	短絡時に移行 ジー… 小粒 浅い	小粒 シュー… 小粒で少ない 深い
必要条件	シールドガス ワイヤ径に対する電流値	CO_2 高い	CO_2, $Ar+CO_2$ 低い（200 A 以下）	$Ar+CO_2$ 高い
	適用板厚	中板・厚板	薄板	中板・厚板

(3) シールドガスと溶滴移行形態の関係

(i) 炭酸ガスの場合 炭酸ガス 100％でシールドされたアークは，図7・14 のように絞られてワイヤ下端のせまい範囲から発生し，電磁ピンチ力も図のように上向きにはたらくので，溶滴のワイヤからの分離が妨げられる．このため，電磁ピンチ力が大きくなる 250 A 以上の大電流域では，溶滴が押し上げられ，大きな塊（グロビュール）に成長してから落下して移行する**グロビュール移行**となる．

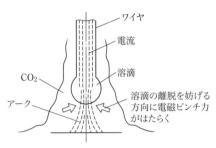

図7・14 炭酸ガス シールド中のアーク　　図7・15 炭酸ガスアーク溶接はスパッタが多い

　一方，250 A 以下の小電流域では，溶滴を押し上げる電磁ピンチ力も小さくなり，**短絡移行**となる．この短絡移行の電流域で行うのが，炭酸ガスショートアーク溶接法である．

　このように，炭酸ガスアーク溶接では，使用する電流域によって，グロビュール移行と短絡移行とが使い分けられる（炭酸ガス シールドではスプレー移行にならない）が，グロビュール移行では，大粒の溶滴が落下する際に，短絡移行では，短絡部が破壊される際に，いずれも溶滴の一部が**スパッタ**（溶接部周辺に飛び散る火花．図7・15）となって飛散する傾向がある．これが"炭酸ガスアーク溶接は，スパッタが多くて母材の表面が汚れる"とよくいわれる理由である．

　（ⅱ）**アルゴン ガスの場合**　マグ溶接で，アルゴン ガスを単体で使うことはない（2章で説明したように，アルゴンを単体で使う半自動溶接は**ミグ溶接**と呼ばれる）が，後で説明するマグ ガス シールドの場合のアーク特性を説明するうえで便利なので，あえてここで取り扱うことにした．

　ワイヤをプラス極に接続し，アルゴン ガスでシールドして溶接すると，アークはワイヤ先端の溶融部分を包むように発生する．小電流域では電磁ピンチ力も弱いため，溶滴は大粒のまま自重で落下するが，電流が，ある一定の限度（臨界電流）をこえると，急に電磁ピンチ力が増して溶滴が細かく引き千切られ，スプレー移行になる．

　4・5・1項（2）でも述べたが，アルゴン ガスのような不活性ガスでアークをシールドして棒プラスで溶接を行うと，アークの陽イオンが母材表面の酸化皮膜に衝突して，これを破壊して除去する"クリーニング作用"という現象があり，表面が頑固な酸化皮膜でおおわれたアルミニウムやその合金をティグ溶接やミグ溶接する際に，非常に効果的である．

　逆に，この現象があるために，不活性ガスでシールドされたアークは，酸化物をねらって母材表面上をふらつく傾向があり，また上記のように，溶滴全体を広く包むように発生するため広がりすぎ，集中性に欠けるという一面ももっている．

　（ⅲ）**マグ ガスの場合**　マグ ガスとは，不活性ガスであるアルゴン ガスを主体として，これに適量の炭酸ガスなどの活性ガスを混合することで，不活性ガスと活性ガス，

それぞれの長所を生かしたものである．

アルゴン ガスに炭酸ガスを混合すると，前項で説明したアルゴン ガス シールドのアークのふらつき現象や集中性の悪さが，炭酸ガスのはたらきで改善される一方，炭酸ガス単体のときとちがってスパッタが少なく，ビードの外観も美しいスプレー移行溶接を行うことができる．炭酸ガスが入っているため，アルミニウムなどの活性金属の溶接には使用できないが，鉄鋼材料の溶接では，炭酸ガスアーク溶接を上まわる優秀な継手が得られる．

アルゴンに対する炭酸ガスの混合比は，30％が限度であるが，一般には，80％アルゴンと20％炭酸ガスとの混合ガスが最も広く用いられている．

（4）マグパルス溶接法による強制的スプレー移行

前項で，マグ ガスをシールド ガスとして用い，臨界電流以上の電流で溶接を行うと，スパッタが少なく，ビードの外観も美しいスプレー移行を用いることができることを説明した．マグ溶接，ミグ溶接を問わず，最も理想的な溶滴の移行形態は，スプレー移行であるが，これには上記のような条件が必要である．

そこで，図7・16のように，平均的な溶接電流（**ベース電流**という）は臨界電流以下に設定しておき，ある一定の周期で臨界電流よりも大きな電流（**パルス電流**という）を流して，このパルス電流の作用により溶滴を強制的にワイヤ先端から分離させることによって，小電流域でもスパッタの少ないスプレー移行溶接を行わせるのがマグパルス溶接法である．

安定した溶滴の移行を行わせるために，使用するワイヤ径，ワイヤの材質，シールドガスの種類に応じて，パルス幅やパルス電流を適切に設定する必要がある．

マグパルス溶接法には，つぎのような特徴がある．
① 小電流域から大電流域まで，スパッタの少ない静かなアークが得られる．
② なめらかで美しいビード形状が得られる．
③ ワイヤの溶融量が増加する．
④ 短絡移行アークに比べて，母材への入熱が多く，薄板では溶落ちしやすい．

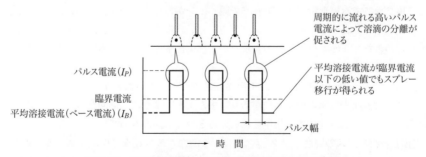

図7・16 パルス電流波形（模式図）と溶滴の移行タイミング

7・3 炭酸ガスアーク溶接の作業条件

(1) 溶接電流の調整

溶接電流は，ワイヤの溶融速度と溶込みの深さを直接左右する．つまり，溶接電流が高くなると，ワイヤの溶ける速度が増して溶着量も増加し，ビードの断面積が増加する．同時に母材に与える熱量も増大するので，結果として深い溶込みが得られることになる．つまり，溶接電流は，作業能率に最も大きな影響を与える因子であるともいえる．

図7・17は溶接電流と溶込み深さとの関係，図7・18は溶接電流とビードの断面形状との関係を示している．半自動溶接ワイヤには，表7・2に示すように，その種類，直径に応じた適正電流範囲が定められており，基本的にはこれに従って溶接電流を設定する．

溶接電流の設定は，リモコンの電流調整つまみで行う．炭酸ガスアーク溶接のワイヤ送給は定速送給で，ワイヤの送給速度と溶接電流とは比例関係にあり，ワイヤ送給速度の調整目盛りは，通常，溶接電流を表わしている．したがって，溶接電流を設定するということは，その電流値に対するワイヤの送給速度を設定することを意味している．

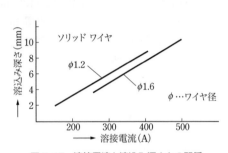

図7・17 溶接電流と溶込み深さとの関係
(株)ダイヘン：溶接講座（CO_2/MAG溶接編）より

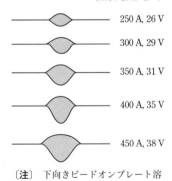

〔注〕下向きビードオンプレート溶接の場合

図7・18 溶接電流とビードの断面形状との関係

(株)ダイヘン：溶接施工の基（CO_2/MAG溶接編）より

表7・2 半自動溶接ワイヤの適性電流範囲

ワイヤの種類		ワイヤの直径 (mm)	適性電流 (A)	使用可能電流 (A)
ソリッドワイヤ		0.4	30～60	20～100
		0.6	40～90	30～180
		0.8	50～120	40～200
		0.9	60～150	50～250
		1.0	70～180	60～300
		1.2	80～350	70～400
		1.4	150～450	100～500
		1.6	300～500	150～600
フラックス入りワイヤ	細径	1.2	80～300	70～350
		1.6	200～450	150～500
	太径	2.4	150～350	120～400
		3.2	200～500	150～600

〔注〕使用状態によって電流範囲は大きく変化する．

(2) アーク電圧の調整

アーク電圧はアークの安定状態を大きく左右する．したがって，その適否は，ビードの外観やスパッタの分量にも影響を与えるため，設定には細かい気配りが必要である．

5章でも説明したように，アーク電圧はアーク長さと密接な関係があり，アークの長さが増すとアーク電圧は上昇する．逆にいうと，アーク電圧を高めに設定すると，アーク長さが増して，ワイヤ先端と母材との間には短絡が起きず，アークは不安定で，溶滴は大きな塊状になって移行する．これは，ちょうど6章の被覆アーク溶接において，溶接棒の先端が母材から離れすぎ，したがってアークの長さが長すぎると，アークが不安定でスパッタも多く，美しいビードが得られないのと同様の現象である．

このように，溶接電流を一定にした場合，アーク電圧が高すぎるとアーク長さは長くなり，アークは不安定でスパッタ量も増え，逆に低すぎると，アーク長さが短くなりすぎて，ワイヤの先端がプールに突っ込み，やはりアークは不安定になる．

この章で扱う比較的小さな電流域（1.2 mm径ワイヤで250 A以下）で行われる炭酸ガスショートアーク溶接では，アーク電圧が適正なときは，ワイヤ先端とプール間に起こる短絡が規則的になり，短絡音が"ジーーー"という軽快な連続音になるので，これによってある程度判断することができる．"パチパチ"という破裂音が不規則に聞こえるときは，ややアーク電圧が高めである．しかし，これよりも大きな電流域を用いる溶接では，小電流域の場合と同じような低いアーク電圧に設定すると，短絡が規則正しく行われなくなる傾向があるので，アーク電圧をやや高く設定する必要がある．

図7・19は，使用する電流範囲と溶接ワイヤの径による適正なアーク電圧設定の目安を示したものである．また，溶接電流とそれに見合った適正なアーク電圧との間には，つぎのような数式で表される関係があるので，参考にしてほしい．

小電流域（250 A以下）：適正アーク電圧(V) = 0.04 × 溶接電流(A) + 16 ± 2
大電流域（250 Aをこえる）：適正アーク電圧(V) = 0.04 × 溶接電流(A) + 20 ± 2

アーク電圧が適切に設定されているかどうかは，耳で，ある程度判断できることを上に述べたが，このほかにアーク電圧の高低は，表7・3に示すように，ビードの外観形状にも大きな影響を与えるので，でき上がったビードを観察することによっても，アーク電圧の適否を見分けることができる．

そのほか，アーク電圧を設定するうえで知っておくと便利な知識を，つぎにまとめる．

① 溶込みをあまり深くできない薄板の

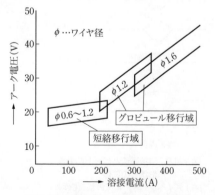

図7・19 適正なアーク電圧設定の目安

溶接や，裏当て金を用いない裏波溶接，あるいは全姿勢の溶接などでは，アーク電圧を図7·19に示した標準条件範囲の下のほうに設定する．

② 100〜150 Aの電流域における通常の溶接では，アーク電圧を標準条件範囲のほぼ中央付近に合わせる．

③ 150 Aをこえる電流域で，比較的ビード幅の広い溶接や，開先内の溶接を行うときは，溶接電圧を標準条件範囲の上のほうに設定する．

アーク電圧の調整も，溶接電流の調整と同様に，リモコンのつまみを左右方向に回して行うが，この場合のアーク電圧は，図7·20に示す定電圧特性電源の出力電圧の調整範囲内で設定される．

(3) 溶接速度

溶接電流とアーク電圧を一定にした場合，ビードの形状を大きく左右するのが溶接速度である．溶接速度が速いと，図7·21に示すように，ビードの幅，高さ，溶込みの深さはいずれも減少し，また，ビードの止端部にアンダカットを起こしやすくなる．逆に遅いと，これらはいずれも増加するが，止端部にはオーバラップを生じやすくなる．

とくに，深い開先内での溶接で，極端に溶接速度を低くすると，溶融金属がワイヤよりも先行し，はげしいスパッタの発生や，ビードのくずれ，溶込みの不足などが起こる場合があるので，あまり大きなプールをつくるのは避け，できるだけ速い溶接速度で細めのビードを置き，パス数を増やすこと

表7·3　アーク電圧とビードの形状との関係

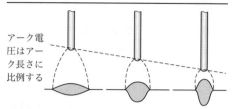

電　圧	高い	適性	低い
アーク	長い	適性	短い
ビード	幅が広く扁平	幅，余盛ともに良好	幅がせまい分，凸型になる
溶込み	アークが広がるため浅くなる	アークが適度に集中するため良好	アークの集中が強いため，深い

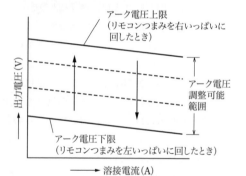

図7·20　アーク電圧の調整可能範囲

図7·21　溶接速度とビードの形状との関係
(株)ダイヘン：溶接講座（CO_2/MAG溶接編）より

を心がけたほうがよい．一般に，適正な溶接速度は 300 〜 600 mm/min の範囲から選択する．

（4） シールドガスの流量

炭酸ガスアーク溶接をはじめとするガスシールドアーク溶接では，シールドガスによって溶接部の健全性が守られており，流量不足は溶接欠陥を生じる原因となるので，良好なシールド効果を得るために，適正なシールドガスの流量を設定する必要がある．しかし，シールドガスの流量をいくら適正に設定しても，溶接部に風（約 1.5 m/s の風があるときは防風対策が必要）が当たったり，つぎに説明するワイヤ突出し長さが長すぎたりする場合には，シールドが不完全になり，ブローホールなどの発生原因となることがあるので，注意が必要である．

シールドガス（炭酸ガスアーク溶接の場合は炭酸ガス）の流量は，200 A 以下の薄板の溶接では 10 〜 15 l/min，200 A 以上の厚板の溶接では 15 〜 25 l/min が適切とされている．

（5） ワイヤの突出し長さ

ワイヤの突出し長さとは，図 7・22 のチップ先端からワイヤの先端（つまり，アークの発生点）までの長さのことであるが，これは，同図のノズル先端と母材面間の距離に等しいと考えてかまわない．被覆アーク溶接と同じで，炭酸ガスアーク溶接などの半自動溶接でも，溶接中にアークの長さをできるだけ一定に保つ必要がある．

ところで，半自動溶接では，ワイヤは自動的に送られてくるので，トーチのノズルの高さを一定にしておけば，アークの長さも一定に維持される．したがって，半自動溶接に上達するためには，ノズルの母材面からの高さを一定にしてトーチを送る練習が，非常に大切であるといえる．

溶接中になんらかの理由でノズルの高さが変わると，ワイヤの突出し長さも変化するが，この変化は，アークの安定や溶込みの深さに影響を与えるので，注意が必要である．溶接電流を一定にした場合，ワイヤの突出し長さが増加すると，ワイヤの溶融量も増える．これは，ワイヤの突出し長さが増加することによって，ワイヤに通電するチップとワイヤ先端のアーク発生点との距離が増え，ワイヤの抵抗発熱による予熱効果が高まるからである．見方を変えると，ワイヤの送給速度が一定の場合，ワイヤ突出し長さが増加すると，同じ分量のワイヤを溶かすのに必要な溶接電流は，減少することになる．したがって，ワイヤの突出し長さが増加

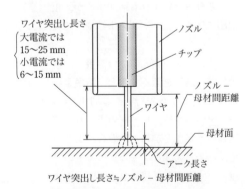

図 7・22 ワイヤの突出し長さ

すると，溶接電流が減少して溶込みが浅くなる．

また，ワイヤの突出し長さがあまり増加すると，アークが不安定になり，トーチの位置決めもしにくくなって，作業性が低下するうえ，炭酸ガスなどのシールド効果も薄れるので，好ましくない．

表7・4 ワイヤの突出し長さの目安

アークの状態	ワイヤの突出し長さ
短絡移行	8～15 mm（ワイヤ径の約10倍を目安とする）
スプレー移行 グロビュール移行	15～25 mm（ワイヤ径の約15倍を目安とする）

逆に，ワイヤの突出し長さが短かすぎると，ワイヤ先端がプールに突っ込みぎみになってアークが不安定になるほか，ノズルがスパッタにより汚損されて，ガスのシールドが乱れるなどの不都合が起きるので，これも避けなければならない．

アークを安定に保って良好なビードをつくるための適切なワイヤ突出し長さは，使用する溶接電流をもとにして設定する場合，250 A 以下の範囲で約 15 mm 以内，250 A をこえる範囲では 20～25 mm 以内とされる．

また，使用するワイヤ直径をもとに設定することもある．この場合は，表7・4のように，ショートアーク（短絡移行）溶接では，ワイヤ直径の10倍（mm），グロビュール移行やスプレー移行溶接では，ワイヤ直径の15倍（mm）を目安にワイヤの突出し長さを調節する．

7・4 炭酸ガスアーク溶接の実技

7・4・1 溶接作業の準備

(1) 溶接装置の接続

ここで説明する溶接機器の接続手順は一例であって，機種による細かい相違点については個別の取扱い説明書に従う必要がある．

① 溶接機のケースが確実に接地されていることを確認する．
② 母材側ケーブルを接続する．
③ トーチ側ケーブルを接続する．
④ リモコン ボックスを接続する．
⑤ ワイヤ送給装置制御ケーブルを接続する．
⑥ ガス容器に炭酸ガス流量調整器を取り付ける．
⑦ シールド ガス用ホースを接続する．
⑧ ガス流量調整器のヒータ線を接続する．
⑨ 冷却水ホースを接続する（水冷式トーチの場合）．
⑩ ワイヤ送給装置とトーチを接続する．
⑪ 冷却水タンクに注水する（水冷式トーチの場合）．

(2) 溶接作業の準備

(i) 溶接装置の準備　ここでの説明も，あくまでも一例であるから，実際の準備作業は，自分の使用する溶接装置の取扱い手順に従うこと．

① 配電盤スイッチを入れる．
② アーク溶接機の電源スイッチを入れる．
③ 冷却水の循環の有無を確認する（水冷式トーチの場合）．
④ ワイヤを送給装置に装着する．その際，送給ローラが，使用するワイヤに適合する 1.2 mm 径用のものか，ワイヤが送給ローラにしっかりと入っているか確認する．
⑤ トーチのノズルを取り外し，ノズルやオリフィスに損傷や変形，汚れがないことを確認した後，しっかりと組み立て直す．
⑥ 制御電源スイッチを入れ，トーチ スイッチを引いてワイヤを送り出し，ノズル先端から約 15 mm のところでニッパを使ってカットする．
⑦ ガス容器の弁を開き，炭酸ガスの流量を，ここでは 15 l/min にセットする．
⑧ 溶接電流とアーク電圧を設定する．
　㋑ 個別調整方式のアーク溶接機の場合 … リモコン ボックスまたは溶接機前面の操作パネル上の調整つまみで，必要な溶接電流と電圧に調節する．
　㋺ 一元調整方式のアーク溶接機の場合 … この方式のアーク溶接機の場合は，操作パネル上の調整ハンドルで希望する電流値に目盛りを合わせると，自動的に適正な電圧が得られるようになっている．微調整は，別に設けられているつまみを回して行う．
⑨ クレータ フィラ機能のあるアーク溶接機でクレータ電流制御を行う場合は，操作パネルの切替えスイッチを"クレータ有"側にし，クレータ電流と電圧を調整する．
⑩ アーク溶接機の使用率を確認する．

(ii) その他の準備

① 練習用母材を準備する．母材となる材料は，JIS 検定の受検を想定して練習するのであれば，板厚・寸法ともに，それに見合ったものを準備するのが望ましい．板厚は，薄板が 3.2 mm，中板が 9 mm，厚板が 19 mm（いずれも"呼び厚さ"）である．
② 工具類を準備する．被覆アーク溶接に準じて工具類を準備するが，これに加えて炭酸ガスアーク溶接では，ワイヤの先端をカットするためのニッパが必要である．
③ 保護具類を準備する．被覆アーク溶接の練習に準じて保護具類を準備する．なお，炭酸ガスアーク溶接では，溶接電流にもよるが，一般に，被覆アーク溶接よりも強烈なアーク光が発生するので，被覆アーク溶接の場合よりも遮光度番号の大きいものを準備する．

7・4・2　炭酸ガスアーク溶接の基本練習

(1) かまえ方

6 章の被覆アーク溶接にならい，図 7・23 のように，いすに腰掛けて作業台に向かう

下向きの基本溶接姿勢を想定して説明する．被覆アーク溶接の溶接棒ホルダを操作するのと同様に，炭酸ガスアーク溶接では，溶接トーチを溶接線の全長にわたって無理なく移動できるようにかまえることが大切である．かまえ方の要点を以下にまとめておく．

① 作業台は，腕が疲労せず無理なく練習ができる高さに調節する．

② ケーブルやホースの長さに，ある程度余裕をもたせ，作業中これらに腕が引っ張られることのないようにする．また，ケーブルやホースはあまり小さな半径に湾曲させないようにする．

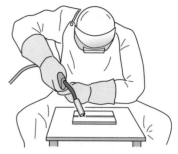

図7・23　炭酸ガスアーク溶接作業のかまえ方（下向き姿勢）

③ 溶接線の全長にわたって，一定の角度で楽にトーチを移動できるようにする．

④ 溶接線の全長にわたって，プールを観察できるようにする．そのためには，右手でトーチを操作し，前進法でビードを置く場合，練習板の溶接終端部が，身体の正面よりもやや右側になるようにする．

⑤ トーチをもつ腕は，肘を脇腹から離し，柔軟な状態にしておく．

⑥ トーチは，力いっぱい握り締めず，なるべく軽く保持する．必要に応じて，図7・24のように左手の指を添えてもよい．

なれないうちは，空いている手の指をトーチボディに軽く添えると，安定する

図7・24　トーチの支え方

（2）溶接電流とアーク電圧の調節

溶接電流とアーク電圧の調節は，一般に，リモコンボックス上の調節つまみによって行う．電流・電圧個別調整方式の場合は，溶接電流とアーク電圧を，それぞれ別個の調整つまみを回して調節し，一元調整方式の場合は，選択された電流に応じた適性電圧が，自動的に調整される．しかし，この自動調整されたアーク電圧の値は一般的な数値で，個々の作業内容に適合したアーク電圧は，ふつうリモコンボックスに付属している微調整つまみを回すことによって得られる．

ここでは，溶接電流を150 A，アーク電圧を21 Vに合わせる．しかし，この値は大まかな目安にすぎないので，正確な値は，アークを実際に出した際に，溶接機の前面パネルにある電流計と電圧計の指針が指す数値を見て判断する．アークの発生中，電流計と電圧計の指針は多少落ち着きなく左右に振れているが，その振幅の中心の値を的確に読み取るようにする．読み取った指針の値が希望のものと異なる場合は，その数値が得られるまで再度調節つまみを回して調節し直す．

この電流・電圧の調整は，炭酸ガスアーク溶接の出発点ともいえる大事な作業であるから，微調整の手間を惜しんだり，いいかげんに行ったりしてはならない．とくにアーク電圧の調節は，0.5 V レベルのくるいで溶接結果を大きく左右することがあるので，注意すること．

（3） アークの発生と停止

1.2 mm 径のソリッド ワイヤを使用する場合を想定して，アークの発生と停止の練習方法を説明する．

① 作業台上に任意の大きさの鋼板（板厚は 3.2 mm 程度以上あればよい）を置き，表面を磨いて清浄な状態にする．

② 溶接電流とアーク電圧を前項に従って調節する．炭酸ガス流量の調節は，すでに済ませてある．

③ トーチ スイッチを引いてワイヤをチップから突き出し，チップ先端から約 15 mm 程度のところでニッパを用いて切断する．

④ トーチのノズルを練習板上の溶接開始点に移動し，ノズル先端と母材面との間隔を 15 mm 程度に維持しておく．

⑤ ここでトーチ スイッチを引くと，シールド ガスが噴出すると同時にワイヤの送給が始まり，また，主回路が閉じてワイヤと母材間に電圧が加わる．

⑥ ワイヤの先端が母材面に接触すると，自動的にアークが発生する．このとき，被覆アーク溶接のときのくせを出して，ワイヤを母材面に打ち付けるような動作を与えてはいけない．

また，あらかじめワイヤの先端を母材に接触させた状態でトーチ スイッチを引くと，**バーンバック現象**といって，ワイヤがチップの先端部に溶着することがあるので避ける．アークがスタートした瞬間，トーチが跳ね上げられるような衝撃を受けるので，トーチをやや下方に押し付けぎみに保持しておく必要がある．

⑦ アークが発生したら，ノズルの高さを変えずに数秒間アークの状態を観察する．アーク電圧が適正であれば，アーク長さは短めで，ワイヤ先端がプールにやや埋もれぎみになり，ジーーーという規則的な短絡音が聞こえる．アーク電圧が適正でない場合は，電圧調整つまみを回して，規則的な短絡音が聞こえるように調節する．

⑧ このとき，練習板の上に形成された**アーク スポット**（円形のビード）の表面を観察し，炭酸ガスによるシールドが適切に行われているかどうか判断する．シールドの状態の適否によるビード表面の状態を図 7・25 に示す．

⑨ 適正なアーク電圧が

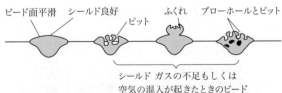

図 7・25　シールドの適否によるビード表面の状態

得られたら，以上のアークの発生を繰り返し練習し，炭酸ガスアーク溶接特有のアークスタート時の感触に慣れるようにする．

⑩　アークを停止する際は，トーチ スイッチを放せばよい．このときも被覆アーク溶接のときのくせを出して，トーチを引き上げるような動作を行ってはならない．

⑪　トーチ スイッチを放して電源を切った後，トーチは少しの間，その場に止めておく．これは，アークを停止した後も，しばらくの間，炭酸ガスを放出して，まだ熱いビードの終端部を保護する必要があるからである．

(4) トーチの移動とストリンガ ビードの練習

アークの発生練習のときと同様の溶接条件に設定して，トーチを横方向に移動し，ストリンガ ビードを置く練習を行う（図7·26）．練習用鋼板は，板厚が 3.2 mm 程度以上あれば，大きさは任意でよい．トーチの角度，およびノズルと母材間の距離をできるだけ一定に保ち，アークを発生した後，図 7·27 の矢印方向に，できるだけ一定の速度でトーチを移動させる．トーチの移動速度は，300〜350 mm/min を目標として練習する．この移動速度は，全長およそ 150 mm の練習板を用い，ゆっくりと 30 数える間（つまり 30 秒間）に，板の一方の端から他端までトーチを移動させてストリンガ ビードを置く練習を重ねると，おおよその目安がつかめる．この練習の後，徐々に溶接速度を上げる練習を行い，速度の上昇によってビードの状態がどのように変化するか観察しておく．

図 7·26　下向き姿勢によるビード練習

トーチの移動がうまくできたかどうかは，でき上がったビードを見れば一目瞭然である．ここでは，目標とする溶接線からビードが大きくずれていないか，ビードの太さに極端な不均一がないかなどについて，チェックを行う．

トーチの移動におおむね習熟し，ビードの曲がりや太さの不均一がなくなってきたら，今度はビードの表面の状態や高さなどの外観や，ビード周辺に飛散したスパッタの量にも注意してチェックをする．前にも説明したが，外観を含め，ビードの出来栄えはアーク電圧が適性か否かによって大きく左右されるといってもよいので，7·4·2 項(2)などを参考に，より適正なアーク電圧が感覚的につかめるようになるまで反復練習してほしい．

ところで，トーチの移動方法には，図 7·28 に示す前進法と後退法とがあり，一般的には前進法が用いられる．

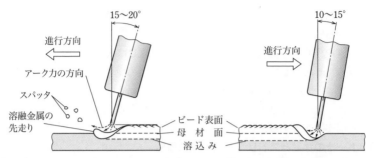

① プールがトーチの陰にならないので観察しやすく、溶接線も見やすい.
② 母材をアークが直接加熱しないため、溶込みは浅めである.
③ ビード高さは低く、ビード幅は広めになる.
④ 大粒のスパッタが飛散しやすい.

（a） 前進法（押し角，左進法）

① トーチの陰になって、プールが観察しにくい.
② 母材がアークで直接加熱され、深い溶込みが得られる.
③ ビードは高く、幅はせまくなる.
④ スパッタの量は少ない.

（b） 後退法（引き角，右進法）

図 7・27　トーチの移動方法

（ｉ）前進法（押し角，左進法）　図 7・27（a）のように、溶接の進行方向と逆の方向にトーチを傾けてビードを置く方法で、押し角、または、右手でトーチを操作する場合、溶接は右側から左側へ進行するので左進法ともいう．この方法は、溶接中にプールの状態を観察しやすく、また、アークの力でプールが前方に押し広げられる結果、図 7・28（a）のように余盛の低い平たい形状のビードとなり、溶込みも浅いのが特色である．

（ⅱ）後退法（引き角，右進法）　図 7・27（b）のように、溶接の進行方向にトーチも傾けて溶接を行う方法で、被覆アーク溶接の運棒法とイメージが似ている．この方法は、プールがノズルの陰になるので観察しにくいという欠点があるが、図 7・28（b）のようにプールが拡散しないため余盛が高く、溶込みも深くなる．また、深い開先内の溶接では、溶融金属の先行を防ぐ効果がある．

前進法、後退法いずれを用いる場合でも、トーチの傾斜角を過大にしないことがポイントで、10〜15°程度、多くとも 20°以内にとどめるようにする．

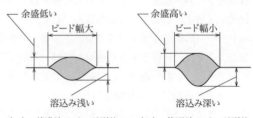

（a） 前進法のビード形状　　（b） 後退法のビード形状

図 7・28　前進法と後退法のビード形状

（5）ビード継ぎの練習

溶接棒の長さに限りがある被覆アーク溶接の場合とちがって、炭酸ガスアーク溶接のようにワイヤが自動的に送られてくる半自動溶接では、溶接材料の不足によるビードの中断は、基本的には起こらないはずであるが、なんらかの理由によって溶接作業が溶接

7・4 炭酸ガスアーク溶接の実技 | 155

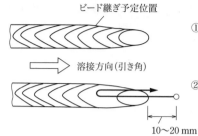

① ビード継ぎ予定位置が近づいたらやや速度を上げて先細りのビードをつくり，クレータ処理をせずにアークを切る．

② クレータの前方10～20 mmの位置でアークをスタートし，すばやく本来のビード幅の地点に戻って折り返す．

図7・29 ビード継ぎの方法

線の半ばで中断された場合を想定して，ビード継ぎの練習もしておく必要がある．

ビード継ぎは，被覆アーク溶接のときと同様に，中断されたビード終端部の前方でアークを発生させ，後もどりしながら，後続の溶接ビードの始端部付近を十分に加熱する後戻り運棒法が用いられる．

ビード継ぎの要領を図7・29に示した．

(6) ビード始端と終端（クレータ）処理の練習

母材が十分に予熱されている場合を除き，ビード始端部は溶込み不良やブローホールなどの欠陥が起こりやすい場所であるから，図7・30(a)のように後戻り法を用いて，溶接開始点付近の母材を温める操作が必要となる．

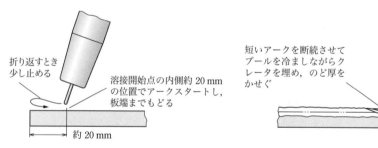

（a） ビード始端の処理（後戻り法）　　（b） ビード終端の処理（クレータ フィラ機能がない，もしくは用いないとき）

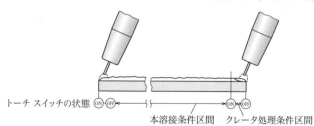

（c） ビード終端の処理（クレータ フィラ機能を用いるとき）

図7・30 ビード始端と終端の処理

溶接終端部では，急にアークを切ると大きなクレータが残り，溶接開始点と同様に，これも溶接欠陥が生じやすい場所であるから，十分に埋めもどしておく必要がある．クレータ フィラ機能を備えている溶接機の場合はこれを利用し，ない場合は，被覆アーク溶接のときのように，短いアークを断続させて徐々にクレータを埋めもどす操作を行う．その要領を同図(b)，(c)に示す．

(7) ウィービング ビードの練習

トーチを一直線に移動させるストリンガ ビードに慣れてきたところで，その応用作業としてウィービング ビードの練習を行う．

ウィービング操作を行うのは，基本的には被覆アーク溶接の場合と同じで，ストリンガ ビードではカバーしきれない広い開先内を溶接金属で埋めること，また，裏当て金を用いない突合せ溶接で，ストリンガ ビードの操作では熱が一点に集中しすぎて溶落ちしそうな場合に，熱を分散させたり，あるいは裏波溶接を行ったりすることを目的としている．前者には図7・31(b)に示す幅の広いウィービング操作が，また後者には，同図(a)のように，幅のせまい小刻みなウィービング操作が用いられる．いずれの場合も，被覆アーク溶接のときと同じように，ウィービングの幅とピッチを均一にすることが大切であるが，とくに幅の広いウィービング操作では，ビードの両止端部ではトーチの運動をこころもち止め，ビードの中央部ではやや速めにトーチを移動させるのがポイントである．

① 溶接電流を170 A，アーク電圧を21.5 Vにセットし，はじめはアークを出さずに，ノズルと母材間の距離を一定に保って溶接線に対してウィービング操作を行う．

② つぎに，実際にアークを発生してビードを置く．溶接開始点では，トーチをしばらく止めておき，プールの幅が12～15 mm程度になったところで前進法によりウィービング操作を開始する．アークはつねにプールの先端付近をねらい，一定のリズムで溶接を進めていく．

③ 溶接終端部では，ビード幅の直径の円を描くような気持ちでトーチを数回転させ，クレータを十分に埋めもどしてからアークを切る．アークを切った後，すぐにトーチを撤去してはならないことは，前に述

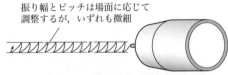

(a) 開先内初層の溶接などで溶落ちを防ぐための小さなウィービング

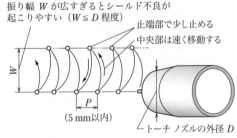

(b) 幅の広いビードを得るための，通常のウィービング

図 7・31 ウィービング操作

④ 前進法の練習に慣れたら，後退法でも練習する．

（8）水平すみ肉溶接の練習

ここでは，小電流域における薄板の水平すみ肉溶接を練習する際の要領を説明する．水平すみ肉溶接では，脚長のそろった美しいビードをつくることが重要で，そのためには，トーチの角度を適切に保つとともに，ワイヤの先端で，母材の"すみ部"のどこをねらうかが最大のポイントとなる．

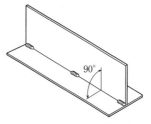

図7·32 水平すみ肉溶接の練習板

練習板には板厚3.2 mm，幅50×全長200 mm以上の鋼板を2枚用意し，図7·32のように，互いに直角になるように組み合わせてジグで固定し，両端および中央部をすみ肉溶接で仮付けする．仮付けの溶接条件は，溶接電流150〜160 A，アーク電圧約21 Vを基準とし，実際にアークを出してみて，自分にとって作業しやすい条件に微調整する．溶接ワイヤは，1.2 mm径のソリッドワイヤを使用する．

以下の各実技練習においても，とくに断らない限りこのワイヤを使用する．溶接電流は150〜170 Aの範囲で，自分の作業しやすい値を選択する．アーク電圧は21 Vを基準に微調整する．

トーチの保持角度，ワイヤ先端のねらい位置を図7·33に示す．トーチは2枚の母材に対してほぼ45°に保ち，15〜20°の前進角を与えて，前進法によってトーチを移動する．ワイヤの先端は，小電流域のショートアーク水平すみ肉溶接の場合，母材のコーナ部の奥，すなわち垂直板と水平板との交点をねらうのがふつうである．また，溶接電流が250 Aをこえる大電流域の溶接では，直立側の板にアンダカットが発生するのを防ぐため，ワイヤ先端のねらい位置は，図7·34のように水平板側にやや移動するのがふつうである．

はじめはアークを出さずに，溶接線の全長にわたってトーチを移動してみて，無理なくトーチが移動できること，最後までプールを観察できることを確認する．この確認作業は，練習にかぎらず実際の現場作業でも，決して怠ってはならない．

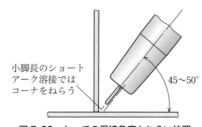

図7·33 トーチの保持角度とねらい位置

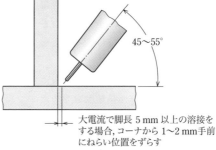

図7·34 大電流域での水平すみ肉溶接におけるトーチの保持角度とねらい位置

ビードを置いたらすぐにチェックしてみる．
① すみ肉ビードの脚長がほぼそろっており，表面もなめらかで，スパッタの飛散量も少ないようならば良好である．
② 脚長に不ぞろいがある場合は，トーチの角度が正確に保たれていたか，ワイヤ先端のねらいが2枚の母材のすみ部から外れていなかったかどうか，反省する必要がある．
③ ビードの断面が極端に凸形状であるときは，アーク電圧の低すぎ，溶接速度の速すぎが考えられる．
④ ビード表面が荒れていたり，ビード周辺に多量のスパッタが付着しているようであれば，逆にアーク電圧の高すぎが疑われる．
以上の反省点を参考に修正を行い，美しく均等なすみ肉ビードが得られるまで練習を反復する．

(9) 立向きビードの練習

被覆アーク溶接のときと同様に，立向き溶接は溶接金属の垂下がりをはじめとするビードの外観不良や，オーバラップ，アンダカット，溶込み不足などの溶接欠陥を発生しやすい溶接姿勢であるため，良好なビードを置くためには，下向き姿勢の場合以上に，綿密な溶接条件の設定と繊細なトーチ操作とが要求される．

立向き溶接には，トーチを上から下へ向かって引き降ろす下進溶接と，下から上へせり上げていく上進溶接とがある．板と板を1パスのビードで簡単に接合する場合は別として，開先内部を数パスのビードで埋めていくような突合せ溶接の場合，上進法が用いられることが圧倒的に多いので，技術的には難しいが，上進溶接に慣れておいたほうがよい．

(i) 立向き下進ビードの練習

① 板厚 3.2 mm 以上，全長 200 mm 程度の練習板をジグに垂直に固定する．
② 溶接電流を 130 A，アーク電圧を 19.5～20 V に調節する．
③ トーチの角度を図7・35のような大きめの引き角に保ち，下に向かって直線状もしくは小刻みなウィービング運動を与えて溶接する．このときビード幅は約7mmを目標とし，ワイヤ先端はプールの先端部付近をねらい，溶融金属を先行させないように，ややすばやく溶接を進行する．
④ 溶融金属が先行しそうになったときは，さらに溶接速度を速めたり，トーチをより深く傾けて，アークの吹付け力で溶融金属を押し上げるような操作をする．
⑤ 溶接金属の落下や垂下がりが

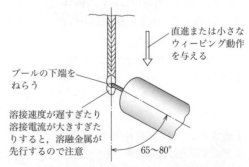

図7・35 立向き下進ビードのトーチの保持角度

なく，ビード幅がほぼ均一ならば良好である．

（ii）立向き上進ビードの練習（図7・36）　下進溶接に比べて板への入熱量が大きいので，6 mm 厚以上の練習板を準備する．溶接条件は，裏当て金なしの突合せ溶接の初層を裏波溶接する場合と，第2層目以降を溶接する場合とで大きく異なるので，自分の練習目的に合わせて溶接電流を 90～120 A，アーク電圧を 19～21V の範囲内で調節する．上進溶接でトーチを一直線に移動すると，ビードの断面形状は極端な凸形になってしまい実用的ではない．したがって，上進溶接ではウィービング操作を行うのがふつうである．

立向き溶接におけるウィービング操作のパターンを図7・37に示した．裏当て金を用いない薄板の突合せ溶接や，中・厚板の突合せ溶接の開先内第1層で裏波溶接をする場合には，同図(a)のパターンを用い，第2層目以降で幅の広いビードを必要とする場合

（a）溶接の開始

（b）一定のピッチで上進する

図7・36　立向き上進溶接

（a）突合せ継手の第1層目（裏波溶接）のウィービングパターン

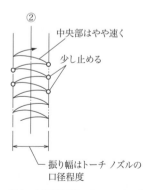
（b）2層目以降のウィービングパターン

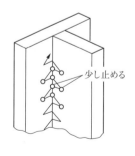
（c）立向きすみ肉溶接のウィービングパターン（初層を除く）

図7・37　立向き溶接のウィービングのパターン

は，同図(b)のパターンを用いるのが一般的である．同図(a)のパターンは，あまりゆっくりと上進すると極端な凸型ビードになるので，振り幅と上進ピッチを一定にして，リズミカルに上進するのがコツである．また同図(b)のパターンでは，トーチの振り幅をあまり大きくすると，中央部の溶接金属の垂下がりを助長するので，注意が必要である．振り幅の大きさは，前層ビードの両止端間の間隔を限度とし，これが15 mmをこえるようなときは無理に1パスで溶接しようとせず，2もしくは3パスのビードに振り分けるべきである．

さらに同図(b)のウィービング パターンを用いる際は，被覆アーク溶接のときと同様に，振り幅の中央部付近ではトーチの移動をやや速くし，両端部では一瞬止めることを心がける．これにより，ビード中央部の溶接金属の垂下がりと，ビード止端部のアンダカットの発生が軽減される．

トーチの傾斜角は，立向き上進溶接の場合，図7・38のように5〜10°の軽い押し角に保持するのがふつうである．とくに立向き溶接では，溶接線の始端から終端までトーチを一定の角度に保つのが困難で，終端に近づくほどトーチの仰角が大きくなる傾向があるので，注意が必要である．

もっとも，被覆アーク溶接法と異なり，溶接棒ホルダを溶接線方向に移動させる運動のほかに，消耗して短くなった溶接棒を補給する動作が，半自動溶接（後述する横向き溶接や上向き溶接も含め）では存在しないだけ楽であるともいえる．

(10) 横向きビードの練習

横向き溶接（図7・39）は，垂直に固定された母材に対し，溶接線が水平方向に配置された溶接姿勢であるため，重力の影響を受けて溶接金属が垂れ下がり，ビードの上方止端にはアンダカットが，また，下方の止端部にはオーバラップを生じやすい．したがって，被覆アーク溶接のときと同様に，炭酸ガス半自動アーク溶接においても，振り幅の大きなウィービング操作を行って幅の広い開先内を埋めていくという溶接は，原理的に困難で，幅のせまい複数パスのビードの集合体によって1層の溶接を完成させる

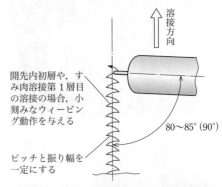

図7・38 立向き上進溶接のトーチの保持角度

図7・39 横向き溶接

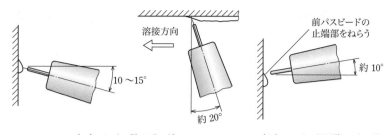

　　（a）1パス目のビード　　　　　　（b）2パス目以降のビード

図7・40　横向き溶接の積層ビード

というパターンが主になる．そのため，練習でも，いわゆる積層ビードの練習に重点が置かれることになる．

① 6 mm厚以上の練習板を，溶接線が水平になるように作業台に固定する．
② 溶接電流130 A，アーク電圧21 Vにセットする．
③ まず，土台となるビードを水平に1本置き，この上にビードを重ねる練習をする．図7・40に示すように，トーチに10～15°の仰角を与え，また約20°の押し角に保って，前進法で一直線にビードを置く．これを繰り返し行って，垂下がりの起きない最適な溶接速度を見いだす．
④ つぎに，このビード上に2パス目以降のビードを重ねる練習をする．2パス目以降は，トーチを逆に10°程度斜め下方に傾けて溶接する．ねらう位置は土台ビードの上側止端である．
⑤ 前パスビードとの間の境界が平坦になるまで繰り返し練習する．
⑥ 同様の練習を，後退法でも行ってみる．

以上のストリンガ ビードの練習に続き，ウィービング ビードの練習を行う．

図7・41に横向き姿勢におけるウィービングのパターンを示す．前にも述べたように，横向き溶接では振り幅の大きなウィービング操作は困難で，あくまでも上下方向の最大振り幅が5 mm程度以内の小刻みなものに限定される．また，立向き溶接と同様に，あまりゆっくりとしたウィービング操作は，凸型ビードや垂下がりの原因となるので，比較的すばやいトーチの移動が必要となる．

練習では，まず土台となるストリンガ ビードを1本置いておき，この上に同図のようなパターンのウィービング ビードを重ねていく．トーチの角度はストリンガ ビードのときと同じである．練習は前進法，後退法のどちらも行う．重なり合ったビード間に極

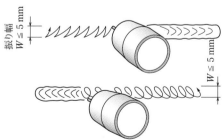

図7・41　横向き溶接のウィービングのパターン

端な凹凸がなく平坦な状態になるまで，ウィービングのパターン，トーチの保持角度，溶接速度などを微調整しながら反復練習する．

(11) 上向きビードの練習

上向き溶接は，溶接金属の垂下がりが，最も起きやすい溶接姿勢なので，溶接条件の設定やトーチ操作には，他の溶接姿勢のとき以上に注意が必要である．また，上向き溶接は，かなり不自然な体勢で行われるために疲労しやすいので，練習板の取付け位置や，練習板に対する身体の配置を工夫して，できるだけ楽に作業できるポジションをとることが大切である．

図7·42に上向き姿勢のかまえ方の例を示した．上向きビードにも，ストリンガ ビードとウィービング ビードとがあり，どちらも用いられるが，こと上向き溶接に関しては，熱の集中による溶接金属の垂下がりを少しでも防ぐため，トーチにわずかでもウィービング運動を与えて熱を分散させる手法が用いられることが多い．

① 6 mm 厚以上の練習板を，溶接線が頭上で水平になるように作業台に固定する．
② 溶接電流は 110～120 A，アーク電圧は 19～20 V の範囲内で調節する．
③ 引き角で溶接する場合，図7·42の位置にかまえる．引き角は 5～10°程度である（図7·43）．
④ まず，アークを出さずにトーチで溶接線をなぞってみて，トーチの保持角度が変わらずに無理なく移動できるか，ワイヤに腕が引っ張られることがないなどチェックする．
⑤ チェックが済んだら，アークを出してストリンガ ビードを置く．

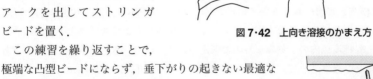

図7·42　上向き溶接のかまえ方

この練習を繰り返すことで，極端な凸型ビードにならず，垂下がりの起きない最適な溶接速度を見いだすようにする．

⑥ 体勢を変えて，押し角でも練習する．

ストリンガ ビードに続いてウィービング操作の練習を行う．

まず，図7·44のように，トーチは溶接線に対して直角もしくはわずかな引き角にかまえる．横向きと同様，上向き溶接でも，あまり幅の広いウィービング操作は困難で，振り幅は最大でも 10～13 mm 程度である．したがって，それ以上に幅の広いビードが必要なときは，数

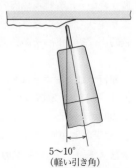

図7·43　上向き溶接のトーチの保持角度

パスに振り分ける必要がある．それでも溶接速度が遅すぎると，ビード中央部が垂れ下がり，ひどい場合には落下することもある．

ウィービングのパターンは，下向きや立向きの溶接姿勢のそれと変わりはない．中央部ではトーチの移動をやや速くし，両端部では止めることもまったく同じである．

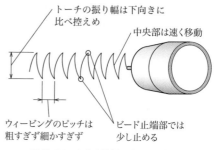

図7·44 上向き溶接のウィービング

7·5 突合せ溶接の実技

ここでは，JIS Z 3841（半自動溶接技術検定試験における試験方法および判定基準）に基づいて，（一社）日本溶接協会が溶接技能者の技量と資格を認証するために定めているWES 8241（半自動溶接技能者の資格認証基準）に従って実施している評価試験をモデルに，その練習方法の一例を紹介することにする．

実技試験の種類を表す記号については，6·3節を参照してほしい．ただし，最初のSはsemi-automaticのSである．

7·5·1 薄板裏当て金なし下向き突合せ溶接（SN-1F）の実技

（1） 練習板と開先の加工

板厚3.2 mmの鋼板を2枚準備する．大きさは図7·45を参考にする．開先はI形のままでも，V形開先をとってもよいことになっているが，グラインダで開先をとる場合は，ルート面を板厚の1/2以上残すようにする．

（2） 仮付けと逆ひずみ

① ルート間隔を1.6 mmとり，板の両端部に直径7〜10 mmの大きさでしっかりと仮付けする．このとき2枚の板の間に段差が生じると，裏波が容易に出なくなるので注意する．

② 仮付けをしたら，ルート間隔をゲージなどによりチェックしておく．

③ 逆ひずみは約3°とる．逆ひず

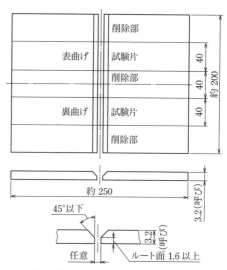

〔注〕 開先形状はI形またはV形とする．

図7·45 薄板試験材の寸法（単位mm）

みは，板の裏面からハンマで叩いたり，板を両手で保持して定盤（じょうばん）に打ち付けるなどの方法でとる．

④　逆ひずみを角度ゲージで検査し，練習板を作業台から約5 mm浮かせて水平に設置する．

表7・5　SN-1Fの溶接条件

項　　目	1層仕上げ 裏波溶接
溶接電流（A）	110
アーク電圧（V）	18.5
ガス流量（l/min）	15

（3）溶接条件

表7・5に溶接条件をまとめた．溶接電流は110 Aに，アーク電圧は18.5 Vにセットする．

（4）本溶接

①　トーチ スイッチを引いてワイヤを送り出し，ノズルの先端から約15 mmのところでカットする．

②　溶接線右端の仮付け上でアークを発生させ，トーチを約5〜10°に傾斜させ，前進法で溶接を進める．

トーチの移動はストレート，もしくは必要に応じて小刻みなウィービング運動を与える．ビード幅を8〜10 mmで一定に保ち，アークはプールの先端をねらう．裏ビードが形成されていく様子を，プール先端のキーホールの形成やアークの音により確認する．

③　ビードの終端部ではクレータを十分に埋めてからアークを切る．

④　溶接後，ビードの出来栄えを検査する．

まず，練習板を裏返して裏ビードをチェックする．ビードの高さが約1 mmで，幅も均等であり，極端な凹凸がなくて平滑であれば良好である．表ビードは，ビード幅（8〜10 mm）と高さ（約1〜2 mm）が均一で波形がそろっていること，凹凸が少ないこと，アンダカットやオーバラップがないこと，クレータが適切に処理されていることなどがチェックポイントである．スパッタが少ないことも大切である．

7・5・2　中板裏当て金なし下向き突合せ溶接（SN-2F）の実技

（1）練習板と開先の加工

図7・46を参考に，適切な練習板を準備し，プラズマ切断などによりV形開先を加工する．開先の加工面は，油脂やさびなどを完全に除去し，清浄な状態にしておく．

（2）仮付けと逆ひずみ

①　ルート間隔は約2 mmとり，両端を7 mm程度の大きさでしっかりと仮付けする．

②　逆ひずみは約3°とる．

③　角度ゲージで逆ひずみの量を検査し，作業台上に約5 mm浮かせた状態で水平に置く．

（3）溶接条件

表7・6に溶接条件をまとめた．第1層目は，溶接電流を120 A，アーク電圧を19.5Vにセットする．

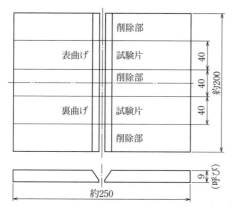
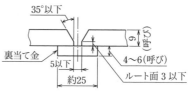

図 7·46 中板試験材の寸法（単位 mm）

（4）本溶接

ワイヤを送り出し，ノズル先端から約 20 mm のところでカットする．

溶接は全 3 層で行う．

① 第 1 層目は，基本的には SN-1F の裏波溶接のときと同様である．

表 7·6　SN-2F の溶接条件

項　目	第1層目 裏波溶接	第2層目	仕上げ層
溶接電流（A）	120	170	170
アーク電圧（V）	19.5	21.5	21.5
ガス流量（l/min）	15～20	15～20	15～20

ルート間隔がやや広いので，トーチには，ストレートでなく小さなウィービング動作を与えながら溶接を進める．プール先端に形成されるキーホールに注目し，アークが下に突き抜ける音に注意して，裏ビードの形成を確認しながら溶接を進める．

裏ビード，表ビードのチェックを SN-1F のときと同様に行う．とくに，裏ビードの幅と高さが均一であることを確認する．

② 溶接電流を 170 A，アーク電圧を 21.5 V に調節して，第 2 層目のビードを置く．
トーチを 10～15°の引き角に保持し，後退法でウィービング ビードを置く．ビードの両止端部付近では，トーチを少し止めて開先壁面をよく溶かし込むようにする．ビードの表面の高さは，練習板の表面から約 1 mm 下になるようにする．

③ 仕上げ層となる第 3 層目は，溶接電流，アーク電圧とも第 2 層目と同じである．
第 2 層目と比べて，ウィービングのピッチを細かくし，開先の縁部を約 1 mm 溶かしながら溶接する．終端部ではクレータを十分に埋めておく．

溶接後，表ビードの状態を検査する．ビード幅が 13～15 mm で，アンダカットやオーバラップがなく，波形がそろっていれば良好である．

7·5·3　中板裏当て金あり下向き突合せ溶接（SA-2F）の実技

（1）練習板と開先の加工

図 7·46 を参考に，2 枚の練習板と 1 枚の裏当て金を準備する．裏当て金の表面には，

逆ひずみをとるために約5°の傾斜面を機械加工しておく．

（2） 仮付けと逆ひずみ

5°の傾斜面を加工した裏当て金と，2枚の練習板を組み合わせ，両端部を仮付けする．

表7・7 SA-2Fの溶接条件

項　　目	第1層目 裏波溶接	第2層目	仕上げ層
溶接電流（A）	180	170	170
アーク電圧（V）	22	21.5	21.5
ガス流量（l/min）	15～20	15～20	15～20

（3） 溶接条件

溶接条件を表7・7にまとめた．第1層目は，溶接電流180 A，アーク電圧22 Vで溶接する．

（4） 本溶接

① 第1層目は，裏当て金と開先壁面とを十分に融合させ，深い溶込みを得るために，トーチを引き角に保持して，後退法で溶接する．左端の裏当て金上でアークを発生させ，少し止めた後，小刻みなウィービング操作を行って，開先端部と開先底部をよく溶かし込むようにする．十分な溶込みが得られたかどうかは，裏当て金の裏面の変色状態を観察すればよくわかる．

② 第2層目は，溶接電流170 A，アーク電圧21.5 Vで溶接する．

トーチの保持角は，前進法（押し角）でも後退法（引き角）でもよい．ややピッチの粗いウィービングビードを置く．第2層目は，ビードの外観よりも，開先の壁面をよく溶かし込むことのほうが大切である．ただ，あまりビードの表面が凸型になることは好ましくない．

③ 仕上げ層となる第3層目の溶接条件は，第2層目の場合と同じである．

前層よりもウィービングのピッチを細かくし，前進法または後退法で，開先両縁を約1 mm溶かしながらビード幅14～16 mmを目標に溶接する．

7・5・4　薄板裏当て金なし立向き突合せ溶接（SN-1V）の実技

（1） 練習板と開先の加工

図7・45のとおりとする．

（2） 仮付けと逆ひずみ

ルート間隔を約1.6 mmとり，両端を仮付けする．逆ひずみはSN-1Fに比べて，やや小さめにとる．

（3） 溶接条件

表7・8に溶接条件をまとめる．溶接電流90 A，アーク電圧19 Vにセットする．

表7・8 SN-1Vの溶接条件

項　　目	1層仕上げ 裏波溶接
溶接電流（A）	90
アーク電圧（V）	19
ガス流量（l/min）	15

（4） 本溶接

① 練習板を，溶接線が垂直になるように作業台にセットする．このとき，練習板裏面と作業台との間に

5 mm 程度のすきまを空けるのを忘れないこと.

② トーチを約 20°の押し角に保持し,上進法により裏波溶接する.プールの先端付近をねらい,トーチにはルート幅程度の小刻みなウィービング操作を与え,形成されたキーホールに注目しながら,トーチを上昇させる.

③ 溶接が済んだら,まず裏ビードを検査する.ビード幅 3 mm 程度でそろっており,凹凸が少なければ良好である.つぎに,表ビードは,ビード幅 6〜8 mm で,極端な凹凸がなく,高さがおおむね 2 mm 以下であれば良好である.

7・5・5　中板裏当て金なし立向き突合せ溶接(SN-2V)の実技

(1) 練習板と開先の加工

図 7・46 のとおりとする.

(2) 仮付けと逆ひずみ

ルート間隔を約 2 mm とり,両端をしっかりと仮付けをする.逆ひずみは約 3°とる.

(3) 溶接条件

表 7・9　SN-2V の溶接条件

項　　目	第 1 層目裏波溶接	仕上げ層
溶接電流 (A)	90	120
アーク電圧 (V)	19	20.5
ガス流量 (l/min)	15〜20	15〜20

溶接条件は,表 7・9 に示すとおりである.上進溶接 2 層仕上げとし,第 1 層目は溶接電流 90 A,アーク電圧 19 V にセットする.

(4) 本溶接

① 第 1 層目は SN-1V の本溶接の方法と同様である.

② 第 2 層目(仕上げ層)は,溶接電流を 120 A,アーク電圧を 20.5 V にそれぞれ上げる.

トーチを約 10°の押し角に保持し,均一なウィービング操作をしながら上進させる.ビード幅は 13〜15 mm を目標とし,開先底部の前層ビードの表面と,開先の両壁面を十分溶かすことに注意を払う.ビード中央部では,トーチの速度をこころもち速め,両止端部では止めて,ビード表面をなるべく平らな状態にする.ビードの終端部では,数回アークを点滅させてクレータを十分に埋めておく.

表ビードについて,ビード幅はそろっているか,ビード中央部の垂下がりや極端な凹凸がないか,ビード止端部にオーバラップやアンダカットがないか,などの検査を行う.

7・5・6　中板裏当て金あり立向き突合せ溶接(SA-2V)の実技

(1) 練習板と開先の加工

図 7・46 に従って,練習板と裏当て金を準備する.裏当て金の表面には,約 5°の傾斜面を機械加工しておく.

(2) 仮付けと逆ひずみ

ルート間隔を 4 mm とり,裏当て金と組み合わせて仮付けをする.したがって,逆ひずみは 5°である.

表7・10 SA-2Vの溶接条件

項　目	第1層目	第2層目	仕上げ層
溶接電流（A）	130	120	≦120
アーク電圧（V）	19.5	19	≦19
ガス流量（l/min）	15〜20	15〜20	15〜20

（3）溶接条件

表7・10に溶接条件をまとめる．3層仕上げとし，第1層目は溶接電流130A，アーク電圧19.5Vに調節する．

（4）本溶接

① 第1層目（図7・47）は，裏当て金と開先底部をよく溶かし込む必要から，5〜10°程度の小さな押し角で，小刻みなウィービング操作を与えて溶接する．このとき，ビード表面を極端な凸型にしてしまうと，第2層目のビードを置くのに妨げとなるので注意する．

② 第2層目（図7・48）は，溶接電流を120A，アーク電圧を19Vに下げ，第1層目のビードの両止端部をねらって，やはり凸型ビードにならないように注意して，ウィービングビードを置く．完成したビードの表面は，練習板の表面から1mm程度下に位置しているのが理想である．

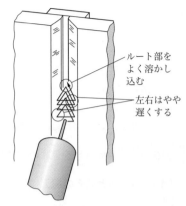

図7・47　第1層目のウィービング操作

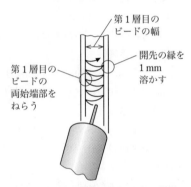

図7・48　第2層目のウィービング操作

③ 第3層目は，溶接電流，アーク電圧とも第2層目と同じか，やや低めの溶接条件で溶接する．仕上げ層なので，ビード止端部にアンダカットを生じないことに神経を使い，均一なピッチと幅でウィービング操作を行う．垂下がりビードにも注意する．ウィービングの振り幅は，開先の縁を0.5mm程度溶かすようにする．

7・5・7　中板裏当て金なし横向き突合せ溶接（SN-2H）の実技

（1）練習板と開先の加工

図7・46のとおりとする．

（2）仮付けと逆ひずみ

ルート間隔を2mmとり，両端を仮付けする．仮付け後，約5°の逆ひずみをとる．

（3）溶接条件

溶接条件を表7・11に示す．全部で3層仕上げの溶接とし，第1層目は溶接電流100〜110A，アーク電圧19Vにセットする．

（4） 本溶接

積層の順序は図7・49のとおりとする．

① 第1層目（図7・50）はトーチを約15°の押し角に保持し，また，10°程度傾斜させ，斜め上方に向けて前進法で裏波溶接する．ワイヤの先端には，小さな楕円を連続して描くようなルート幅程度の小刻みなウィービング運動を与える．つねにプールの先端に注目し，裏ビードが形成されている状態を確認しながら溶接を進める．幅3～4 mmの裏ビードができていれば良好である．

② 第2層目は溶接電流130 A，アーク電圧20.5 Vで，2パス1層の溶接を行う．1パス目は，トーチを約15°の引き角に保ち，さらに約5～10°斜め下方に傾けて，後退法でビードを置く．第1層目のビードの下側止端部をねらい，第1層目と同様に，小さな楕円運動のウィービング操作を行う．このとき，下側の練習板の開先面が，約1 mm残っているのが理想的である．

第2層2パス目は，1パス目と同じ引き角で，今度は10～15°の仰角をつけて，つまり斜め上方に傾けて，後退法でウィービングビードを置く．ねらい位置は，第1層目のビードの上側止端部である．第2層目の溶接が終わったところで，ビードの状態をチェックする．1パス目と2パス目のビードの重なり部分が平坦になっていれば良好である．

③ 第3層目の仕上げ層は，第2層目よりやや低い溶接電流120 A，アーク電圧20 Vで，3パス1層の溶接を行う．最終仕上げ層なので，最下部に置く1パス目のビードは，下板の開先縁部にオーバラップを生じないように注意する．そのためには，下板の開先縁部をねらい，遅滞なくリズミカルに溶接を進めることが大切である．

溶接方向は前進法，後退法どちらでもよい．トーチの伏角，ウィービングの要領も第2層目と同様である．

2パス目のビードは，1パス目のビードの上側止端部をねらい，1パス目のビードとの重なり部を平坦にすることに注意を払って溶接する．

最終ビードとなる3パス目は，上板の開先縁部にアンダカットを残さないようにするのが最大のポイントである．そのためには，トーチにわずかな仰角を与え，ピッチの細

表7・11　SN-2Hの溶接条件

項目	第1層目 裏波溶接	第2層目 2パス1層	仕上げ層 3パス1層
溶接電流（A）	100～110	130	120
アーク電圧（V）	19	20.5	20
ガス流量（l/min）	15～20	15～20	15～20

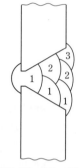

図7・49　SN-2Hの積層順序

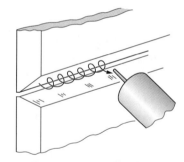

図7・50　SN-2H第1層目のウィービング

かいていねいなウィービング操作を心がける．ねらい位置は，2パス目のビードの上側止端部である．

溶接が完了したら，ビードの状態を検査する．ビード幅が15 mm程度で，各パス間の重なり部に凹凸が目立たなければ良好である．

7・5・8　中板裏当て金なし上向き突合せ溶接（SN-2O）の実技

（1）　練習板と開先の加工
図7・46のとおりとする．

（2）　仮付けと逆ひずみ
ルート間隔を約2 mmとり，両端を仮付けする．逆ひずみは3°とる．

表7・12　SN-2Oの溶接条件

項　目	第1層目裏波溶接	仕上げ層
溶接電流（A）	100～110	120
アーク電圧（V）	19	20
ガス流量（l/min）	15～20	15～20

（3）　溶接条件
表7・12に溶接条件を示す．2層仕上げとし，第1層目は溶接電流100～110 A，アーク電圧19Vに設定する．

（4）　本溶接
溶接線が，頭上で水平になるように作業台に固定する．

① 第1層目は，トーチを5～10°程度のわずかな引き角に保持し，ルート内部で小刻みなウィービング操作を行って溶接する．

プールの先端付近をねらってリズミカルに溶接するが，垂下がりをおそれてトーチの移動を急ぎ，アークがプールから外れて先行しないように注意する．また，溶接線の全長にわたってトーチの保持角度を変えてはならない．

溶接後，ビードの状態をチェックする．表ビードは断面が極端な凸型になっておらず，裏ビードは高さが2 mm以内，幅が3～5 mm程度になっていれば良好である．

② 中板の裏当て金なしの上向き溶接では，開先内断面積が裏当て金ありの場合と比べてせまいこと，第1層目のビード形状がやや垂下がりぎみになることにより，第2層目が仕上げ層となる．溶接電流は120 A，アーク電圧は20 Vにセットする．

トーチは溶接線に対して直角，もしくは5°程度のわずかな引き角に保持してウィービング ビードを置く．第1層目のビード表面と両側の止端部，両側開先壁面も十分に溶かし込んで，仕上げビードの両止端にアンダカットを生じないように注意する．ただし，慎重を期すあまり，この作業をあまりていねいにゆっくりやっていると，中央部の垂れ下がった凸型ビードになってしまうので，練習を重ねる過程で最適なトーチの移動速度，ウィービング ピッチを体得するようにしてほしい．

7・5・9　中肉固定管裏当て金なし突合せ溶接（SN-2P）の実技

（1）　練習材と開先の加工
呼び径150 mm，肉厚11 mmの鋼管を準備し，図7・51に従ってV形開先を加工する．

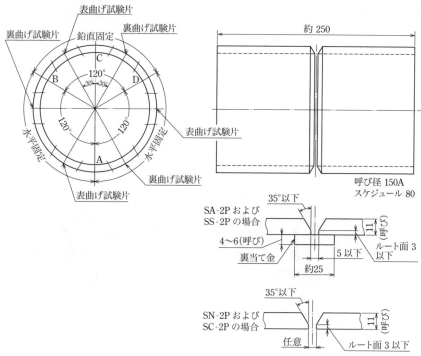

図 7·51 中肉固定管試験材の寸法（単位 mm）

（2） 仮付け

目違いが生じないように，山形鋼などを利用したジグを使用して，曲げ試験片の採取位置を避けた円周上の数カ所をしっかりと仮付けする．ルート間隔は約 2 mm とる．

（3） 溶接条件

3層仕上げとし，表 7·13 に従って溶接条件を設定する．

表 7·13 SN-2P の溶接条件

項　　目		水平固定		鉛直固定	
溶接電流　(A)	第1層目 第2層目 仕上げ層	100 120 120		第1層目 第2層目 仕上げ層	110 130 120
アーク電圧　(V)	第1層目 第2層目 仕上げ層	19 20 20		第1層目 第2層目 仕上げ層	19 20 20
ガス流量　(*l*/min)		15～20		15～20	

（4） 本溶接

検定では，水平固定，鉛直固定（図 7·52）のどちらから始めてもよいことになっているが，ここでは，水平固定から溶接を開始することにする．

① 仮付けの終わった試験材料を水平固定ジグにより水平に固定する．

② まず図 7·51 に示す AB（時計の 6 時～10 時）および AD（同 6 時～2 時の逆回り）間を溶接する．A 点は，水平軸に対して真下の位置にする〔図 7·52（a）〕．

③ つぎに，同図（b）のように試験材料を鉛直に固定して，図 7·51 の BCD（同 10

時〜2時)間を横向き姿勢で溶接する.

ただし,溶接は,B点,D点のいずれから開始してもよい.水平および鉛直の順序は自由で始まり,しだいに立向き上進に移行していく.溶接の全般的な要領・注意事項は,前項のSN-2OおよびSN-2Vの場合と基本的には同様である.

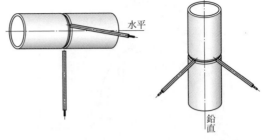

(a) 水平固定　　　(b) 鉛直固定

図7・52 管の突合せ溶接のトーチの向き

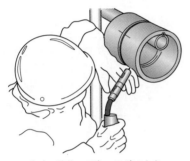 

(a) 時計の6時〜10時のとき　　(b) 同8時〜9時

図7・53 管の突合せ溶接のかまえ方(水平固定の場合)

図7・53に水平固定,図7・54に鉛直固定の場合の溶接のかまえ方を示す.

注意点としては,水平固定管の溶接では,溶接の進行にともなってプールの角度,つまり溶融金属の流れる方向が時々刻々と変化していくので,これに合わせてアークのねらい位置を微妙にずらす(オフセットする)必要がある.これを怠って,通常の上向きや立向き姿勢のときのように漫然と溶接を行うと,場所によって溶込みの深さが変化したり,

図7・54 管の突合せ溶接のかまえ方
(鉛直固定の場合)

ビードの断面が凸形もしくは偏平になったりするので,注意が必要である.

鉛直固定管の溶接では,基本的な要領は,SA-2Hの場合と同じである.溶接はトーチを押し角に保ち,前進法で行うが,鉛直固定管の溶接で管の中心方向をねらうと,後退角ぎみになりやすいので,トーチのねらいを管の中心からずらしたり,またはトーチの傾斜角を深くしたりするなどしてこれを避ける.

8
ティグ溶接の実技

ティグ（**TIG**）**溶接**は，融点が非常に高い（約3400℃）ため高温の雰囲気中でも消耗しにくい純タングステンまたはタングステン合金製の棒を電極として用い，その先端からアークを発生させ，このアークと，その熱によって形成されたプールとを，高温中でも他の物質と反応しない性質をもつアルゴンガスなどの不活性ガスでおおい，溶接部を大気から完全に遮へいして行う溶接法である（図8·1）。

このため，ティグ溶接を用いると，通常の被覆アーク溶接法や炭酸ガスアーク溶接法では溶接が困難，もしくはまったくできないアルミニウムやチタン，マグネシウムなどの非常に酸化されやすい活性金属を，高品質に接合することができるほか，ステンレス鋼など，他の溶接法が適用可能な材種も，より容易に，より健全かつ美しく溶接することができる．このほかにも，ティグ溶接には多くのすぐれた特色があり，広範な材種の高品質溶接法として，きわめて有用な存在となっている．

この章では，アルミニウムとステンレス鋼のティグ手溶接について，その要点と練習法の一例を解説する．

図8·1　ティグ溶接

8·1　直流と交流のティグ溶接

（1）　極性の種類と選び方

直流でティグ溶接を行う場合，タングステン電極棒を保持する溶接トーチをマイナス極側に接続し，母材をプラス極側に接続する場合と，逆に，母材をマイナス極側に接続し，溶接トーチをプラス極側に接続する場合との2通りが考えられるが，前者を**棒マイナス**，**正極性**，後者を**棒プラス**，**逆極性**などと呼び，それぞれ異なるアーク特性をもっている．

また，ティグ溶接には交流も用いられるが，この場合，電極の極性が1/2サイクルご

とに入れ替わることにより，直流溶接のときの棒マイナスと棒プラスの両方の特徴を足して2で割ったようなアーク特性が得られる．これは便宜上，**第3の極性**といってもよいものである．

これら三つの極性（交流も一つの極性と考える）のどれを選択するかによって，母材の溶込み深さや，タングステン電極棒の消耗量などに影響が現れるので，ティグ溶接では，各極性の特色をよく理解し，正しく使い分けることが重要なポイントになる．

もっとも，大まかにいってアルミニウム（合金）には交流が用いられ，ステンレス鋼をはじめとする他の材種には，通常，直流棒マイナスが用いられるので，実際上は交流と直流棒マイナスの二つの極性のうちどちらかを選べばよい，といっても過言ではない．

（i）直流棒マイナス極性の特色と用途　プラス（陽極），マイナス（陰極）の電極間で発生しているアーク中では，陰極から熱電子が放出されて陽極に向かい，この熱電子の流れに逆行する形で陽極から陰極方向に電流が流れると考えられている．このため，タングステン電極棒を陰極側に接続する棒マイナスの極性を用いると，電極は，熱電子の放出により温度が下がるために消耗が少なくなり，反対に陽極の母材側は，熱電子の衝突によって温度が上昇して溶込みも深くなる．

また，この極性によると安定したアークが得られ，集中性も向上するので，アルミニウム（合金）を除く大部分の材種にこの棒マイナスの極性が用いられる．

（ii）直流棒プラス極性の特色と用途　棒マイナスのときと逆に，直流棒プラスの極性では，電極の温度が高まるために消耗量も多くなり，母材側からみると深い溶込みが得にくくなる．また，アークの安定性，集中性ともに劣るので，溶接にはあまり適した極性とはいえず，この棒プラスの極性はほとんど用いられない．ただし，陰極の母材面から放出された熱電子に代わってアルゴンガスの陽イオンが母材面に衝突し，これによって母材面をおおっていた強固で融点の高い酸化皮膜が破壊・除去される，いわゆるアークのクリーニング作用が顕著に見られるので，とくに強いクリーニング作用が求められるような場合はその限りではない．

（iii）交流ティグ アークの特色と用途　前述のように，交流ティグ アークは，直流棒マイナスと棒プラスの長所を併せもつ極性である．つまり，電極棒がマイナスになっている瞬間には電極が冷却されて，反対に母材の溶込みが深くなり，逆に，電極棒がプラスになった瞬間には，棒の温度が上がる反面，母材面の酸化皮膜を破壊するクリーニング作用が得られるというものである．この特性により，交流ティグ アークは，強固な酸化皮膜が溶接を妨害するアルミニウムやマグネシウム合金の溶接に不可欠な存在となっている．

（2）パルスティグ溶接法

この溶接法は，アークに流れる溶接電流の大きさを周期的に変化させ，ビードの形状を制御する方法で，母材の材質により，直流パルスティグ溶接法と交流パルスティグ溶接法が使い分けられている．

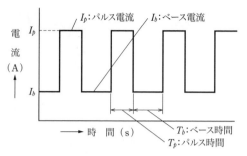

〔注〕パルス電流 I_p が流れている時間 T_p の間に母材を溶かし，ベース電流 I_b が流れている時間 T_b の間にプールを冷却することによりでき上がったビードは，周期的にできる溶融スポットが重なりながら連続した数珠状になる．

図 8·2　直流パルスティグ溶接の電流波形と溶接機

（ⅰ）直流パルスティグ溶接　この溶接法は，図 8·2 に示すように，溶接電流を一定の周期でパルス（脈動）状に変化させ，パルス電流（図中の I_p）が流れている時間（T_p）で母材を溶かし，ベース電流（I_b）が流れている時間にそのプールを冷却し，周期的にできる溶融スポットを部分的に重ね合わせながら溶接する方法である．

直流パルスティグ溶接法は，使用する周波数により，① 低周波パルス（0.5〜20 Hz），② 中周波パルス（10〜500 Hz），③ 高周波パルス（1〜20 kHz）に分けられ，それぞれつぎのように使い分けられている．
① 低周波パルス … 異種金属や板厚違いの溶接．
② 中周波パルス … 薄板（0.3 mm 程度）の溶接．
③ 高周波パルス … 極薄板（0.1 mm 程度）の高品質超精密溶接．

つぎに，直流パルスティグ溶接法の特徴をまとめておく．
① 裏波溶接や難姿勢溶接が容易にできる．
② 薄板や板厚に差のある継手，異種金属間の溶接が容易にできる．
③ 溶接変形が少なく，溶接不良も発生しにくい．
④ ビードと母材とのなじみがよい．
⑤ パルスのタイミングに合わせて作業できるので，作業性が向上する．

（ⅱ）交流パルスティグ溶接　この溶接法は，図 8·3 のように，もともと極性をプラス・マイナスに反転させている商用周波数（50 または 60 Hz）のパルス状の電流波形の振幅（これがベース電流となる）を，周期的に大きくすることによってパルス電流を得る方法であり，サイリスタなどの半導体素子を用いた交流ティグ溶接機によって，はじめて可能になったものである．

交流パルスティグ溶接法には，つぎのような特徴がある．
① 薄板溶接や裏波溶接が容易にできる．

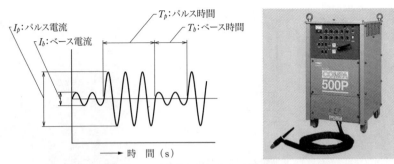

図 8・3 交流パルスティグ溶接の電流波形と溶接機 (交流・直流両用)

② クリーニング幅を十分にとることができる．
③ ビードと母材とのなじみがよい．
④ ビードの外観が美しい．
⑤ パルスのタイミングに合わせて作業できるので，作業性が向上する．

表 8・1 は各極性の特色や用途を比較したものである．

表 8・1 各極性の特色と用途

項　　目	直流ティグ	交流ティグ	パルスティグ
電源の外部特性 極　　性 使用電流範囲 (A) 適用板厚 (mm) 溶接姿勢	定電流 棒マイナス 4〜500 0.3〜 全姿勢	垂下または定電流 交　流 10〜500 0.5〜 全姿勢	パルス電流 直流棒マイナス・交流 1〜500 0.1〜 全姿勢
主な対象金属	活性金属を除くすべての金属・合金	アルミニウム (合金) マグネシウム (合金)	ステンレス鋼，低合金鋼 (直流)，アルミニウム (交流)
主な特色		クリーニング作用が利用できる．	・極薄板の溶接が可能 ・高速溶接が可能

8・2　ティグ溶接装置の構成

(1) ティグ溶接機

ティグ溶接の装置構成を図 8・4 に示す．まず溶接電源としては，アーク長さが変化しても溶接電流に大きな変動が現れない垂下特性，または定電流特性をもつティグ溶接機が用いられる．

ティグ溶接機の種類は，出力する電流波形により，直流電源，交流電源，これらの兼用タイプ，およびパルスティグ溶接機に分類され，また，電流の制御方式により，可動鉄心形，サイリスタ制御形，インバータ制御形などに分類されるが，現在ではサイリスタ制御形とインバータ制御形が主流である．ティグ溶接機の詳細は，5 章を参照してほ

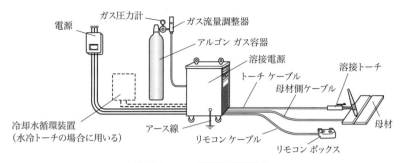

図 8・4　ティグ溶接の装置構成

しい．

(2) 各種制御装置
(i) 高周波発生回路
ティグ溶接では，被覆アーク溶接の場合と異なり，タングステン電極の消耗を防ぐために，電極を母材に接触させずにアークを発生させる必要が

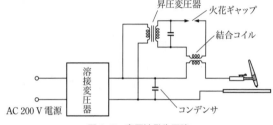

図 8・5　高周波発生回路

ある．高周波発生回路は，タングステン電極の先端を溶接開始点付近の母材面に接近させておき，トーチ スイッチを引いたときに，電極と母材との間に高圧の高周波電圧を加え，これをもとにアークを発生させる回路である（図 8・5）．

高周波発生回路は，電流の流れが一方通行で，アークが安定している直流溶接ではアークの発生時のみ必要とするが，正弦波交流を用いる通常の交流溶接では，アークが一瞬消滅した後の再点弧のために，高周波発生回路を溶接中つねに作動させていなければならない．ただし，同じく交流でも，矩形波交流を用いる"インバータ制御形"は，極性変化時のアークの再点弧が容易なため，溶接中に高周波電圧を必要としないという特色をもつ．

ところで，最近の世界的傾向として，高周波から発生するノイズを規制する動きがあり，ティグ溶接の分野でも，現在は高周波によらないアーク スタート方式（たとえば，直流高電圧印加方式など）が主流になっている．

(ii) シールド ガス制御回路　ティグ溶接は，タングステン電極やアークおよびプールを不活性ガスであるアルゴンでおおい，有害な大気から遮断して行う溶接法であるが，仮に，この不活性ガスがアーク スタートと同時もしくはその直後に噴出したのでは，タングステン電極が大気の影響を受けて消耗してしまう．

また，溶接が終了してアークを切ったとき，不活性ガスの噴出も同時に停止してしまったのでは，まだ赤熱状態にある電極やプールが，やはり大気の悪影響を受けて，電極の

消耗やクレータ部の溶接欠陥を生じることが予想される．そこで，これらの不都合を防止するために，溶接開始時（トーチ スイッチを引いたとき）には，アークがスタートする前からあらかじめ不活性ガスを流し始め，また，溶接終了時には，アークを切った後の一定時間，不活性ガスを流し続けておくことが必要である．

前者を**プリ フロー**，後者を**アフター フロー**といい，この動作を行うのがシールド ガス制御回路である．

（iii）シーケンス制御回路 上記の高周波電圧の発生や，不活性ガスのプリ フロー，アフター フローなどの動作は，トーチ スイッチの操作と連動して決められたとおり正

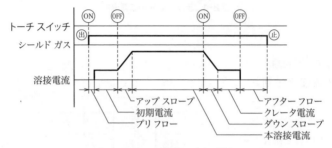

（a）クレータありモードの場合
（クレータありモードは，比較的長い溶接線の溶接で，クレータを埋める操作を行う場合に用いる）

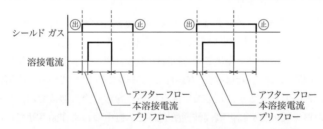

（b）クレータなしモードの場合
（クレータなしモードは，仮付けなど比較的短い溶接線の溶接に用いる）

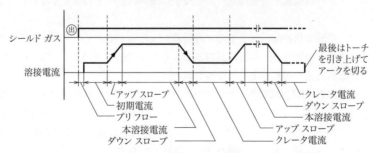

（c）反復モードの場合
（反復モードは，薄板の突合せ溶接などで，溶落ちを防止したい場合に用いる）

図8・6 ティグ溶接における動作シーケンスのパターン例

しく行われる必要があるが，これをつかさどるのがシーケンス制御回路である．図8·6に，ティグ溶接における動作シーケンスのパターン例を示す．

（3）ティグ溶接トーチ

これには，手溶接用トーチ，半自動溶接用トーチ，自動溶接用トーチ，アークスポット溶接用トーチなどの種類がある．ここでは，手溶接用トーチについて説明する．

ティグ手溶接用トーチには，形の上では図8·7に示すように，ふつうに用いられるアングル形のものと，小物溶接に有利なペンシル形などと呼ばれる棒状タイプのものとがある．

また，冷却方法によって分類すれば，200 A 以下の比較的小電流域で用いられる空冷トーチと，それ以上の電流域に向く水冷トーチとがある．空冷トーチは，構造が単純で軽く故障も少ないが，冷却能力が低いため，使用電流が制限されるのが難点である．一方，水冷トーチ（図8·8）は，ケーブルからノズルに至るまで循環水によって冷却されるために冷却効果が高く，大電流域で使用することができるが，構造が複雑で重く，作業性がやや悪いという短所がある．

このほか，図8·9に示すスプールオンガン式ティグ溶接トーチは，ティグ溶接トーチにワイヤ送給装置を一体に組み込んだもので，プールを乱すことなくスムーズな連続高速半自動溶接ができる．

（4）圧力調整器とガス流量計

シールドガスとして用いるアルゴンガスは，35℃で 14.7 MPa というきわめて高い圧力で容器に充てんされているので，とてもそのままでは溶接トーチに供給することはできない．そこで，これを溶接に適した低い圧力（0.25 MPa）に下げ，また，容器内のガ

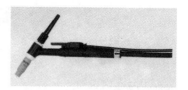

（a）150 A 空冷アングル形

（b）150 A 空冷ペンシル形

（c）500 A 水冷アングル形

図8·7 各種のティグ溶接トーチ

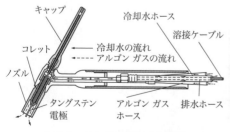

図8·8 水冷式トーチの内部構造
（株）ダイヘン：溶接講座（TIG 溶接編）より

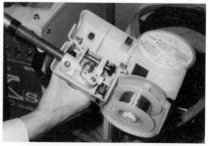

図8·9 スプールオンガン式ティグ溶接トーチ

〔注〕 左側のガス流量計はバックシールド用

図8・10 ガス流量計付き圧力調整器

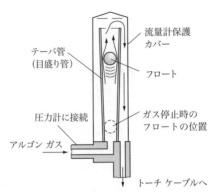

アルゴンガスの圧力でフロートが浮き上がると，フロートとテーパ管内面との間のすき間が広くなり，このすき間を通るガスの流量が増す．そこで，上昇したフロートの位置をテーパ管の目盛りで読み取ることによって，ガスの流量を知ることができる．

図8・11 ガス流量計の動作原理

スが減って内圧が下がっても一定の二次圧力を保つのが，圧力調整器の仕事である．

ガス流量計は，圧力調整器の下流に取り付けられ，トーチのノズルから噴出するガス流量を適切に設定するために用いられる．図8・10にガス流量計付き圧力調整器の例，図8・11にガス流量計の動作原理を示す．

透明な円形断面のテーパ管内に球が入っており，管内をガスが下から上へ流れると，その圧力で球が上昇し，このとき生じた球と管とのすき間をガスが通過して流れるようになっている．上昇した球の高さで毎分のガス流量（l/min）が指示される．

（5） リモコン装置

これは，"溶接電流"，"パルス電流"，"クレータ電流" などの溶接条件の調整を手元で行えるようにしたもので，図8・12にティグ溶接用リモコン装置の例を示す．

（6） 冷却水循環装置

これは，水冷式トーチを用いる場合に，トーチ本体やシールドノズル，チップおよびケーブルを冷却して，長時間の連続溶接を可能にするためのもので，ウォータタンクとポンプを備え，水の便の悪い場所でも使用できるようになっている．図8・13は，強力なポンプ機能を備え，高所での作業時にも移動する必要なく冷却水を供給できるウォータタンクの例である．

図8・12 リモコン装置

図8・13 水冷式トーチ用ウォータタンク

8・3　ティグ溶接機に必要な機能

（1）プリ フロー

前節（2）項でも説明したように，アークがスタートする前に，トーチのノズルからシールド ガスを噴出させておき，アーク発生時にタングステン電極棒や溶接開始点の母材が酸化するのを防ぐための機能がプリ フローである．プリ フロー時間，つまりトーチ スイッチを押したときにシールド ガスが流れ始めてから実際にアークが発生するまでの時間は，溶接機に備えられたタイマにより，0.1秒単位で調節することができる．プリ フロー時間は 0.3 〜 0.5 秒に設定されるのがふつうである．

（2）高周波

ティグ溶接では，タングステン電極を母材と接触させずにアーク スタートをする非接触方式を用いるのがふつうである．そのために，電極と母材間にあらかじめ高圧の高周波電圧を加えておき，これをもとにアークを発生させる．その機能を担うのが高周波発生回路である．詳しくは，前節（2）項を参照してほしい．

（3）クレータ処理

クレータは，外観を損なうだけでなく溶接割れなどの欠陥にもつながるので，十分に埋めておく必要がある．クレータを埋める操作をクレータ処理（**クレータ フィラ**）と

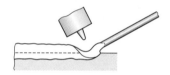

① 溶加材を多めに添加してアークを切る．

② 直ちにアークを出し，やや少量の溶加材を添加した後，再度アークを切る．

① クレータ電流に切り替えてプールを縮小し，溶加材を多めに添加して余盛を高くする．

② クレータ電流でプールを冷却しながら適宜溶加材を加え，余盛の形が整ったら，すばやくアークを切る．アフター フローが終わるまでトーチを動かさない．

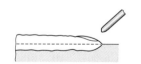

③ 上の操作を，アークの発生時間と溶加材の添加量を徐々に減らしながら繰り返し，余盛の形を整える．

（a）クレータ フィラ機能なしの場合　　（b）クレータ フィラ機能ありの場合

図8・14　クレータ処理の方法

いう．

多くのティグ溶接機には，溶接終端部において溶接電流をあらかじめ設定されたクレータ（フィラ）電流まで下げ（ダウン スロープ），クレータ処理を行いやすくする機能が付いているので，これを利用する．クレータ電流は，溶接電流に対して約30％低く設定する．

クレータ フィラ機能をもたないティグ溶接機を用いる場合や，この機能を利用しない場合は，ビード終端部でアークをいったん切った後，直ちにアークを発生する動作を繰り返し，徐々にクレータ部を盛り上げる操作を行う．図8・14にクレータ処理の方法を示す．

（4） アフター フロー

プリ フローと逆に，アークの消滅後も一定時間シールド ガスを流し続け，まだ冷めていないタングステン電極棒端や母材のプールを大気の悪影響から保護する機能がアフター フローである．アフター フロー時間は，溶接電流や使用する電極棒の径により，最低5秒から最長30秒まで幅広く選択される．

8・4　ティグ溶接作業の準備

8・4・1　溶接の準備

（1） 母材の準備と前処理

練習に用いる母材は，アルミニウム，ステンレス鋼ともに手近にあるもので間に合わせてもよいが，技術検定試験の受検を想定して練習するのであれば，できれば材質，板厚，寸法いずれも規格に沿ったものを準備したいところである．

ここでは，JIS Z 3811 のアルミニウム溶接技術検定と JIS Z 3821 のステンレス鋼溶接技術検定それぞれにおける試験方法および判定基準に規定されている材料のうち，薄板試験材の材質，寸法を紹介する．

（i） アルミニウム　板の溶接には，JIS H 4000 に規定する A 5083 P-O またはこれと同等と認められる板材を使用する．

薄板の板厚は 3 mm で，寸法は 125×150 mm である．つまり，板の突合せ溶接の場合，この板を2枚並べて溶接することになる．長さは，練習の場合には適宜でよい．

（ii） ステンレス鋼　板の溶接には，JIS G 4304（熱間圧延ステンレス鋼板）または JIS G 4305（冷間圧延ステンレス鋼板）に規定する SUS 304，304L，316，316L のいずれかを，また固定管の溶接には，JIS G 3459（配管用ステンレス鋼鋼管）に規定する SUS 304TP，304LTP，316TP，316LTP のいずれかを使用することになっている．

ここでは，板は SUS 304，管は SUS 304TP を使用する．薄板の板厚は 3 mm で，寸法は 100×150 mm である．また，薄肉管の肉厚は 3 mm，外径は 80～100 mm である．

板材には，6章図6・49に示したような開先を加工し，開先面とその付近を清浄にする．とくに，母材面の前処理にシンナーやアセトンなどの有機溶剤を使用するときは，換気に注意し，中毒や爆発などを起こさないよう十分な配慮が必要である．

（2） シールドガスの準備

ティグ溶接用シールドガスとしては，JIS K 1105 に定められた溶接用アルゴンガスを準備する．ヘリウムガスは，アークの熱集中性を高めるはたらきがあり，熱伝導率の高い銅合金やアルミニウム合金の厚板の溶接，また，深い溶込みを得たいときなどに有効であるが，わが国では，高価なためにほとんど用いられない．

（3） タングステン電極棒の準備

タングステン電極棒については，4・4節に説明があるので参照してほしい．タングステン電極棒には，純タングステン（W），酸化トリウム（トリア；ThO_2）入りタングステン，酸化ランタン（La_2O_3）や酸化セリウム（CeO_2）入りタングステンなどの種類があるが，純タングステン電極棒は，アルミニウムを交流ティグ溶接する場合に用いられる程度で，ステンレス鋼などの直流溶接には酸化物入りタングステン棒を使用する．

ここでは，アルミニウム溶接用として3.2 mm径の酸化セリウム入りタングステン電極棒を，ステンレス鋼溶接用として2.4 mm径のトリア入りタングステン電極棒を用いる．いずれの場合も4・4節(3)項を参考にして，先端を正しい形状に研ぐことが大切である．

ここでは，図8・15に，継手の形状に対する電極棒の突出し長さの目安を示す．電極棒の突出し量が多すぎると，アルゴンガスのシールドが不十分になり，逆に少なすぎると，プールがノズルの陰になって作業性が悪くなるので注意する．

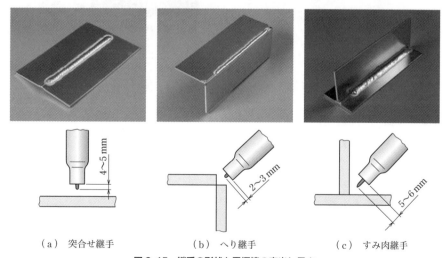

（a） 突合せ継手　　　（b） へり継手　　　（c） すみ肉継手

図8・15　継手の形状と電極棒の突出し長さ

(4) 溶加棒の準備

ティグ手溶接用溶加棒の種類については，4章に説明があるので参照してほしい．溶加棒は，溶接される母材の種類と等しい材質のものを使用するのが原則である．

ここでは，参考までに，前記技術検定に関する JIS に規定されている溶加棒の種類をあげておく．

（i） アルミニウム溶接用溶加棒　JIS Z 3232 に規定する A 5183-BY またはこれと同等と認められるものを使用することになっている．ここでは，棒径 3.2mm の A 5183-BY を準備する．

（ii） ステンレス鋼溶接用溶加棒　JIS Z 3321 に規定する Y 308, Y 308 L, Y 316, Y 316 L のいずれかを使用することになっている．ここでは，棒径 1.6 mm の Y 308 を準備する．溶加棒は，表面をアセトンなどの溶剤を含ませた布で拭いて清浄にしておく．

(5) 固定ジグと裏当ての準備

固定ジグと裏当ては，溶接作業中に溶接線のルート間隔を正確に維持し，溶接ひずみの発生を抑制する一方，溶融金属の溶落ちや，裏面の裏ビードの酸化を防止するために用いられる．とくにステンレス鋼の溶接では，熱膨張率が高いことから溶接ひずみが発生しやすく，また，裏ビード（裏当て金なしの突合せ溶接の場合）の酸化を防止するためにも，この固定ジグと裏当ては必需品である．図 8・16 は，バック シールド（ガス バッキングとも呼ぶ）機能付き固定ジグの例である（図 8・46 参照）．このバック シールド機能付き固定ジグを用いて，溶接部の裏面のガス シールドも行う場合には，バック シールド用のガス流量調整器およびガスホースの準備が必要になる．

図 8・16　バック シールド機能付き固定ジグ

(6) 保護具の準備

保護具としては，遮光プレート付きヘルメット，防じんマスク，溶接用皮手袋を準備し，正しく着用する．靴はなるべく皮製ゴム底の安全靴を準備したい．

8・4・2　溶 接 条 件

ティグ溶接で，ビードの形状に影響を与える 3 大要素は，溶接電流，アーク電圧および溶接速度である．このほか，溶接の結果に影響を及ぼす溶接条件としては，電極棒の径，溶加棒の材質と直径，シールド ガスの流量などがある．

(1) 溶接電流

溶接電流は，溶込みの深さを左右する最大の因子であるが，溶込み深さは，図 8・17 に示すように，溶接速度にも関係があるので，母材の溶融状態を見ながら調整する．適正な電流を見つけるための一つの方法に，アークを発生後 2～3 秒間トーチを停止させ

ておき,アークの直下に直径3～5 mmのプールが形成されれば良好というものがあるので,目安として参考にしてほしい.

(2) アーク電圧

アーク電圧は,アークの長さに比例するので,アークが長くなればアーク電圧も上昇する.

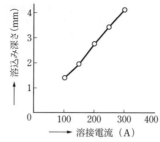

〔溶接条件〕
電極:2%トリア入りタングステン(棒径φ2.4,先端角45°)
電極-母材間距離:1.5 mm
溶接速度:75 mm/min
母材材質:鋼

(株)ダイヘン:TIG溶接施工の基礎より

図8・17 溶接電流と溶込み深さとの関係

アーク電圧は,図8・18のように,ビードの幅と溶込みの深さに影響を及ぼすので,ビード幅と溶込みが均一なビードを置くためには,アークの長さに注意を払い,均一に保つことが大切である.同図は,アーク長さと溶込み形状との関係を示すものである.

薄板溶接の場合,アーク長さを決めるための目安として,図8・19のように板厚とほぼ同じにして溶接を行ってみて,後はこれを基準にして微調節するとよい.

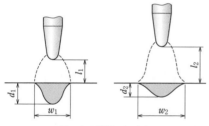

・アークの長さ:$l_1 < l_2$
・溶込み深さ:$d_1 > d_2$
・ビード幅:$w_1 < w_2$

図8・18 アーク長さと溶込み形状との関係

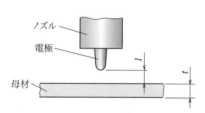

薄板の場合,アーク長さ $l ≒ t$ 板厚とし,これを基準に微調整する.

図8・19 アーク長さの目安

(3) 溶接速度

溶接速度はビードの幅と溶込みの深さに影響する.図8・20に示すように,溶接速度が速くなると,ビードの幅はせまくなり,溶込みも浅くなる.作業の能率を上げようとして,溶接電流を上げ,溶接速度を速くすると,アークの吹付け力で溶融金属が押され,アンダカットや不ぞろいビードの原因になるので,あまりすすめられない.

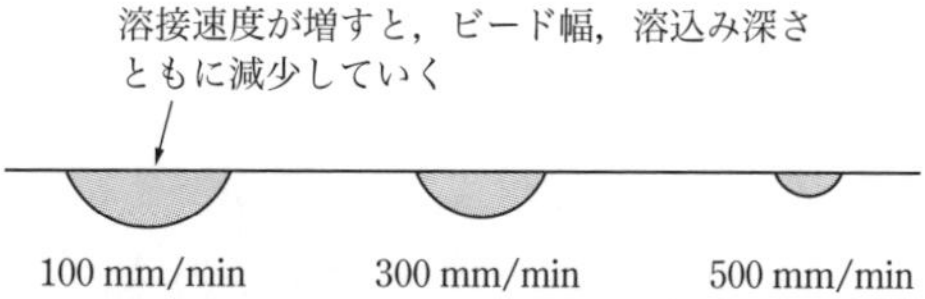

ティグ手溶接の標準的な溶接速度は,100～500 mm/minの範囲で,ここから諸条件に従って適宜選択さ

溶接速度が増すと,ビード幅,溶込み深さともに減少していく

100 mm/min   300 mm/min   500 mm/min

図8・20 溶接速度とビードの断面形状との関係

表 8·2 一般的なティグ手溶接の条件

材質	板厚 (mm)	電極棒径 (mm)	溶加棒径 (mm)	電流 (A)	アルゴンガス流量 (l/min)	層数	開先の形状*
ステンレス鋼 (直流・棒マイナス)	0.6	1, 1.6	～1.6	20～40	4	1	A, B
	1.0	1, 1.6	～1.6	30～60	4	1	A, B
	1.6	1.6, 2.4	～1.6	60～90	4	1	B
	2.4	1.6, 2.4	1.6～2.4	80～120	4	1	B
	3.2	2.4, 3.2	2.4～3.2	110～150	5	1	B
	4.0	3.4, 3.2	2.4～3.2	130～180	5	1	D, C
	4.8	2.4, 3.2, 4	2.4～4.0	150～220	5	1	D, C
	6.4	3.2, 4, 4.8	3.2～4.8	180～250	5	1～2	A, C
アルミニウム (交流)	1.0	1.6	～1.6	50～60	5～6	1	A, B
	1.6	1.6, 2.4	～1.6	60～90	5～6	1	B, A
	2.4	1.6, 2.4	1.6～2.4	80～110	6～7	1	B
	3.2	2.4, 3.2	2.4～4.0	100～140	6～7	1	B
	4.0	3.2, 4	3.2～4.8	140～180	7～8	1	B
	4.8	3.2, 4, 4.8	4.0～6.4	170～220	7～8	1	B
	6.4	4, 4.8	4.0～6.4	200～270	8～12	1～2	C, D

〔注〕*開先の形状

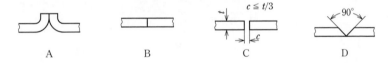

A   B   C   D

れる．表 8·2 に，アルミニウムおよびステンレス鋼をティグ溶接するときの一般的な溶接条件を示す．

8·4·3　ティグ溶接装置の接続と点検・準備作業

(1) ティグ溶接機の接続
ティグ溶接機を接続する際に注意すべき点をまとめておく．
① 接続は，入力側配電盤の開閉器を必ず切ってから行うこと．
② 溶接機の入力端子へのケーブル接続時は，確実に締め付けること．
③ 安全のため，溶接機の入力側には必ずヒューズ付き開閉器またはノー ヒューズブレーカを設置すること．
④ 溶接機のケースは，断面積 14 mm^2 以上のケーブルによって確実に接地すること．なお，入力側の配線工事や接地工事は，電気工事士の資格を有する者が行わなければならない．
⑤ 溶接機を，工事現場など湿気の多い場所や，鉄板・鉄骨などの上で使用するときは，漏電ブレーカを設置すること（労働安全衛生規則第 333 条，電気設備技術基準第 41 条）．
⑥ 出力側ケーブルには，被覆に損傷のない，JIS C 3404（溶接用ケーブル）に規定されたキャブタイヤ ケーブルを使用し，接続部を確実に締め付けたうえ，金属の露出

表8·3 ティグ溶接機に必要な電源設備とケーブル類の寸法

容 量	相 数 (電 圧)	設備容量 (kVA)	配電箱の容量		入 力ケーブル (mm^2)	出力ケーブル (母材側ケーブル) (mm^2)	接地ケーブル (D種接地) (mm^2)
			ヒューズ (A)	漏電ブレーカ, またはノーヒューズブレーカ (A)			
200 A 機	三相 (200 V)	8.3 以上	30 以上	30 以上	8 以上	38 以上	14 以上
300 A 機	〃	14 以上	50 以上	50 以上	14 以上	38 以上	〃
500 A 機	〃	27 以上	100 以上	100 以上	22 以上	60 以上	〃

部には絶縁テープを巻くこと.

表8·3は,代表的な容量のティグ溶接機に必要な電源設備と,ケーブルのサイズを示すものである.

(2) ティグ溶接装置の点検と準備作業

溶接機の接続がすんだら,各機器類の点検を行い,実際にアークを発生させるまでの準備を行う.以下に,ICサイリスタ制御形の交流・直流両用ティグ溶接機を用いて,アルミニウムのティグ溶接を行う場合を例にとり,その点検と準備作業確認を行う際の手順を示す.ただし,溶接機の機種によって操作手順は異なるので,くわしくは,各機種に付属している取扱い説明書に従う.

① シールドガスの回路を点検し,アルゴンガス容器の容器弁を静かに開く.
② 溶接機の一次側ケーブルが確実に接続されているか確認する.
③ 同じく二次側回路の接続ケーブルの状態を確認する.
④ 溶接トーチのケーブルが陰極(マイナス)側に接続されているか確認する.
⑤ トーチスイッチのケーブルを点検する.
⑥ 母材側のケーブルが陽極(プラス)側に接続されていることを確認する.
⑦ トーチの冷却方式を"空冷"にする.
⑧ 一次側の電源スイッチを入れ,前面パネルのパイロットランプで確認する.
⑨ 溶接機の制御電源スイッチを入れる.
⑩ 交流・直流切替えスイッチを交流側にする(アルミニウムの場合).
⑪ 溶接電流を 100〜120 A に設定する.
⑫ クリーニング幅を"標準"にセットする.
⑬ クレータ電流を 40 A に設定する.
⑭ シールドガス流量を,12 l/min に設定する.
⑮ 溶接機の制御電源スイッチをいったん切り,トーチの点検を行う.
⑯ トーチのノズルを外し,割れや損傷がないか点検する.
⑰ タングステン電極棒の先端形状を点検する.
⑱ コレット(タングステン電極棒を固定,保持する部品)に損傷がないか点検し,トーチを組み立てる.
⑲ 電極棒のノズル先端からの突出し長さは約 5 mm にする.

⑳ 溶接機の制御電源スイッチを再び入れる．
㉑ アーク出しテストを行う．
㉒ 最適な溶接条件に設定し直す．

8・5　アルミニウム溶接の基本練習

（1）アークの発生とトーチの操作

まず，板厚約 3 mm のアルミニウム板をワイヤ ブラシでよく磨き，さらに，溶剤を用いて磨いた場所を脱脂する．溶接電流を 120 A にセットする．

（ⅰ）クレータ処理なしの場合　一般的な方法は以下のとおりである．

① 溶接機のパネル前面のクレータフィラ切替えスイッチを"無"側にする．この状態では，トーチ スイッチを押すとアークが発生し，スイッチを解放するとアークが消える．

② ノズルを図 8・21（a）のように水平に近い状態に倒して母材表面に近づけ，電極棒の先端が母材に触れないように注意しながら，トーチ スイッチを押してアークを発生させる（図 8・22）．

③ アークが出たら，トーチを約 80°の角度に起こすが，このときも絶対に電極棒を母材に触れさせてはいけない．

④ アークの長さを 3 mm 程度に保ち，直径 7〜8 mm のプールができたところでトーチ スイッチを解放してアークを切る．アークが消えても，シールド ガスの噴出（アフター フロー）が止まるまでトーチを動かさないようにする．

⑤ シールドの状態が適切であったかどうかを判断する．電極の先端やプールを観察し，どちらも銀白色に光っていれば良好である．

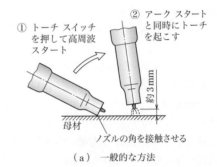

（a）一般的な方法

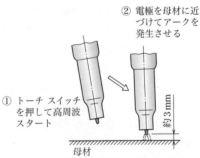

（b）高周波スタート方式を用いる場合の方法

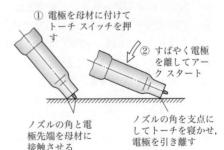

（c）高周波スタート方式を用いない場合の方法
　　（接触アーク スタート法）

図 8・21　アーク スタートの方法

　　　（a）アーク スタートの準備　　　　　　　（b）アーク スタート
　　　　　　　　　図 8・22　アーク スタートのかまえ方

（ii）クレータ処理ありの場合

① 溶接機のクレータ フィラ切替えスイッチを"有"側にする．この状態では，トーチ スイッチを押すとアークが発生するが，スイッチから指を離しても消えない．

② 溶接が終わりに近づいたころに再びスイッチを押すと，溶接電流よりも低いクレータ電流に移行（ダウン スロープ）し，クレータを埋める作業が行われる．

③ クレータ処理が終わったら，スイッチを放してアークを切る．アフター フローが止まるまでトーチを動かさないのは同じである．

（2）溶加棒を用いないストリンガ ビードの練習

アークがうまく出せるようになったところで，トーチを横に移動させてビードをつくる練習を行う．はじめはトーチの操作に慣れるため，溶加棒を使わずにやってみる．

① ビードを置く予定線上をワイヤ ブラシでよく磨き，さらに溶剤で脱脂する．溶接電流は 100 A にセットする．

② 板の端から 15〜20 mm 内側の母材面上でアークを発生させ，トーチを約 80°に起こしながら溶接開始点にもどす．繰り返し述べるが，ここでタングステン電極の先が母材に触れないように注意する．アークの長さは 4 mm 程度に維持し，プールが十分に広がるまで停止させておく．

③ プールの直径が 7〜8 mm になったのを見きわめて，トーチを横一直線に移動させていく．このときの注意点は，アークの長さやトーチの保持角度を途中で変えないこと，プールの幅が一定になるようにトーチの移動速度を微調整することの二つである．

④ 終端部でトーチ スイッチを放してアークを消し，アフター フローが止まるまでしばらく停止した後，トーチを母材から離す．

⑤ 以下の点について，ビードを検査する．

まず，この練習は，溶加材を使う前段階として，板をよく溶かし込むのが目的であるから，板が十分に溶けていることが最も大切である．

つぎに，ビード幅が一定になっているかどうか検査する．

ついでに，ビード表面の色から，シールドがよく行われてどうか，またビード外側の母材面を見て，クリーニング幅も適切であるかどうかチェックしておく．

この練習は，クレータ フィラ"有"でも十分に練習しておく．

（3） 溶加棒を用いたストリンガ ビードの練習

母材はいうまでもないが，溶加棒の表面にも手あか（垢）や油脂などが付いていると，ブロー ホールの原因となるなど，よい溶接結果が得られないので，溶剤を用いて十分に脱脂しておく．溶接電流は 100 A にセットする．

① まず，溶加棒を手送りする練習をする．溶加棒は，図 8・23 のように軽く保持し，親指を上手に使って，先端部をプールに送り込む．

② アークの発生から始端部でプールを形成させるまでは，前項（溶加棒を使わないビード練習）と同じである．

③ プールが十分な大きさになったら，図 8・24 に示すように，トーチと溶加棒を 15 ～ 20°の角度に保持し，溶加棒の先端をプールの先端部に浸（つ）

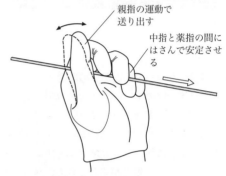

図 8・23　溶加棒の保持の仕方と送り方

け，溶けた溶加棒の先端部をプールに吸収させるような感じで溶かし込んでいく．

ここで注意することは，溶加棒の先端をアークの真下まで差し入れず，アークから遠いプールの先端に触れさせること，溶加棒を電極棒に触れさせないこと，溶かし込んだ後，溶加棒の先端をシールド ガス流の外へ出さないことである．

④ 溶加棒を添加する間，トーチをわずかに停止させておく．適量の溶加棒が添加されたらすばやくプールから引き抜き（ただし，先端をシールド ガスのシールド範囲の外へ出さない），同時にトーチを前進させて，添加された溶加材をプールになじませる．

⑤ プールが落ち着いたら，その先端部に再度，溶加棒を添加する．この動作を一定のリズムで繰り返して溶接を進行させる．

⑥ 溶加棒は，溶けるに従って先端から短くなっていくので，それに遅れないように送り込む必要がある．プールの幅につねに注意を払い，これが一定になるように，トーチの前進と停止（溶加棒がプールに添加されている間），溶加棒の溶かし込み量を調節する．

⑦ 終端部が近づくと，熱の逃げ場が失われるため，板の温度が上昇してプールの幅が拡大される傾向がある．そこで，溶接速度を徐々に上げてビード幅を一定に保ち，また，偏平ビードになるのを防ぐために，溶加棒の添加タイミングを速める．

⑧ 板端では，クレータを十分に埋めてからアークを切る．

8・5 アルミニウム溶接の基本練習 | 191

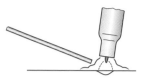

① アーク スタート後,トーチを静止させて,プールが広がるのを待つ(大きなプールをつくりたいときは,トーチに小さな回転運動を与えてもよい).

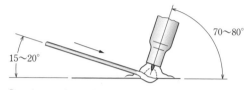
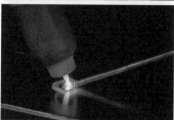

② プールが十分な大きさになったら,プールの先端付近に溶加棒を差し込み,先端を溶かし込む.

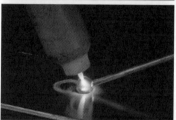

溶加棒の先端の酸化を防ぐため,棒端をシールド ガスの雰囲気の外に出さない

③ 希望の余盛高さ以上になるまで溶加棒を入れたら,プールから引き抜き,これと同時にトーチを余盛上に前進させて,盛上がりをプールになじませる.

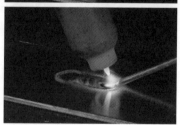

④ プールに再び溶加棒を添加する.以下,この動作を繰り返す.

図 8・24 溶加棒を用いたストリンガ ビードの要領

(4) ウィービング ビードの練習

溶加棒の使い方に慣れたら,その応用操作としてウィービング ビードの練習を行う.

ウィービングの目的は,ストリンガ ビードよりも幅の広いビード(図 8・25)をつくることにあるが,ウィービングの振り幅は,あくまでもプールの範囲内に収めるのが鉄則で,また,十分なガス シールドを確保するためにも最大で 5 mm 程度とする.

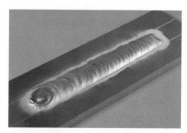

図 8・25 ウィービング ビード

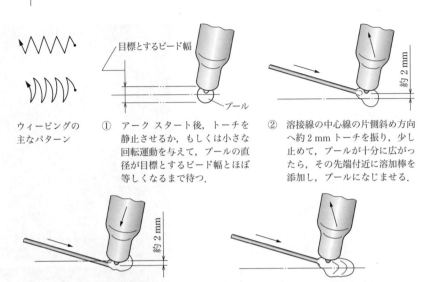

図 8・26 ウィービングのパターンと操作

ウィービングビードの操作方法はつぎのとおりである（図 8・26）．

① まず，ストリンガビードの練習とまったく同じ要領で板端にプールをつくる．

② プールが十分に広がったところで，トーチを溶接線の中心線をはさんだ対岸方向に移動し，ここで溶加棒を適量添加する．このとき，せっかくつくったプールの外にアークを飛び出させてはならない．

③ トーチをわずかに止めて，添加した溶加棒を止端部になじませる．

④ よくなじませたら，今度はすばやく反対側の止端に移動し，ここでまた適量の溶加棒を添加する．ここでもトーチをこころもち停止させて，加えた溶加棒を止端部によく溶かし込む．この操作を手ぎわよく繰り返していく．

この練習では，ウィービングの振り幅とピッチを一定にすることが大切で，また，偏平ビードや陥没ビードにならないように注意する．

（5）クレータの処理

クレータは溶接欠陥の温床となる場所なので，ていねいに埋めておく必要がある．クレータを埋める操作については，8・3 節（3）項を参照し，十分に練習してほしい．

（6）ビード継ぎ

ビード継ぎは，ビードの外観や溶接品質の低下をもたらすので，よほど溶接線が長いときは別として，なるべくやらないのが望ましい．やむを得ずビード置きを中断して，

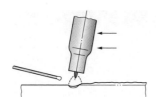 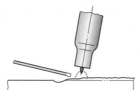 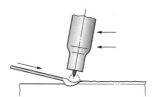

① ビードを中断する部分で，トーチの送りを意識的に速くし，やや先細りのビードを置いて，クレータを埋めずにアークを切る．

② クレータの手前，ビードが細くなり始めるあたりでアークをスタートし，ビード幅と高さの不足分に見合う溶加棒を添加しながら溶接を再開．

③ 前ビードのクレータ部を通過するときは，よく溶かし込むとともに，十分な量の溶加棒を添加．

図 8・27 ビード継ぎの要領

その後に再開するときはつぎのように行う．

① 溶加棒の不足その他の理由で，溶接を中断せざるを得ない地点が接近したら，徐々に溶接速度を速め，同時に溶加棒の添加量を減らして，図 8・27 のように，ビードの端末付近を先細りで背の低い形状にし，クレータを埋めずに溶接を中断する．

② ビード置きを再開するときは，中断地点の手前 15〜20 mm でアークをスタートし，前ビードをよく溶かすとともに，不足しているビード高さと幅に見合った分量の溶加棒を添加しながら溶接を進める．とくに，前ビードのクレータ部を通過するときは十分に再溶融することが大切である．

8・6 アルミニウム溶接の実技

8・6・1 薄板の水平すみ肉溶接の実技

（1） 練習板と溶加棒

板は板厚 3 mm の A 5083 P-O を 2 枚準備する．寸法は適宜とする．

溶加棒は棒径 3.2 mm の A 5183-BY を準備する．

板はあらかじめ溶剤で脱脂処理を行い，また，溶接線の付近をステンレス製のワイヤブラシでよく磨いておく．溶加棒も板と同様に脱脂し，以降は素手で触らないようにする．

電極棒の突出し長さは，やや長め（6 mm 程度）にする．

（2） 開先の加工と仮付け

① 水平すみ肉溶接でも，突合せ溶接と同様に，薄板の場合はとくに開

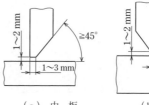 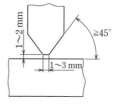

（a） 中板　　　（b） 厚板

図 8・28 中・厚板の水平すみ肉溶接の開先加工例

先の加工は必要ないが，中・厚板の場合には，図8・28に示すような開先を加工する．

② 2枚の板を直角に組み合わせ，仮付けを行う．まず，溶接線の裏側のほぼ中央を仮付けする．

③ つぎにスコヤなどを用いて直角に修正し，板の両側端部から約10 mm 内側をしっかりと仮付け溶接する（図8・29）．

④ 仮付けがすんだら，再度，溶接線付近を脱脂し，磨いておく．

図8・29 薄板の仮付け

（3） 溶接条件

溶接電流は 120 A とする．

（4） 本溶接

① 被覆アーク溶接のときも同様であったが，水平すみ肉溶接では，どうしても立板側に熱が集中し，先に溶けてしまう傾向があるので，アークのねらい位置は，コーナ部よりもやや手前の水平板側に移す．

② そして，水平板を6，立板を4の割合で加熱する気持ちで，両方の板に同時にプールを形成するように心がける．

③ プールが十分に形成されたところで，トーチを図8・30の角度に保持して溶接を開始する．水平すみ肉溶接では，ルート部に溶込み不良を生じさせないよう，アーク長さは極力短く保ち，母材を十分に溶かし込むことが大切で，決して溶加材を溶かし込むことを優先させてはならない．

図8・31に薄板のすみ肉溶接の例を示す．

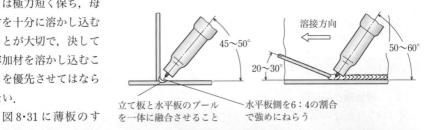

図8・30 薄板の水平すみ肉溶接におけるトーチと溶加棒の保持角度

（a） かまえ方

（b） 溶接中

（c） 完成（すみ肉継手）

図8・31 薄板すみ肉溶接の例

（5） ビードの検査

① 溶接開始点が母材とよく融合しているか．
② ビード幅，脚長がそろっているか．
③ 立て板側にアンダカット，水平板側にオーバラップがないか．
④ クレータ処理は十分に行われているか．
⑤ ルート部がよく溶け込んでいるか（板の裏面の変色具合を見て判断する）．

8・6・2　薄板下向き突合せ溶接（TN-1F）の実技

この項からは，JIS Z 3811（アルミニウム溶接技術検定における試験方法および判定基準）に基づいて，（一社）軽金属溶接協会が実施している評価試験をモデルに，その練習方法の一例を紹介する（図8・32）．

母材の準備と前処理については，8・4・1項(1)を，実技試験の種類を表す記号については，6・3節を参照してほしい．

ただし，最初のTはTIG溶接のTである．

図8・32　アルミニウムの突合せ溶接の練習

以下に，薄板下向き突合せ溶接（TN-1F）の実技を説明する．

（1） 練習板（試験材）と溶加棒

板は板厚3 mm，125×150 mmのA 5083 P-Oを2枚準備する．
溶加棒は棒径3.2 mmのA 5183-BYを準備する．
すみ肉溶接のときと同じく，板は，アセトンなどの溶剤を用いて十分に脱脂処理をし，また，溶接線付近をワイヤブラシで研磨する．溶加棒の表面も溶剤でよく拭いておく．

板端のバリを取るため，および溶込みをより確実にするために，板端の上下角部に軽く面取りを施す．これは，V形開先を取るというほどのものではないので，削りすぎないように注意すること．

仮付けはつぎのように行う．

① 図8・33のように，ルート間隔を0.5～1 mmとって仮付けをする．

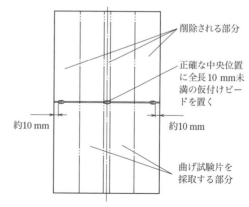

〔注〕　仮付けは裏面に行う．
図8・33　TN-1Fの仮付け

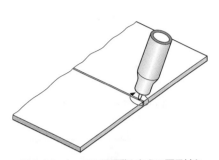

図8·34 トーチに円運動を与えて両母材を均等に溶かす

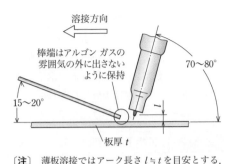

〔注〕薄板溶接ではアーク長さ $l ≒ t$ を目安とする.

図8·35 下向き溶接のトーチと溶加棒の保持角度

仮付けは,両端からそれぞれ10 mm 内側と中央の合計3カ所に裏側から行う.

② 中央の仮付けは,曲げ試験片の採取位置を避けるため,正確な中央位置に行い,また,長さも必ず10 mm 未満にする必要がある.

③ 板の目違いを修正した後,逆ひずみを約3°とる.

仮付けがすんだら,仮付けビード付近をとくに入念に,再度磨いておく.

タングステン電極棒のノズル先端からの突出し長さは,水平すみ肉溶接のときよりもやや短く,5 mm 程度とする.

(2) 溶接条件

溶接電流を120 A にセットする.

(3) 本溶接の要領

① 仮付けのすんだ練習板を,作業台上面から5 mm ほど浮かせて保持し,右側の仮付けビード上でアークを発生させる.

② アークが発生したら,すぐに板端までもどり,同時にトーチを約75°の角度に起こして,プールが形成されるまで待つ.このとき,両母材を均等に溶かすために,図8·34のように,トーチ先端に小さな円運動を与えてもよい.

③ プールの直径がおよそ8 mm 程度になったら,前節(3)項の要領で溶加棒の添加を開始する.

ここで注意することは,ビード幅が極力均一になるように,トーチの送りと溶加棒の添加タイミング,および添加量を微調整することである.

トーチと溶加棒の角度,位置関係は図8·35のとおりである.

添加された溶加棒がプールになじむ様子を見届けるのが,ここでのポイントである.

形成されたプールの先端付近に溶加棒を挿入し,先端をプールに吸収させる感じで添加する.溶加棒を引抜くと同時にトーチを数ミリ前進させ,溶加材で盛り上がったプールが落ち着いたところで,溶加棒を再度プールの先端に挿入する.その瞬間,トーチをわずかに止めておく.

溶加棒を引き抜く，トーチを進める，溶加棒を添加する，という一連の動作をリズミカルに，また遅滞なく行う．

④　終端が近づくにつれて板の温度が上昇し，溶落ちしたり，ビード幅が広がったりするので，徐々にトーチのスピードを上げるとともに，溶加棒の添加タイミングを速める．

⑤　終端部では，トーチ スイッチを押してクレータ電流に切り替え，クレータを埋める．

⑥　溶加棒の添加量を調節し，クレータ部の高さがビードの高さとほぼ均等になったところでスイッチを放し，アークを切る．

⑦　アフター フローが止まるまで，トーチをそのままの位置で保持する．

（4）ビードの検査

溶接がすんだらビードの検査をする．検査の重点項目はつぎのとおりである．

①　溶接の始点は，母材と溶加棒がよく融合しており，過度に盛り上がっていないか．
②　アンダカットやオーバラップがないか．
③　ビード幅が約 10 mm 程度で均一か．高さはおよそ 1 mm でそろっているか．
④　ビードの色はどうか（シールド状態が適切か）．ビードの波形は美しいか．
⑤　クレータ処理は十分に行われているか．
⑥　裏ビードは幅が 3〜4 mm，高さが約 2 mm 程度で，ともにほぼ均一か．
⑦　裏ビードにアンダカットやオーバラップがないか．

8・6・3　薄板立向き突合せ溶接（TN-1V）の実技

（1）練習板（試験材）と溶加棒
TN-1F の場合と同じである．

（2）溶接条件
溶接電流を下向き溶接よりも低く 100 A にセットし，これを基準に微調整する．

（3）本溶接の要領
①　練習板は，適切なジグを用いて，溶接線全長にわたって無理なく溶接できる高さで，垂直に固定する．

溶接姿勢を図 8・36，トーチと溶加棒の保持角度を図 8・37 に示す．

②　アークの発生から溶加

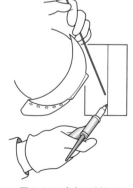

図 8・36　立向き溶接のかまえ方

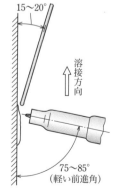

図 8・37　立向き溶接のトーチと溶加棒の保持角度

棒の添加開始までの過程は，下向き溶接の場合と基本的に同じである．

③　板の下端寄りの仮付け上でアークを発生させ，トーチを起こしながら下端に移動してプールをつくる．プールの直径が 8 mm 程度になったところで，最初の溶加棒を添加してストリンガビードを開始する．溶融量が多すぎると垂下がりが起こるので，プールをよく観察し，ビード幅，溶接速度を微妙にコントロールしながら上進する．

④　終端では十分にクレータ処理を行う．

(4) ビードの検査

溶接がすんだらビードの検査をする．

① 表ビードでは，まず溶接始点の融合状態を検査する．
② ビード幅が 10 mm，高さが 2 mm 程度で均一か．垂下がりがないか．
③ アンダカットやオーバラップがないか．
④ クレータ処理は十分に行われているか．
⑤ 裏ビードは幅が 4 mm，高さが 2 mm 程度で均一に出ているか．
⑥ 裏ビードのアンダカットやオーバラップがないか．

8·6·4　薄板横向き突合せ溶接（TN-1H）の実技

(1) 練習板（試験材）と溶加棒

TN-1F の場合と同じである．

(2) 溶接条件

TN-1V の場合と同じく，溶接電流を 100 A にセットする．

(3) 本溶接の要領

①　横向き溶接のかまえ方を図 8·38 に，トーチと溶加棒の保持角度を図 8·39 に示す．練習板に対する身体の位置は，溶接線の全長にわたってトーチと溶加棒の保持角度を一定に維持できるように工夫する．

②　アークの発生から溶接の開始までの要領は，下向き，立向きの場合にならう．ポ

図 8·38　横向き溶接のかまえ方

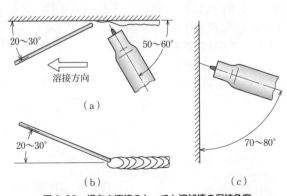

図 8·39　横向き溶接のトーチと溶加棒の保持角度

イントは溶接金属の垂下がりを防ぐことで，そのため，トーチは図8·39(c)のようにやや仰角に保持し，溶融量が過大にならないように溶加棒の添加量，最大ビード幅と溶接速度をコントロールする．

③ 終端が近づいたら溶接速度を速める一方，溶加棒の添加ピッチも上げて，幅広ビードや溶落ちが生じるのを回避する．終端ではクレータ処理を十分に行う．

(4) ビードの検査
完成したビードの検査項目を以下に示す．
① 表ビードでは，まず溶接の始点の融合状態を検査する．
② ビード幅が約 10 mm，高さが約 1 mm で均一か．
③ 垂下がりがなく，波形がそろっているか．
④ アンダカットやオーバラップがないか．
⑤ クレータ処理は十分に行われているか．
⑥ 裏ビードは幅が 4 mm 程度で均一に出ているか．
⑦ 裏ビードにもアンダカットやオーバラップがないか．

8·7　ステンレス鋼溶接の基本練習

(1) アークの発生
① 母材の表面をワイヤ ブラシでよく磨き，さらに，溶剤を用いて磨いた場所を脱脂する．溶接電流は 70～80 A にセットする．
② アークを発生させたら，トーチを約80°の角度に起こす．
③ アークの長さを 4 mm 程度に保ち，直径 6 mm 程度のプールができたところで，トーチ スイッチを放してアークを切る．
④ アークを切った後，アフター フローが止まるまでトーチを動かさないようにする．

シールドの状態が適切であったかどうかを判断するには，電極の先端やプールを観察すればよい．どちらも銀白色に光っていれば良好である．

もしも，凝固したプールの表面が薄紫色に変色している場合は，シールドの不良が考えられるので，アルゴン ガスの流量やアフター フロー時間が不足していないかどうかチェックする．

アルミニウムのときと同じように，クレータ処理"有"，"無"いずれでも練習する．

(2) 溶加棒を用いないストリンガ ビードの練習
① ビードを置く予定線上をワイヤ ブラシでよく磨き，さらに溶剤で脱脂する．溶接電流は 70～80 A にセットする．
② 板の端から約 15 mm 内側の母材面上でアークを発生させ，トーチを起こしながら溶接開始点にもどす．ここでも，タングステン電極の先が母材に触れないように注意

する．

③ アークの長さは3～4 mm 程度に維持し，プールが直径6 mm 程度に広がったのを見きわめて，トーチを横一直線に移動させていく．このとき，アークの長さやトーチの保持角度を途中で変えないようにし，プールの幅が一定になるようにトーチの移動速度を微調整する．

④ 終端部に来たら，トーチ スイッチを放してアークを消し，アフター フローが止まるまでそのまま維持する．

⑤ でき上がったビードを検査する．溶接の開始点付近がよく溶けているか，ビード幅が一定になっているか，クレータの幅が適切で，十分に処理されているかどうかについて検査する．また，ビード表面の色を見て，シールドが十分に行われていたどうかチェックしておく．

この練習は，クレータ フィラ"有"でも十分に練習しておく．

(3) 溶加棒を用いたストリンガ ビードの練習

① 母材はもちろん，溶加棒の表面も，溶剤を用いて十分に脱脂しておく．溶接電流は70～80 A にセットする．

② アークの発生から始端部でプールを形成させるまでは，前項（溶加棒を用いないストリンガ ビードの練習）と同じである．

③ プールが十分な大きさになったら，トーチと溶加棒を図8・40 に示す角度に保持し，溶加棒の先端をプールの先端部に浸（つ）けて添加を開始する．ここでの要領や注意点は，8・5節(3)項のアルミニウムのときとまったく同じである．とくに，溶加棒の先端をアークの直下まで深く挿入しないこ

図8・40　トーチと溶加棒の保持角度

と，およびタングステン電極棒が母材や溶加棒に接触しないことに注意し，もしも触れてしまったときは，作業をいったん中止して，電極を研ぎ直す手間を惜しまないこと．

④ 溶加棒を添加し，余盛が十分な高さになったら，溶加棒をわずかに引き抜き，図8・41 に示すようにトーチを余盛の上に前進させて，これをプールになじませる．

⑤ プールが落ち着いたら，トーチをわずかに後退させ，プールの先端に溶加棒を挿入する．

トーチを前進させ，余盛をなじませる．トーチを後退させて，溶加棒を添加する．この一連の動作を滑りなくスムーズに行う．

このトーチの後退操作は，アルミニウムのような融点の低い合金の，しかも薄板の場合は必要ないが，鋼材や，やや板厚の大きな材料の溶接では行う場合がある．

⑥ 溶接がすんだらビードを検査する．検査のポイントは，溶接開始部の溶込みは良

8・7 ステンレス鋼溶接の基本練習

① アーク スタート後，トーチを静止させるか，もしくは小さな回転運動を与えて，プールが広がるのを待つ．

②の外観

④の外観

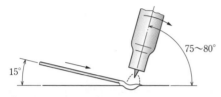

② プールが十分な大きさになったら，プール幅を一定に保って溶接を開始する．プールの先端付近に溶加棒を挿入し，その先端をプールに吸収させるような感じで溶かし込む．

⑤の外観

③ 余盛が十分な高さになったら，溶加棒をプールからわずかに引き抜き，同時にトーチを余盛の上に前進させて，盛上がりをプールになじませる．

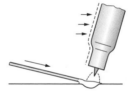

④ トーチを気持ち程度わずかに後退させて，溶加棒を再びプールの先端部に挿入する．

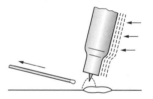

⑤ 溶加棒を引き抜くと同時に，余盛上にトーチを前進させる．以下④，⑤をリズミカルに一定の速度で繰り返し，溶接を進める．

図8・41 ストリンガ ビードの進行手順

好か，ビードの幅や高さが均一か，波形が美しくそろっているか，止端部にオーバラップやアンダカットがないか，クレータの幅が適切で，十分に埋めもどし処理が行われているかなどである．

（4） ウィービング ビードの練習

基本的には8・5節(4)項のアルミニウムの場合と同じである．

① まずストリンガ ビードの練習とまったく同じ要領で板端にプールをつくる．

② プールの直径が約8mmになったところで，トーチを溶接の中心線をはさんだ外側方向に約2mm移動し，ここで溶加棒を適量添加する．

③ 添加した金属をプールになじませながら，トーチを反対側に移動し，ここでまた適量の溶加棒を添加する．

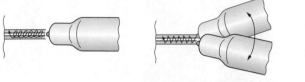

(a) らせん法　　　(b) ジグザグ法　　　(c) ローリング法

図 8·42　開先内初層のウィービング操作

④ 再び添加金属をなじませながら，トーチを対岸方向に移動させる．
⑤ この操作を手ぎわよく繰り返していく．

この練習では，ウィービングの振り幅とピッチを一定にすることが大切である．

⑥ 終端部では十分にクレータ処理を行う．
⑦ 検査項目は前項の場合と同じである．

なお，トーチに与えるウィービング操作の例を図 8·42 に示した．図(c)の，**ローリング法**と呼ばれる方法は，とくに裏当て金を用いない突合せ溶接において，開先内の初層の溶落ちを防ぐとともに，両母材を均等に溶かし，良好な裏波ビードを形成させるために有効な方法であるから，覚えておくとよい．

8·8　ステンレス鋼溶接の実技

8·8·1　水平すみ肉溶接の実技

（1）練習板その他

材質 SUS 304，板厚 3 mm，寸法 150 mm × 125 mm の板を 2 枚準備する．溶加棒は，棒径 1.6 mm の Y 308 を準備する．準備した溶加棒は，表面をアセトンなどの溶剤を含ませた布で拭いて清浄にしておく．

溶接線の裏側，板の端から約 10 mm 内側の 1 カ所を軽く仮止めした後，スコヤを用いて直角に修正し，他方の端部から 10 mm 内側をしっかりと仮付けする．つぎに，最初に仮止めした場所をしっかりと仮付け溶接する．

タングステン電極棒は，ノズル先端からやや長め（6 mm 程度）に突き出しておく．

（2）溶接条件

溶接電流を 80 〜 90 A にセットする．

（3）本溶接の要領

① トーチと溶加棒の保持角度を図 8·43 に示す．アルミニウムの水平すみ肉溶接のときと同様に，立て板側が先に溶ける傾向があるので，図に示すように，アークのねらい位置をやや水平板側に移す．

② アーク長さを極力詰めて，コーナの奥，ルート部をよく溶かし，立て板と水平板

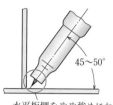 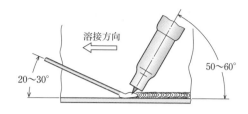

図8・43 水平すみ肉溶接のトーチと溶加棒の保持角度

が均等に溶け合うようにプールを形成して，溶接を継続していく．

③ 終端部ではクレータを十分に埋めもどす．

（4） ビードの検査

以下の点について検査する．

① 溶接開始点が母材とよく融合しているか．
② ビード幅，脚長がそろっているか．
③ 立て板側にアンダカット，水平板側にオーバラップがないか．
④ クレータ処理は十分に行われているか．
⑤ シールドの状態は良好か．
⑥ ルート部の溶込みは十分で均一か（板の裏面の変色具合を見ると，おおよその見当がつく）．

8・8・2　下向き突合せ溶接（TN-F）の実技

この項からは，JIS Z 3821（ステンレス鋼溶接技術検定における試験方法および判定基準）に基づいて，（一社）日本溶接協会が実施している評価試験をモデルに，その練習方法の一例を紹介する（図8・44）．上記の規格に規定されている試験のうち，ティグ溶接に関するものの試験材の板厚（管の場合は肉厚）はすべて薄板である．実技試験に用いられている記号の意味については，6・3節を参照してほしい．

(a) (b)

図8・44 ステンレス鋼突合せ溶接の練習

以下に，下向き突合せ溶接（TN-F）の実技を説明する．

（1）練習板（試験材）と溶加棒

板は SUS 304 の板厚 3 mm，寸法 100×150 mm のものを準備する．

板材には，図 8・45 に示すような開先を加工し，開先面とその付近を清浄にする．

図 8・45 開先の加工

溶加棒は，棒径 1.6 mm の Y 308 を準備し，その表面を溶剤で清浄にしておく．

板はルート間隔を 1 mm とり，両端と中央部の合計 3 カ所に，開先内で仮付けする．仮付けビードの長さは 7～10 mm とする．仮付け後に目違いを修正し，両面を丹念に磨いておく．逆ひずみはとらず，練習板をバックシールド機能付き固定ジグにセットする．裏面のシールド用ガスホースをジグに接続し，バックシールド用ガスの流量を 3～5 l/min に設定する．

タングステン電極棒のノズル先端からの突出し長さは，水平すみ肉溶接に比べてやや短い 5 mm 程度とする．

（2）溶接条件

溶接電流 70～80 A にセットする．

（3）本溶接の要領

ステンレス鋼は熱膨張係数が大きく，したがって，溶接ひずみも大きいので，本溶接は拘束ジグを用いて行う．ここでは図 8・16，図 8・46 に示すような，裏面のガスシールド機能のあるバックシールドジグを準備する．

① 右側の開先の，内側約 15 mm の位置でアークを発生させ，トーチを 70～80°の角度に起こしながら仮付け位置までもどり，プールを形成させる．このときトーチに軽い円運動を与えると，両方の母材を均等に溶かしやすい．溶加棒は，溶接線に対し約 15°に保持する．

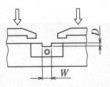 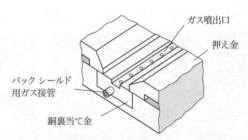

母材板厚 $t \leqq 2$ のとき（単位 mm）
裏当ての溝幅　$W = (2～3) \times t$
裏当ての溝深さ $W = (0.5～1.0) \times t$

〔注〕 1. W が広すぎると溶け落ちやすくなり，せますぎると裏波ビードが不均一となる．
2. D が深すぎると裏波ビードが酸化されやすくなる．
3. バックシールド用アルゴンガスの圧力が高すぎると，裏波ビードの形成が阻害されるので，圧力は最小限度に保つ．

図 8・46 バックシールド機能付き固定ジグ

②　プールの直径がおよそ 5 mm 程度になったら，溶加棒の添加を開始する．基本的な溶接の要領は，前節（3）項（溶加棒を用いたストリンガ ビードの練習）のとおりである．
③　開先角部をよく溶かし込み，ビード幅が一定になるように注意する．
④　終端部では十分にクレータ処理をする．

溶接は，薄板の場合，1層で仕上げるのが理想であるが，1層で裏波を十分に出し，さらに，開先内を完全に埋めて表ビードも完成させるのはかなり困難であるため，1層目では裏ビードを形成させることに専念し，その上に2層目のウィービング ビードを重ねて仕上げる方法をとる．

ウィービング ビードを重ねる場合は，前層ビードの表面および開先面をよく研磨してから行う．要領は前節（4）項のとおりである．図8・47に示すように，ウィービングのピッチをそろえ，トーチの振り幅は，開先幅の約1 mm 外側まで溶かすように心がける．

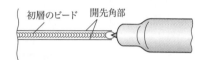

① 初層ビード上でアークを発生させ，プールが十分に広がるのを待つ．

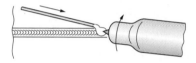

② 溶接線の中心から，片方の板の開先角部方向へトーチを振り，プールの先端に溶加棒を添加するとともに，開先角部をよく溶かし込む．

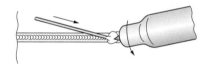

③ 反対側の板方向にトーチを振り，溶加棒を添加する一方，同様に開先角部を溶かし込む．

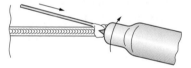

④ トーチを反対側に振って，溶加棒を加える．以上の操作をピッチ，振り幅が一定になるように注意して，リズミカルに反復する．

図8・47　ウィービング ビードの重ね方の要領

（4）　ビードの検査

溶接がすんだらジグから練習板を外し，以下の点についてビードを検査する．
①　溶接の始点はよく溶け込んでおり，過度に盛り上がっていないか．
②　アンダカットやオーバラップが生じていないか．
③　ビード幅が 9～10 mm で均一か．高さはおよそ 1 mm でそろっているか．
④　ビードの色はどうか（シールド状態が適切か）．ビードの波形は美しいか．
⑤　クレータ処理は十分に行われているか．
⑥　裏ビードは幅・高さともにほぼ均一か．
⑦　裏ビードのアンダカットやオーバラップがないか．
⑧　裏ビードのシールドは適切に行われているか．

8・8・3　立向き突合せ溶接（TN-V）の実技

（1）練習板（試験材）と溶加棒
TN-Fの場合と同様のものを準備する．

（2）溶接条件
溶接電流 70～80 A にセットする．

（3）本溶接の要領
アークの発生から溶接の開始までの手順は，下向きの場合と同様である．トーチと溶加棒の保持角度を図 8・48 に示す．

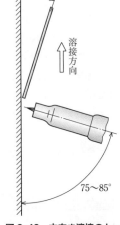

図 8・48　立向き溶接のトーチと溶加棒の保持角度

① 第1層目は，アーク長さとビードの幅を一定に維持して，ストリンガ ビードを置く．必要に応じてトーチに軽いローリング運動〔図 8・42(c) 参照〕を与えて，両母材を均等に溶かす．垂下がりが起きないように，溶融量と溶接速度を適切にコントロールし，終端部では十分にクレータを埋める．

② 第1層目のビード表面と開先面をよく磨いた後，第2層目のウィービング ビードを重ねる．前層のビード表面と開先角部をよく溶かし込むことに注意を払い，ウィービングのピッチをそろえて上進する．ビードの幅は，両止端が開先角部の約 1 mm 外側になることを心がけるが，溶融量を増やして下がりを生じないよう注意する．

終端部ではクレータ処理を十分に行う．

（4）ビードの検査
溶接がすんだら，以下の点についてビードの両面を検査する．
① 表ビードは，溶接の始点が母材とよく融合しているか．
② アンダカットやオーバラップが生じていないか．
③ ビード幅が 8～10 mm，高さは約 1 mm でそろっているか．
④ ビードの波形は不ぞろいになっていないか．
⑤ クレータ処理は十分に行われているか．
⑥ 裏ビードは幅 3～4 mm，高さ約 0.5 mm で，ともにほぼ均一か．
⑦ 裏ビードにもアンダカットやオーバラップがないか．
⑧ 裏ビードのシールドは，適切に行われているか．

8・8・4　横向き突合せ溶接（TN-H）の実技

（1）練習板（試験材）と溶加棒
TN-F の場合と同様のものを準備する．

（2） 溶接条件

溶接電流 70 ～ 80 A にセットする．

（3） 本溶接の要領

アークの発生から溶接の開始までの手順は，下向きの場合と同様である．トーチと溶加棒の保持角度は，図 8・49 に示すとおりである．

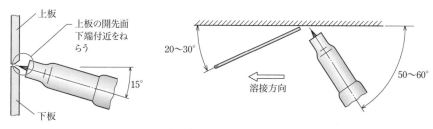

図 8・49　横向き溶接のトーチと溶加棒の保持角度

① 第 1 層目は，アーク長さ，ビード幅を均等に保って，ストリンガ ビードを置く．アークは，同図のようにルート部よりやや上方の，上板の開先面下部をねらい，上板側の溶込みを確保する．ただし，このとき，あまり上方をねらいすぎると，ルート部の溶込みが不足するので注意する．

② 第 2 層目は，ウィービング ビードを重ねる．とはいっても，横向き溶接の特性上，あまり幅の広いウィービング操作は原理的に困難であるから，トーチの振り幅はごく小さなものである．プールの先端付近に溶加棒を適量添加したら，溶加材で盛り上がったプールを，図 8・50 に示すように，トーチのローリングもしくはジグザグ運動により，開先内および前層ビード表面に薄く塗り広げ，溶融金属を開先壁になじませるような感じで溶接を進める．

棒の添加量が多すぎると，垂下がりが起こる．溶け幅は，開先角部の外側 1 mm を目標とする．

できるかぎり均一なピッチ，振り幅で，ビード幅を均等に維持するように心がける．終端部付近では溶接速度，棒の添加ピッチを上げ，終端部ではクレータを完全に埋める．

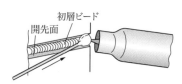

① 十分な大きさのプールをつくり，その先端部に適量の溶加棒を添加する．

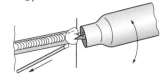

② トーチにローリングもしくはジグザグ運動を与えて，溶融金属を開先内に広げる．開先角部は約 1 mm 溶かす．その後プールの先端に，再度溶加棒を添加する．

図 8・50　横向き溶接第 2 層のウィービング

（4） ビードの検査

以下の点について両面のビードを検査する．

① 表ビードは，溶接の始点がよく溶け込んで

いるか．
　② 上板にアンダカット，下板にオーバラップが生じていないか．
　③ ビード幅，高さ，ビード波形がそろっているか．
　④ クレータ処理は十分に行われているか．
　⑤ 裏ビードは全長にわたって均一に出ているか．
　⑥ 裏ビードのアンダカットやオーバラップがないか．

9
ガス溶接とガス切断の実技

9・1　ガス溶接作業の実技

　可燃性のガスが，酸素の助けを借りて燃焼するときの高温を，金属材料の接合に利用するのがガス溶接である（図9・1）．ガス溶接をアーク溶接と比べたときの最大の長所は，火炎の強さを容易に調節することができ，また同じ強さの火炎でも，トーチを扱う手のさじ加減ひとつで，材料に対する入熱量をかなり自由にコントロールできることにある．

　この長所をうまく利用して，ガス溶接では，アーク溶接（とくに被覆アーク溶接）が苦手とする薄鋼板の溶接を比較的容易に行うことができるほか，強弱の火炎を利用して各種の"ろう付け"作業も行うことができる．

　反面，ガス溶接は，アーク溶接と違って厚板の溶接が能率的でなく，また薄板でも，溶接ひずみが起きやすいなどの欠点があり，一方のアーク溶接の分野でも，パルスティグ溶接法の開発などにより，極薄板まで美しく溶接できるようになってきたこともあって，金属材料の接合を目的とする"溶接"技法としてはマイナーな存在になってしまった．

　しかし，ガス溶接は，その取扱いさえ誤らなければ，簡単な設備で手軽に溶接作業を行なうことができ，また，トーチを専用のものと交換するだけで，そのまま，非常に

図9・1　ガス溶接

図9・2　ガス切断

能率のよい鉄鋼材料の切断法として利用でき（図9・2），そのほか，ガス溶接の火炎は，アーク溶接法の分野でも，母材の予熱や溶接部の後熱のための便利な熱源として利用できるので，覚えておいて絶対に無駄にならない技法である．

なお，この章で用いるガス圧力の単位は SI 単位の MPa であるが，ことガス溶接の分野においては，従来の kgf/cm^2 単位が広く浸透していたので，従来単位を併記しておく（3章でも解説したが，MPa はメガパスカルと読み，1 N/mm^2 のこと．N は力の SI 単位で，ニュートンと読み，1 kgf は約 9.8 N）．

また，本章に従ってガス溶接の実技を練習するにあたっては，あらかじめ労働安全衛

表9・1 ガス溶接技能講習学科の細目

講習科目	範囲	講習時間
ガス溶接などの業務のために使用する設備の構造および取扱いの方法に関する知識	ガス溶接などの業務のために使用する可燃性ガスおよび酸素の容器，導管，吹管，圧力調整器，安全装置，圧力計などの構造および取扱いの方法	4時間
ガス溶接などの業務のために使用する可燃性ガスおよび酸素に関する知識	ガス溶接などの業務のために使用する可燃性ガスおよび酸素の性状および危険性	3時間
関係法令	労働安全衛生法，労働安全衛生法施行令および労働安全衛生規則中の関係条例	1時間

図9・3 ガス溶接技能講習修了者が扱うことのできる設備

表9・2 ガス溶接技能講習実技の細目

講習科目	範囲	講習時間
ガス溶接などのために使用する設備の取扱い	ガス溶接などの業務のために使用する可燃性ガスおよび酸素の容器，導管，吹管，圧力調整器，安全装置，圧力計などの取扱い	5時間

補足説明 9　労働安全衛生法による"ガス溶接技能講習"について

1. 技能講習には学科と実技とがあり，これらの講習は，表9・1および表9・2に示す講習科目，範囲について，それぞれ所定の講習時間で行われることになっている．
2. ガス溶接技能講習修了者（ガス溶接作業主任者免許を受けていない者）が扱うことのできる設備は，可燃性ガスおよび酸素の容器，導管，吹管，圧力調整器，安全装置，圧力計など（図9・3）で，その業務内容は，"可燃性ガスおよび酸素を用いて行う金属の溶接，溶断または加熱"とされている．
　　また，"アセチレン溶接装置（アセチレン発生器を用いる）"や"ガス集合装置（9・1・3項参照）"を用いて金属の溶接，溶断，加熱を行うためには，各都道府県労働基準局長が実施するガス溶接主任者試験に合格して"ガス溶接作業主任者"免許を受けるか，もしくは受けている者の指示に従う必要がある．

生法に基づく"ガス溶接技能講習"を受講して，修了証を取得しておくことが必須条件となる．

9・1・1　酸素とアセチレンの性質

ガス溶接は，それ自体で燃える性質のあるガス（**可燃性ガス**）を，それ自体は燃えないが，他の物質が燃えるのを支援するガス（**支燃性ガス**）である酸素と混合し，これを燃焼させたときに発生する高熱で金属を溶解し，接合する技法である．可燃性ガスの仲間には，アセチレンガス，プロパンガス，ブタンガス，水素ガス，メタンガス，都市ガスなどがあるが，ふつうガス溶接というと，アセチレンガスと酸素を用いる**酸素-アセチレン溶接**（単純に**アセチレン溶接**ともいう）をさすことが圧倒的に多い（ガス切断では，価格の面で有利なプロパンガスも広く用いられている）ので，本章でも，酸素-アセチレン溶接に限定して説明することにする．

いずれのガスも，その取扱いを誤ると大変危険で，人命にかかわる重大な事故の原因となるので，それらの性質や正しい取扱い方をよく学び，安全第一で練習を行ってほしい．

（1）酸素とその性質

酸素（O_2）は，無味・無臭・無色の気体で，表9・3のように，大気中に約21％含まれている．比重は，空気を1とした場合に約1.1で，やや重い．それ自身は燃えたり爆発したりすることはないが，他の物質の燃焼を活発にする強い支燃性をもつのが特徴である．

空気も支燃性ガスの一種であるが，同表のように不燃性の窒素を80％近くも含むため，これがブレーキとなって，空気中での物質の燃焼は酸素中に比べて，通常ゆるやかである．

酸素というと，生物の呼吸に不可欠で，いつもお世話になっているものというイメージが先行し，危険性についてはあまり考慮されないことが多いが，酸素ガスにはつぎのような危険性があることを知っておく必要がある．

① 物質の燃焼速度を速くする．
② 物質の着火温度を低くする．
③ 可燃性ガスの爆発限界を広くする（表9・4）．
④ 酸素濃度の高い空気や純酸素は人体に有害である（逆に濃度が低すぎると酸欠の危険がある）．

表9・3　空気の成分

成分	容積比率(%)
窒　　素	78.10
酸　　素	20.98
アルゴン	0.93
二酸化炭素	0.03
水　　素	0.01

〔注〕地表付近における組成

表9・4　可燃性ガスの爆発限界

可燃性ガスの名称	爆発する範囲（容量%）	
	空気と混合した場合	酸素と混合した場合
アセチレン	2.5～100*	2.3～100*
水　　素	4.0～75.0	4.0～95.0
プロパン	2.1～9.5	2.2～57.0
ブ　タ　ン	1.6～8.5	1.8～49.0
メ　タ　ン	5.0～15.0	5.1～61.0

*アセチレンは，空気や酸素の容量割合が0％でも，点火源があれば爆発を起こす"分解爆発性ガス"である．

（2） アセチレンとその性質

アセチレン（C_2H_2）は，純粋なものはわずかにエーテル臭を含む無色のガスである．比重は，空気を1とした場合に約0.91で，やや軽い．アセチレンは，可燃性ガスの中でもとくに爆発しやすく，危険性の高いガスといわれているが，その理由の第一は，アセチレンが**分解爆発**という厄介な性質をもつことにある．これは，空気や酸素が希薄な状態でも，衝撃や圧力が加わったり，高温になったりすると，ただでさえ単純な化学式（C_2H_2）で表わされるアセチレンが，$C_2H_2 \rightarrow 2C + H_2$ という分解反応を起こして爆発するというものである．

この分解爆発は，高い圧力の下で起こりやすいので，0.13 MPa（約 1.3 kgf/cm^2）以下の制限圧力を守って使用しなければならない（労働安全衛生規則第301条）．

アセチレンガスの危険性について，以下にまとめておく．

① 空気や酸素と混合して爆発性混合ガスを形成する範囲（爆発限界）が非常に広い．

② 空気との混合割合にもよるが，発火温度が最低305℃と低く，発火に要するエネルギーも小さいので，危険である．

③ 反応性に富んでいて，湿度が高いと銀や銅と反応して，爆発性のあるアセチライドと呼ばれる化合物を形成する．この化合物は非常に不安定で，わずかな衝撃や加熱で爆発する性質があり，非常に危険である．したがって，アセチレンの配管やトーチには，銅の含有量の比較的低い黄銅が用いられている．ところで，トーチに取付ける火口には純銅が用いられているが，通常，これが接するのは純アセチレンでなく，酸素との混合ガスである場合がほとんどであり，また，火炎の熱でつねに乾燥状態にあるので，アセチライドが形成されることはない．

9・1・2　ガス容器とその取扱い

一般に高圧のガスは，鋼製のボンベ（正しくはガス容器という）に充てんされたものを使用する．ボンベには，充てんされるガスの圧力の大小により，たとえば酸素容器のような，継目のない一体構造の"継目なし容器"と，アセチレン容器のような，溶接により組立てられた"溶接容器"とがある．ボンベは，中身のガスの種類がわかるように，表9・5のように色分けされており，また，ガスの名前が大きく表示されている．いずれにしても，ガス容器には危険な物質が高圧で詰まっているわけであるから，取扱いには細心の注意が必要である．表9・6に主として溶接作業に用いられるガス容器の容積と充てん圧力を示す．

表9・5　ガス容器の色（高圧ガス保安法，容器保安規則第10条）

充てんガスの名称	酸素	水素	炭酸ガス	アセチレン	アンモニア	塩素	その他のガス
容器の色	黒	赤	緑	褐色	白	黄	灰（その上に白文字でガスの名称を書く．例：アルゴンガスなど）

表9·6 溶接や切断に用いる高圧ガス容器の容積と充てん圧力

ガスの名称	ガス容積	充てん圧力
酸　　素	（5000～7000 l）	35℃で 14.7 MPa （150　kgf/cm^2）
アセチレン	6～8 kg （5000～7000 l）	15℃で 1.52 MPa （ 15.5 kgf/cm^2）
プロパン	45～50 kg （3000～3200 l）	15℃で 0.69 MPa （ 7　kgf/cm^2）

（1） 酸素容器とその取扱い

酸素容器は容器本体，容器弁およびキャップからなる（図9·4，図9·5）．容器本体は，ややスリムな形の継目なし容器で，色は"黒"と決められている．充てん時の圧力は，35℃で 14.7 MPa（150 kgf/cm^2）である（150 kgf/cm^2 つまり 150 気圧が 14.7 MPa に相当する）．

容器弁には，ガス充てん口がおねじになっている通称ドイツ式と，めねじの通称フランス式とがある．容器弁には，温度上昇などにより，ガス圧力が異常に高くなった場合に備えて，安全装置が付いている．安全装置は薄板安全弁（破裂板）で，容器の耐圧試験圧力 24.5 MPa（250 kgf/cm^2）の 80％の圧力で作動するようになっている．

図9·4　酸素容器

キャップは，ボンベが転倒したとき，容器弁が破損するのを防止するためのもので，ガスを使用しないときやボンベを移動するときは，必ず付けておくことになっている．万一キャップの内部で容器弁からガス漏れが起き

図9·5　酸素容器のキャップ

たときの用心のため，キャップにはガス抜きの穴が設けてある．
酸素容器を取り扱うときの注意点を 3 項目に分けて，つぎにまとめておく．

（i） 酸素容器を保管するときの注意
① 直射日光の当たらない，風通しのよい場所で保管し，つねに 40℃以下に保つ．
② 貯蔵庫に入れる場合は不燃材製のものとし，倒れないように固定しておく．
③ 可燃物をそばに置かず，また可燃性ガスの容器とは別々の場所に保管する．
④ 使用ずみの空容器には，チョークで"カラ"などと明示して区別しておく．

（ii） 酸素容器を移動・運搬するときの注意
① 移動・運搬するときは，容器弁を保護するために，キャップを必ず取り付ける．
② 近距離を手で移動するときは，容器を自分の身体の方向に少し傾け，片手をキャップに，他方の手のひらを容器の肩に当てて容器を回転させ，底の縁で転がす．
③ 移動距離がやや長いときは，専用の運搬車や手押し車を使用する．
④ トラックの荷台に積むときは横に寝かせ，容器同士がぶつかり合わないようにクッション材をはさむとともに，ロープでしっかりと固定する．

(iii) 酸素容器を使用するときの注意

① 油が発火するおそれがあるので，容器弁のねじ部に絶対に注油しない．
② 容器弁は静かに開閉し，使用中，コック ハンドルを付けたままにしておく．
③ 作業を中止するときは，容器弁を確実に閉じ，キャップをかぶせておく．
④ 外部から空気が流入しないように，ガスを少し残した状態で返納する．
⑤ 長時間，炎天下で作業する場合など，ボンベの温度が上がらないように保護覆いを用いる（図9・6）．

（2） 溶解アセチレン容器とその取扱い

溶接に使用するアセチレン ガスは，アセチレン発生器から送られるものを用いる場合（この場合の溶接装置をアセチレン溶接装置といい，危険性も高く，今ではあまり用いられなくなった）と，溶解アセチレン容器に充てんされたものを用いる場合とがあるが，ここでは，圧倒的に多く使用されている溶解アセチレン容器に限定して説明する．

図9・6 酸素容器の保護覆い

溶解アセチレン容器（図9・7）も，容器本体，容器弁およびキャップからなる．容器本体は，継目のある溶接容器で，形は酸素容器に比べると太めで，背も低い．色は"褐色"である．溶接容器が用いられる理由は，充てん圧力が15℃で1.52 MPa（15.5 kgf/cm^2）と，酸素の場合と比べて大幅に低く，継目があっても不安がないためで，また，形がずんぐりしていて背が低いのは，使用中，アセチレンを溶解した有機溶剤が流出しないように，つねに立てて使用する必要があるからである．安定状態に立てておくため，本体の下部にスカート部がある．

図9・7 溶解アセチレン容器

容器の内部には，図9・8に示すように，"固形マス"と呼ばれる，けい酸カルシウムのかたまりが詰まっている．この固形マスは多孔質で，これに大量のアセチレンを溶解した有機溶剤を吸収させてある．有機溶剤としては，アセトン（CH_3COCH_3）やジメチルフォルムアミド〔$HCON(CH_3)_2$，DMFと略記される〕が用いられる．

図9・8 固形マス

溶解アセチレン容器の大きな特徴として，本体に複数の可溶合金栓（図9・9）が設けられている．これは，容器が高温にさらされたときに溶けて，内部のガスを放出するためである．可溶合金栓は，容器の肩と底部にあり，約

図9・9 可溶合金栓

105℃の温度で溶ける低融点合金が詰められている．スカート部に開いている複数の穴は，本体底部の可溶合金栓から，万一ガスが噴出したときの通路である．

容器弁には，酸素容器の場合と同じように，耐圧試験圧力 5.9 MPa（60.2 kgf/cm²）の 80％の圧力で作動する薄板安全弁が設けられている．溶解アセチレン容器を取り扱うときに注意すべき点を，3項目に分けてつぎにまとめておく．

（ⅰ）溶解アセチレン容器を保管するときの注意
① 万一ガスが漏れても滞留しないように，通風・換気のよい場所で保管する．
② 貯蔵庫を用いる場合は不燃材製のものとし，酸素容器の貯蔵庫とは分離する．
③ 溶解アセチレン容器は鉛直に立てて保管し，倒れないように鎖などで固定する．
④ 使用ずみの空容器には，チョークで"カラ"などと明示して区別しておく．

（ⅱ）溶解アセチレン容器を運搬するときの注意
酸素容器を運搬するときと基本的に同じ注意が必要である．ただ，溶解アセチレン容器を，酸素容器と同じトラックの荷台上でいっしょに運ぶのは好ましくない．

（ⅲ）溶解アセチレン容器を使用するときの注意
① 必ず立てて使う．横にすると，開いた容器弁からアセトンが流出して危険である．
② 容器弁付近でガス漏れが起きていないか，石鹸水などを用いて十分に調べる．
③ 容器弁は不必要に多く開かず，1.5回転以内にする．緊急時，直ちに弁を閉じられるよう，作業中は専用のレンチをスピンドルに付けたままにしておく．
④ 一時的にでも作業を中止するときは，容器弁をしっかりと閉じておく．
⑤ ガスは，完全に圧力が0になるまで使い切らず，少し残して容器を返納する．

9・1・3　ガス集合装置について

多人数の作業者が働く作業場で，それぞれの作業者が，個別に自分専用の酸素容器と可燃性ガス容器を用いて作業している場面を想像してほしい．これは，非常に不経済であるとともに危険でもある．

そこで，屋外の管理しやすい安全な場所に専用の貯蔵所を設け，多数のガス容器を集合させて導管で連結し，適切に減圧されたガスを，配管を通じて作業所内の各作業現場に送り込むのが，ガス集合装置（図9·10）である．各作業現場の作業者は，配管の端末に設置された，複数の圧力調整器付きのガス取出し口の一つから，ガスを，自分が必要とするガス圧に調整して取り出し，使用する．

ガス集合装置は，便利で経

図9·10　ガス集合装置

済的である反面，1本でも危険であるガス容器が多数集合している場所であるため，その取扱いには，法規を守ることはもちろん，細心の注意が必要である．

ガス集合装置は，労働安全衛生法施行令によると，"10本以上の可燃性ガス（種類は略）容器を導管で連結した装置，または9本以下であっても，それらの容器の内容積の合計が，水素もしくはアセチレンの容器の場合400ℓ以上，その他の可燃性ガスの場合1000ℓ以上になるものを導管で連結したもの"と定義されている．

9・1・4　ガス溶接に用いる器具とその取扱い

（1）圧力調整器

酸素容器や溶解アセチレン容器に充てんされているガスは，どちらも非常に高圧で，とてもそのまま溶接（あるいは切断）に使うことはできない．仮に使えたとしても，容器の中身が減るにつれて圧力が下がり，作業がうまく続けられなくなってしまう．そこで，酸素や溶解アセチレン容器内部のガス圧力を，使用する溶接（もしくは切断）トーチが必要とする圧力にまで下げ，さらに，この圧力を作業中一定に保つために，ガス容器の充てん口や配管のガス取出し口に取り付けられるのが，圧力調整器である（図9・11）．

図9・11　圧力調整器

（ⅰ）**圧力調整器の種類と構造**　圧力調整器には，図9・12に示すように，比較的高いガス圧力に対応する酸素用と，低圧に適するアセチレン用とがあるが，基本的な構造と作動原理に大きな違いはない．どちらの圧力調整器も，ガス容器内（またはガス供給側）のガス圧力を示す一次側圧力計（高圧計）と，溶接作業用に減圧した後の，トーチに供給されるガスの圧力を示す二次側圧力計（低圧計）を備えている．

図9・12　酸素用圧力調整器（左）とアセチレン用圧力調整器

内部の大まかな構造と作動原理を図9・13に示す．また，図9・14に，ガス圧力計として多く用いられるブルドン管式圧力計の作動原理を示す．

（ⅱ）**圧力調整器の取扱い**　圧力調整器は精密機器であるから，ていねいに取り扱うことと，みだりに分解などしないことが最低限守るべき注意事項であるが，そのほか

9・1 **ガス溶接作業の実技** 217

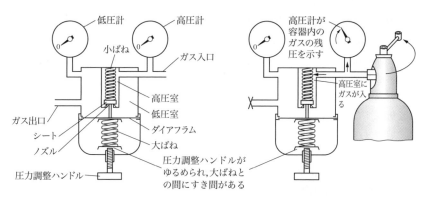

(a) 使用していないときの状態

(b) ガス容器を開いて高圧室にガスを送る

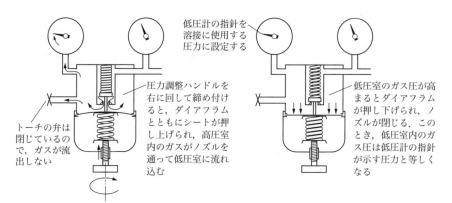

(c) 圧力調整ハンドルを右に回し、高圧室のガスを低圧室に送る

(d) 低圧計の指針が、希望する使用圧力を指すまで圧力調整ハンドルを回す

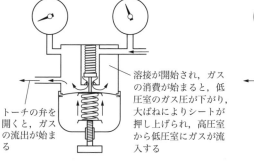

(e) トーチの弁を開いてガスの消費開始

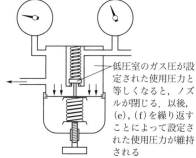

(f) 溶接中、設定された使用圧力が維持されるしくみ

図9・13 圧力調整器の作動原理

に，取扱い上，つぎのような点に注意しなければならない．

① 各部に注油などしないこと．
② 容器弁を開く前に，圧力調整ねじを反時計方向に回して，十分にゆるんでいることを確認すること．
③ 容器弁を開くとき，圧力計の正面に立たないこと．
④ 作業を長時間中止するときは，容器弁を閉じ，圧力調整ねじをゆるめておくこと．
⑤ 内部のガスを抜いても指針が0にもどらない場合は，他のものと交換すること．
⑥ 保管するときは，ビニール袋などに入れ，ほこりが入らないようにする．

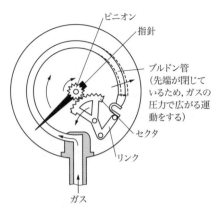

〔注〕内部に送り込まれたガスの圧力によって生じたブルドン管のわずかな変形をリンク，セクタ，ピニオンによって拡大し，指針を回転させて圧力を指示する．

図9・14 ブルドン管式圧力計の作動原理

(2) 導 管

導管とは，酸素やアセチレン ガスの供給源であるガス容器やガス集合装置などと，作業者が手にする溶接（または切断）トーチとの間を結ぶパイプのことをいい，各種ガスの通路となる大切な設備である．導管には，工場の壁面や作業場内に固定されている**配管**と，配管に接続して作業者が移動しながら使用するのに適した**ゴム ホース**がある．

(i) 配 管

① 使用するガス流量に十分見合った内径の管を用い，むやみに折曲げ個所を設けない．
② 酸素，アセチレン ガスともに，通常は鋼管が用いられる．酸素用の配管には一部ステンレス管や銅管が使用されるが，前述したとおり，アセチレンは銅と反応して，アセチライドと呼ばれる不安定な爆発性化合物を生成するため，アセチレン ガス用配管には，銅や銅分の多い銅合金を使用してはならない．
③ 配管の途中には，適切な場所に排水コックや安全弁を設ける．
④ 流れているガスの種類を明示するため，配管の表面を容器と同色で塗装しておくとよい．

(ii) ゴム ホース

① ゴム ホースは，JIS に定められたものを使用する．酸素用ホースの外面ゴム層は青，アセチレン ガス用ホースのそれは赤と決められている（JIS K 6333）．
② ホースの損傷はガス漏れの原因となるので，作業前に必ず点検する．
③ ホースの内部を清掃するときは，酸素ガスを用いず，窒素または乾燥した圧縮空気を使用する．

④ ホースを連結する際に継手が固くても,油やグリスを塗ってはならない.
⑤ 逆火〔本項(4)参照〕を起こしたホースは,そっくり新品と交換するか,または,損傷部を切除して交換する.

(3) 溶接トーチ

トーチは,作業者が溶接作業中つねに手にもち,主として,ガス容器から導管(配管とゴム ホース)を通って送られた可燃性ガスや酸素を内部で適切な割合に混合し,これを燃焼させて,金属材料の溶接,切断,加熱を行うための器具で,このうち,溶接に用いるものを溶接トーチ,切断に用いるものを切断トーチと呼ぶ(加熱作業には専用のものもあるが,多くは溶接トーチで代用できる).

はじめに,トーチという言葉についてであるが,日本工業規格では,JIS Z 3001-1(溶接用語)に定義がある.これによると,トーチとは"ガス炎……などを利用して金属その他の材料の加熱,溶接および切断を行うときに用いる器具.用途によって溶接トーチ,切断トーチなどと呼ぶ"とあり,また"ガス炎を用いる場合には吹管(すいかんと読む),ブローパイプともいう"と述べられている.一方,労働安全衛生規則では"吹管"が用いられているようである.

これに対し,"溶接器(切断器)は,溶接用(切断用)吹管に溶接用(切断用)火口を取り付けたもの(JIS B 6801)"という表現もあって,混乱しやすい.本書ではJIS Z 3001-1の規定にならって,単純に,ガス溶接に用いる器具は(火口も含めて)溶接トーチ,ガス切断に用いる器具は切断トーチと呼ぶことにする.

溶接トーチは,JIS B 6801(手動ガス溶接器,切断器および加熱器)に,手動ガス溶接器として,表9・7に示す4種が規定されているが,SA形とA形,SB形とB形の違いは,寸法規定の有無であり,以下では,A形トーチとB形トーチを中心に説明

表9・7 溶接トーチの種類

形	SA	A	SB	B
号	-	1, 2, 3	-	00, 0, 01, 1, 2

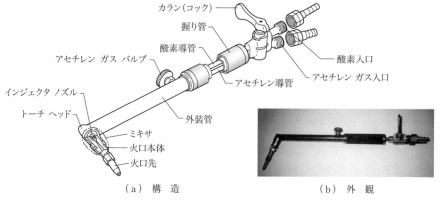

(a) 構 造　　　　　　　　　　(b) 外 観

図9・15 A形トーチの各部名称と外観(JIS B 6801)

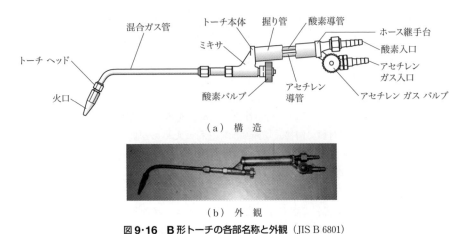

(a) 構 造

(b) 外 観

図9・16　B形トーチの各部名称と外観（JIS B 6801）

する．図9・15および図9・16にA形トーチとB形トーチの外観と各部の名称を示す．

A形溶接器は，溶接器の吹管本体にミキサ（酸素とアセチレン ガスとを混合する部分のことで，図9・17のインジェクタ ノズル，アセチレン ガス吹出し口，平行部，混合部を含めた総称）を備えておらず，火口にミキサをもつ溶接器（チップミキシング タイプという）をさし，一方，B形溶接器は，溶接器の吹管本体にミキサをもつ溶接器（トーチミキシング タイプという）のことをいう．慣習で，A形溶接器は"ドイツ式"，B形溶接器は"フランス式"とも呼ばれるが，昨今，ドイツ式溶接器はあまり用いられなくなっている．

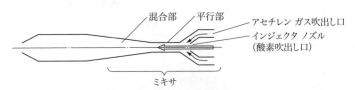

図9・17　ミキサの構成

また，溶接トーチには，供給圧力 0.0069 MPa 未満（0.07 kgf/cm² 未満）のアセチレン ガスに適合する"低圧式トーチ"と，同じく供給圧力 0.0069〜0.13 MPa（0.07〜1.3 kgf/cm²）のアセチレン ガス圧力に適合する"中圧式トーチ"とに分ける分類法もある．これは，かつて"アセチレン溶接装置"として多用されていたアセチレン発生器には，その能力によって，低圧式発生器（0.0069 MPa 未満のアセチレンを発生するもの）と中圧式発生器（0.0069 MPa 以上のアセチレンを発生する）とがあり，溶接トーチも，それぞれに適合するものがつくられていたことに由来する．

現在は，爆発の危険性の高いアセチレン発生器は影を潜め，安全な溶解アセチレンを用いるのが通例になっている．また，低圧式溶接トーチは，低圧から中圧レベルまで幅

広く使用可能（中圧式トーチは，後述のインジェクタをもたないため，低圧では使用できない）なため，中圧式トーチはほとんど用いられておらず，この低圧式トーチ・中圧式トーチという分類は，あまり意味のないものとなっている．この章では，低圧式溶接トーチに限定して説明することにする．

低圧式の溶接トーチで特徴的なのは，非常に低い圧力のアセチレン ガスを酸素と適切に混合させるために，**インジェクタ**と呼ばれる吸引機構をもつことである．これは，比較的圧力の高い酸素が通過したときに生じる負圧を利用して，圧力の低いアセチレンを吸引させるものである．インジェクタには酸素の流量を調節するためのニードル（針）弁をもたない単純なものと，ニードル弁付きインジェクタとがあり（図9・18），前者はA形トーチの火口内部に，後者はB形トーチの本体内部に組み込まれている．

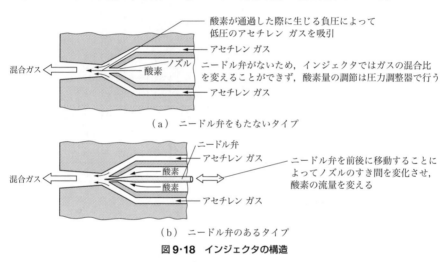

図9・18　インジェクタの構造

（ⅰ）　**A形溶接トーチ**　JIS A形（ドイツ式）トーチは，ガスの混合を行うインジェクタが火口の内部にあるのが特徴で，したがって，火口が大きく，トーチの先端部が重いのが欠点である．一方，アセチレン ガスと酸素ガスの"噴出"，"遮断"操作を共通のコック（正式にはカランという）によりワンタッチで行うことができ，アセチレン調節バルブで火炎の調節を一度してしまえば，あとは，このカランを"倒す"，"起こす"の動作により点火・消火を繰り返すだけという便利さもあるが，酸素圧力を微調整したいときは，火炎の状態を見ながら，酸素圧力調整器の調整ハンドルを回す必要がある．

表9・8　A形溶接トーチの火口番号と火口孔の直径

種類	火口の番号と孔径 (mm)				
A形1号	番号	1	2	3	5	7
	孔径	0.7	0.9	1.1	1.4	1.6
A形2号	番号	10	13	16	20	25
	孔径	1.9	2.1	2.3	2.5	2.8
A形3号	番号	30	—	—	—	—
	孔径	3.1	—	—	—	—

火口先には，火口孔の直径の大小を示す番号が付けられており，この番号が溶接できる鋼板の板厚をほぼ表わしている（表9·8）．そのため，溶接する鋼板の板厚に応じて，火口を交換する必要がある．たとえば，呼び3.2 mmの鋼板を溶接するときに使用する火口番号は3番である（ただし，番号の数字が小さい範囲のみで，数字が大きくなると，実質的にあまり意味をもたなくなる）．

(ii) B形溶接トーチ JIS B形（フランス式）トーチは，ニードル弁を備えたインジェクタが，トーチ本体の握り管付近にあるために火口が小さく，したがって，トーチの頭が軽くて作業性がよいのが長所である．

反面，アセチレンガスと酸素ガスの流量が，それぞれ別個の弁によって調節されるため，せっかく火炎を微調節しても，一度消してしまうと，再点火したときは調節し直す必要がある．しかし，慣れればあまり問題はない．

火口に付けられた番号（表9·9）は，A形トーチと異なり，1時間当たりのアセチレンガスの消費量（l/h）を表す．

表9·9 B形溶接トーチの火口番号と火口孔の直径

種類	火口の番号と孔径 (mm)					
B形00号 番号	10	16	25	40	—	—
孔径	0.4	0.5	0.6	0.7	—	—
B形0号 番号	50	70	100	140	200	—
孔径	0.7	0.8	0.9	1.0	1.2	—
B形01号 番号	200	225	250	315	400	450
孔径	1.2	1.3	1.4	1.5	1.6	1.7
B形1号 番号	250	315	400	500	630	800
孔径	1.4	1.5	1.6	1.8	2.0	2.2
B形2号 番号	1200	1500	2000	2500	—	—
孔径	2.6	2.8	3.0	3.2	—	—

※B形01号には500(1.8)，B形1号には1000(2.4)の列もあり

(iii) 溶接トーチの取扱い 一般的注意点を以下にまとめておく．

① 使用前にガス漏れのチェックを念入りに行う．
② 発火する危険があるので，ねじ部や接合部に油や塗料などを塗らない．
③ トーチは優しく取り扱い，とくに火口部分を硬いものにぶつけない．
④ 点火したままのトーチを作業台や床上に放置しない．
⑤ 火口孔付近の付着物は，専用の清掃用具でていねいに取り除く．
⑥ 火口の過熱は逆火を招くので，長時間の連続使用は避ける．
⑦ 万一逆火を起こしたら，A形トーチならば直ちにコックを閉じ，B形トーチならば直ちに酸素弁，アセチレンガス弁の順に閉じる．頻繁に逆火を起こすトーチは，使用を止め，他のものと交換すること．

(a) A形（ドイツ式）トーチの取扱い
① アセチレン調節弁，コックを閉じた状態で，トーチに酸素ホースを取り付ける．
② 酸素圧力調整器の通気弁を開く．
③ インジェクタの吸引作用をつぎの手順で確認する．

まず，アセチレン調節弁を反時計方向に大きく開き，カランを前方に倒して火口孔から酸素ガスを噴出させる．このとき図9·19に示すように，アセチレンガスホースの継

手口に，手の甲など皮膚の柔らかい部分を当て，内部に吸い込まれるような感触があることを確認する．確認できたら，カランを垂直にもどして，アセチレン調節弁を閉じておく．

④ アセチレン ホースを取り付け，アセチレン圧力調整器の通気弁を開く．

⑤ アセチレン ガス調節弁を反時計方向に少量開く（図9・20）．

⑥ コックを前方に 70～80°傾けて開き，ライターまたは溶接用巻線香で点火する（図9・21）．点火したら，コックを水平になるまで倒して全開にする．火炎の状態を観察しながらアセチレン調節弁を回し，標準炎になるように調節する．

⑦ 消火するときは，コックをゆっくりと垂直になるまでもどす．作業を短時間休止するだけならば，アセチレン調節弁は閉じなくてもよいが，作業を終えるか，もしくは長時間中断する場合は，これも閉じる．

⑧ 酸素容器，アセチレン容器の容器弁を閉じる．

⑨ トーチのアセチレン調節弁を大きく開き，コックを前方に水平になるまで倒して，トーチ，ホース，圧力調整器内部のガスを放出する．この作業は，屋外であれば問題ないが，屋内で行う場合は，窓から火口を外に突き出し，可燃性のガスが室内に放出されて滞留するのを防ぐ．

⑩ 酸素およびアセチレン調整器の圧力計の指針が，一次側，二次側ともに 0 になったら，トーチのコックを垂直にもどし，アセチレン調節弁を閉じる．

⑪ 酸素ホース，アセチレン ホースをトーチから取り外す．

⑫ 酸素およびアセチレン調整器の圧力調整ハンドルを，反時計方向に回してゆるめる．

図9・19　インジェクタの吸引機能の確認

図9・20　アセチレン ガス調節弁を開く

図9・21　コックを前傾して点火する

（b）B形（フランス式）トーチの取扱い

① 酸素弁，アセチレン弁を閉じた状態で，酸素ホースをトーチに取り付ける．

② 酸素圧力調整器の通気弁を開く．

③ インジェクタの吸引作用をつぎの手順で確認する．

まず，アセチレン弁を反時計方向に回して開いておき，さらに酸素弁を開いて，火口孔から酸素ガスを噴出させる．このとき，A形トーチのときと同様に，アセチレンガスホースの継手口の吸込みを確認する．確認できたら酸素弁，アセチレン弁ともに閉じておく．

④　アセチレンホースを取り付け，アセチレン圧力調整器の通気弁を開く．

⑤　アセチレン弁を反時計方向に少量回して開き，ライターで点火する．溶接用巻線香を用いる場合は，酸素弁を少量開いて火口孔を線香の火に近づけ，噴出した酸素によって線香の火を炎状に燃え上がらせておき，その直後にアセチレン弁を開くと，容易に点火する（図9・22）．

⑥　点火したら，酸素弁の開き量を調節して標準炎をつくる（図9・23〜図9・25）．

⑦　調節された標準炎が弱いときは，アセチレン弁をさらに開いてアセチレン過剰炎としておき，酸素弁をさらに開いて，再び標準炎をつくる．これにより，強い標準炎がつくられる．反対に，標準炎が強すぎるときは，酸素弁を時計方向に回して酸素量を減らすことによって，アセチレン過剰炎ぎみにしておき，アセチレン弁を時計方向に回して，弱い標準炎をつくる．

⑧　消火するときには，酸素弁，アセチレン弁の順に閉じる．

⑨　トーチを取り外す手順は，A形の項の⑧〜⑫に準ずる．

図9・22　アセチレンの火炎

図9・23　酸素を徐々に送る

図9・24　アセチレン過剰炎

(a)

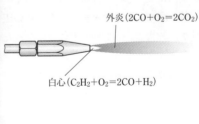

外炎（$2CO+O_2=2CO_2$）

白心（$C_2H_2+O_2=2CO+H_2$）

(b)

図9・25　標準炎

(4) 安全器

(i) 安全器の役割 溶接作業中に，逆流（トーチ内部で，酸素が圧力の低いアセチレンの通路に流れ込み，爆発性の混合ガスが形成される現象）や，逆火（火炎がトーチ内部に吸い込まれ，トーチや導管内部を火炎がさかのぼる現象）が起きると，非常に危険である．そこで，これらをガス集合装置や溶解アセチレン容器に達する前に阻止して，爆発事故を未然に防ぐために取り付けられるのが安全器であり，水封式安全器と乾式安全器とがある．

(ii) 水封式安全器 これは，アセチレン溶接装置や，ガス集合装置を用いる場合に設置することが義務づけられている安全器である．

低圧用水封式安全器の外観と作動原理を図9・26に示す．水封式安全器は，水が有効水柱以上の適正量入っていることを，検水窓からのぞいて1日1回以上必ず確認しなければならない．

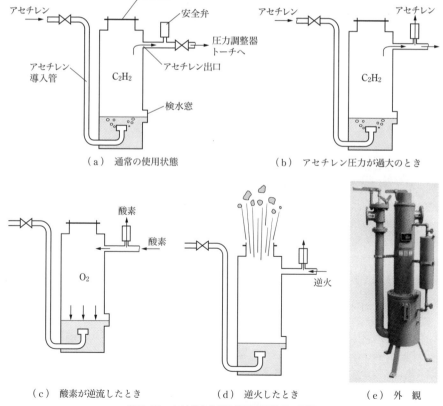

図9・26 水封式安全器の作動原理とその外観

(iii) 乾式安全器 これは，溶解アセチレン容器や液化石油ガス容器を用いてガス溶接やガス切断作業を行う際に用いられる安全器で，逆火防止器ともいう．

乾式安全器には焼結金属式と迂回路式の2種があるが，焼結金属式乾式安全器（図9・27）がより一般的である．これは，逆火が生じたときは，この火炎を内部の焼結金属で冷却消火し，また，酸素の逆流が生じたときは，その圧力によって逆止弁を作動させ，通路をふさいで逆流を防止する．

（5）逆火とその対策

逆火が起こる理由として，つぎのような原因が考えられる．

① トーチが故障している．
② 酸素の圧力が高すぎる．
③ 長時間の連続作業で，火口が過熱している．
④ 火口孔内部に異物が付着して詰まっている．
⑤ 作業中，火口の先端が母材に当たり，火口孔がふさがれている．
⑥ 火口の締付けがゆるんでいる．

図 9・27 焼結金属式乾式安全器

逆火の対策としては，それがトーチ内部で生じたときは，A形トーチならば直ちにコックを閉じ，B形トーチならば直ちに酸素弁，アセチレンガス弁の順に閉じる．逆火がホース内部に達している場合は，酸素容器弁，アセチレン容器弁の順に速やかに閉じる．

逆火を起こしたトーチは，冷却後，火口の締付けのゆるみや，付着物の有無などを点検し，異常がなければ作業を再開する．点検しても頻繁に逆火を起こすような場合は，トーチそのものを交換する．

また，逆火を起こしたホースは，交換もしくは損傷部分を切除する．ホース内部を清掃する際は，窒素や圧縮空気を用いて行う．

いずれの場合も，逆火を起こした原因をよく検討し，十分に対策を講じてから作業することが大切である．

9・1・5 ガス溶接作業の準備

ガス溶接作業は，一組の酸素および溶解アセチレンガス容器に圧力調整器とゴムホース，溶接トーチを取り付け，ガス容器から直接ガスを取り出して行われる場合と，ガス集合装置から配管を通じて各作業所に送られたガスを，複数のガス取出し口の一つから取り出して行われる場合とがあるが，ここでは，前者の場合を想定して，ガス溶接作業の準備の方法を説明する．

（1） 圧力調整器の取付け
（i） 酸素用圧力調整器の取付け

① 酸素容器の容器弁の圧力調整器取付け口を，身体に対して左横方向に向ける．

② 容器弁のスピンドルにコック ハンドルを取り付ける．

③ 圧力調整器取付け口付近に付着したほこりを吹き飛ばすため，左の手のひらをスピンドル上部とコック ハンドルの中心部にかぶせ，右の手のひらでコック ハンドルを反時計方向に回転させ，弁を一瞬開いてガスを噴出させ（シュッという鋭い音がする），直ちに時計方向にもどして閉じる．この動作を2～3回繰り返す（図9·28）．

図9·28　空吹かし

④ 圧力調整器の容器弁接続口内にパッキンが入っていることを確認した後，図9·29のように，左手で圧力調整器をほぼ水平に支持し，ナットを圧力調整器外周のおねじに静かにねじ込む．

⑤ ナットを手で回せなくなるまでねじ込んだら，レンチでしっかりと締め付ける．このとき，圧力調整器の安全弁を酸素容器の肩の方向に向けないようにする（図9·30）．

図9·29　圧力調整器の取付け

⑥ 石鹸水やリーク チェック（専用のガス漏れチェック液）などで，容器弁周囲，圧力調整器接続部周辺のガス漏れをチェックする（図9·31）．

（ii） アセチレン用圧力調整器の取付け

① 容器弁のガス取出し口にパッキンが付いていることを確認する．

② 酸素用圧力調整器取付けのときと同じように，スピンドルにコック ハンドルを取り付けて開閉し，ほこりを吹き飛ばす．ただし，アセチレンの場合，この作業を省略することもある．

図9·30　レンチでしっかりと固定

③ 圧力調整器のクランプを容器弁上にかぶせ，容器弁接続口をガス取出し口の位置に合わせて，クランプハンドルをしっかりと締め付ける（図9·32）．このとき，圧力調整器の安全弁を容器の肩方向に向けないのは，酸素用圧力調整器の

図9·31　ガス漏れのチェック

場合と同じである．

（2） 導管の接続

図9・33のように，酸素用ゴム ホース（青）を，酸素用圧力調整器の酸素用乾式安全器の接続部に固定し，また，アセチレン ガス用ゴムホース（赤）を，アセチレン ガス用圧力調整器のアセチレン ガス用乾式安全器にしっかりと固定する．

図9・32 アセチレン圧力調整器の取付け

（3） ガス圧力の調整

① 酸素容器弁のスピンドルにコック ハンドルを取り付ける．

② 酸素圧力調整器の通気弁が閉まっていることと，圧力調整ハンドルが十分にゆるんでいることを確認する．

③ 両手でコック ハンドルを回転し，容器弁を1/2回転以上開く．

容器弁が開いていることを示すために，コック ハンドルは向こう側へ向けておく．

④ 一次側圧力計で酸素の残圧を確認する．

⑤ 二次側圧力計を見ながら，圧力調整ハンドルを時計方向に静かに回転させ，使用圧力に調整する（図9・34）．

図9・33 導管の接続

⑥ 酸素の場合と同様の方法で，アセチレンの圧力調整を行う．

アセチレンの使用圧力は，酸素の10％内外とする〔酸素の使用圧力が0.2 MPa（2.0 kgf/cm^2）であれば，アセチレンのそれは0.02 MPa（0.2 kgf/cm^2）程度〕（図9・35）．

図9・34 酸素圧力の調整

（4） 溶接トーチの取付け

ここでは，B形（フランス式）トーチを使用する場合を想定して説明する．

① 火口が確実に固定されていることを確認する．

② トーチの酸素弁，アセチレン弁がともに閉まっていることを確認する．

③ 酸素ホースを，ホース バンドまたはク

図9・35 アセチレン圧力の調整

イックチェンジ アダプタにより，しっかりと取り付ける．(図9・36)

④ 酸素圧力調整器の通気弁を反時計方向に回して開き，トーチ内に酸素を送る．

⑤ トーチのアセチレン弁を開く．

⑥ トーチの酸素弁を開いて火口孔から酸素ガスを噴出させておき，アセチレンホース取付け口に，手の甲など皮膚の柔らかい部分を当てて，中に吸い込まれるような感触があることを確認する（これを，**吸引**もしくは**吸込みの確認**と呼び，トーチが正常に機能しているかどうかを確かめるための非常に大切な作業である）．吸引がないトーチは，インジェクタが故障している可能性があるので，使用しない．

図9・36 酸素ホースの取付け

⑦ 吸引が確認できたら，アセチレン ホースを取り付ける．

⑧ アセチレン圧力調整器の通気弁を開き，トーチにアセチレン ガスを送り込む．

(5) ガス漏れのチェック

① トーチの酸素弁，アセチレン弁がともに閉じていることを確認する．

② 酸素容器，溶解アセチレン容器の容器弁をともに閉じる．

③ この状態で，酸素およびアセチレン圧力調整器の二次側圧力計の指針を観察する．もし指針が降下するようであれば，圧力調整器からトーチにいたるガス回路のどこかでガス漏れが生じていることがわかる．

④ ガス漏れのチェックは，せっけん水またはリークチェックによって行う．とくに，圧力調整器とガス容器との接続部，ホースの連結部，トーチとホースの接続部を入念にチェックする．

⑤ ホースの亀裂などによるガス漏れは，ホースをバケツの水に浸けて調べる．

⑥ ガス漏れのチェックがすんだら，再び容器弁を開く．

9・1・6　ガス溶接作業の基本実技

(1) 点火と消火および火炎の調節

点火と消火，標準炎の調整方法については9・1・4項(3)の(iii)を参照してほしい．ここでは，JIS B形のフランス式トーチを使用する場合を想定して，ガス溶接の基本作業の練習法を説明していくことにするが，JIS A形，B形いずれのトーチを用いる場合でも，火炎の強弱や標準炎の調整が速やかに行えるように何度も練習しておく必要がある．また，万一逆火が起こったときの対処法についても，習熟しておかなければならない．

(2) かまえ方

いすに腰掛け，作業台上に置いた練習板に向かって，下向き姿勢で溶接する場合を想定して説明する．作業台は，トーチを楽な姿勢で無理なく操作できるような高さに調節

する．被覆アーク溶接の場合も同じであるが，溶接線の全長にわたってトーチが無理なく移動できるとともに，プールが最後まで観察できるようにすることが大切である．そのためには，ゴムホースの長さにある程度の余裕をもたせて，トーチがゴムホースによって引っ張られることのないようにし，また，練習板は身体の正面やや右寄りに置く．

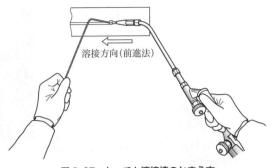

図9・37 トーチと溶接棒のかまえ方

トーチの握り管を軽く握り（図9・37），肘は脇腹から離して，つねに柔軟な状態にしておく．上体は，練習板の上に向かって軽く前傾させる．

(3) 溶接トーチの操作

はじめは，トーチの操作に慣れるため，溶接棒は使用せず，鋼板を火炎で溶かす練習（メルトランなどとも呼ばれる）を行う．この練習は，ガス溶接作業の上達のためには不可欠なもので，十分にやっておく必要がある．

(i) 直線状に溶かす練習 練習板として，板厚 1.6 mm，120 × 150 mm 程度の鋼板を準備する．

① ワイヤブラシで表面のさびを落とし，チョークで約 10 mm 間隔の目安線を引いておく．

② 点火して標準炎に調節する．

③ トーチの握り管を右手で軽く保持し，左手は，慣れないうちは握り管のやや前方に添えておいてもよいが，慣れてきたら，左膝の上に置く．そのほか(2)項のかまえ方の解説を参考にして，正しくかまえる．

④ 溶接開始点では，炎をほぼ垂直に板に当て，板が溶けるのを待つ．このとき，白心と板の表面との間隔は 2 〜 3 mm に保つ．

⑤ 板が溶け始め，プールの直径が約 4 〜 5 mm になったところで，火口を図9・38のように，

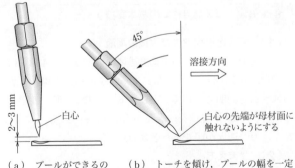

(a) プールができるのを待つ　　(b) トーチを傾け，プールの幅を一定に保って移動

図9・38 トーチの操作（開始とトーチの移動）

進行方向と反対側に 45°
に傾け，プールの幅を維
持しながらトーチをゆっ
くりと進めていく．進行
中，火口は原則として上
下動させない．これは，
火口を上下させると，白
心が板から遠ざかったと

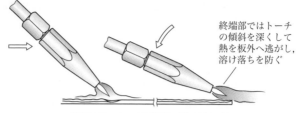

図 9・39　トーチの操作（熱を逃がす）

きには，火炎の温度の高い部分も遠ざかることになって，溶込み不足を生じる原因となるほか，空気がプールに触れて，溶接欠陥が生じやすくなるからである．

⑥　溶接線の終端付近に達したら，図 9・39 のように，火口をさらに寝かせて，熱を逃がす操作をする．これを行わないと，逃げ場を失った熱により，板に穴が開くことがあるので注意する．

⑦　板を溶かし終わったら，表面の状態を観察する．

溶け幅がせまくて細長い場合は，火炎が弱すぎるか，トーチの移動速度が速すぎることが考えられる．逆に，溶け幅があまりに広すぎたり，穴が開いて溶落ちしたりしている場合は，火炎の強すぎ，トーチの移動速度の遅すぎが考えられる．

溶け幅が，始端から終端までほぼ一定で極端な凹凸や穴がなく，また，裏面の板の焼け幅もおおむね均等になっていれば良好である．

（ⅱ）　トーチにウィービング運動を与えて溶かす練習　直線状に溶かす練習が上手にできるようになったら，今度は，トーチにウィービング運動を与えて，広めの溶け幅を得る練習をする．これは，中厚板の突合せ溶接を行う場合に必要となる技法である．図 9・40 にウィービング運動のパターン例を示した．いずれの場合も，火口の振り幅とトーチの進行速度とを一定に保つことが大切である．

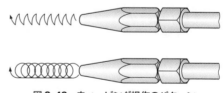

図 9・40　ウィービング操作のパターン

（4）　ストリンガ ビードの置き方

（ⅰ）　溶接棒を用いて平板上にストリンガ ビードを置く練習　板を溶かす練習がほぼマスターできたら，プールに溶接棒（溶加材）を添加して，ビードをつくる練習を行う．

練習板は (3) 項の溶接トーチの操作で用いたものと同様の板を準備する．溶接棒は，棒径 2 mm のものを準備する．

最初は，溶接棒をプールに加えていく動作に集中して，これに慣れる．このため，トーチには，板を溶かす練習のときとまったく同じ単純な直線運動を与えておいて，形成されたプールに溶接棒を添加していく練習を行う．

これがマスターできたところで，つぎに，トーチにも軽い円運動を与えて，希望どおりの幅をもつストリンガ ビードが自由につくれるように，段階を追って練習を積むようにする．

練習の要領をつぎに示す（図9・41）．

① 標準炎をつくり，白心の数ミリ先の部分を，練習板の溶接始端部にほぼ垂直に当てて，加熱を開始する．また，左手で保持した溶接棒の先端を火炎の白心付近に挿入し，板と同時に溶接棒も加熱する．このとき，板端が溶けるよりも先に溶接棒の先端を溶かさないように注意すること．

② 板端が溶け始めたら，トーチをゆっくりと溶接進行方向と反対側に傾け，プールの大きさが直径5 mm程度に成長するまで待つ．プールが希望の大きさになる直前に，溶接棒の先端をプールの中央付近に接触させ，先端部を少量プールの中に溶かし込む．

このとき，溶接棒の先端が板に張り付いてしまったら，そのまま棒を保持しておき，トーチの火炎で張り付いた部分を加熱すれば，容易に取れるのであわてないこと．

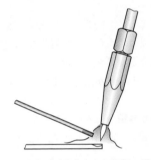

① トーチをほぼ直立させた状態で静止させ，板端にプールが形成されるのを待つ．溶接棒は外炎の中に入れ，棒端を予熱する．

② プールが広がったら，トーチの傾斜を深くし，プールの先端に溶接棒を添加する．このとき棒の添加量は，希望する余盛の高さが得られるように加減する．

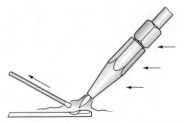

③ 溶接棒をプールから抜き，トーチを前進させる．棒の先端の酸化と冷却を防ぐため，棒端を外炎の外に出さないこと．トーチの前進が遅れ，火炎が余盛の上に停滞する時間が長いと，余盛がつぶれて扁平ビードになるので注意．

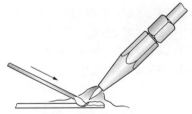

④ 溶接棒を再度プールに添加する．以後，③と④をリズミカルに繰り返して，溶接を進める．溶接棒挿入のタイミングをとる，および溶込みやビード幅を微調整するために，必要に応じてトーチに微妙な上下動を与えてもよい．

図9・41 ストリンガ ビードの置き方

③　プールが希望の幅になり，溶接棒がはじめて添加されたプールがいくぶん盛り上がるのを確認したら，板を溶かす練習のときの要領で，プールの幅を一定に保ちつつ，トーチを均一な速度で左に移動させる．その際，溶接棒の先端は火炎の外に出さないように保持しておく．これは，溶接棒の先端を火炎の外に出すと，赤熱状態の棒端が酸化されてしまい，また，せっかく予熱した棒端がまた冷えてしまうからである．

④　トーチがやや左に移動したら，直ちに溶接棒の先端をプールの左端付近に接触させ，先端を溶かし込む．溶接棒を火炎の熱で無理に溶かそうとするのは誤りで，火炎の中で十分に予熱され，赤熱状態になっている棒端は，鋼の融点以上の高温になっているプールに触れると，速やかに溶け，この溶けた部分は，プールの表面張力で自然に吸い込まれていく．この感覚を自分の目と手で確認できるようになれば上達は早いが，幸いにも，ガス溶接は，それをしやすい溶接法の一つである．

⑤　以下，トーチとともにプールが左に移行していくのに従って，溶接棒を規則的に補充していく．はじめのうち，トーチの移動操作と溶接棒の添加動作とがうまくかみ合わないかもしれないが，やがて慣れてくれば，プールの大きさや形にも気を配る余裕が生じ，トーチの移動速度に適したテンポで，溶接棒をリズミカルに添加できるようになるので，それまで根気よく練習を積んでほしい．

⑥　でき上がったビードを検査する．練習板の表面よりもビードの中央が適度に盛り上がっており，幅がおおむね均一で，丸い波模様がほぼ規則的に並んでいれば良好である．

⑦　溶接棒をプールに添加するタイミングがつかめたら，今度は，火口先に小さな回転運動を与えて，ビードの幅を微妙にコントロールしながら溶接する練習を行う．この練習では，トーチを動かすことに気を取られ，溶接棒の添加操作がぎこちなくならないように注意する．あくまでも，ガス溶接は，左右の手を同調させてバランスよく動かすことが大切である．

また，火口先に円運動を与える過程で，同じ個所を火炎でなぞり，トーチの進行が滞ると，ビードが扁平になったり，母材の面から陥没したりすることがあるので注意が必要である．

（ii）　前進法によるビード置き練習　前進法というのは，7・4・2項(4)でも説明したが，図9・42(a)のように，火口を溶接の進行方向とは逆の方向に傾け，したがって，火炎を溶接の進行方向に向けてトーチを移動させる溶接法で，比較的溶込みが浅くなるため，薄板の溶接に適する．

（iii）　後退法によるビード置き練習　後退法は，前進法と反対に，同図(b)のように，火口を溶接の進行方向側に傾け，したがって，火炎を溶接の進行方向とは逆向きのプール方向に向けてトーチを移動させる溶接法で，比較的深い溶込みが得られるため，中厚板の溶接に用いられる．

また，この方法は，プールが火炎の雰囲気でつねにおおわれるため，溶接金属の酸化

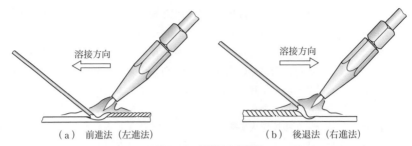

(a) 前進法（左進法）　　　　（b）後退法（右進法）

図 9·42　前進法と後退法

が少なく，前進法に比べ溶接部の機械的性質がすぐれているといわれる．

（5）ウィービング ビードの置き方

ウィービング ビードは，ストリンガ ビードの応用操作にすぎないので，ストリンガ ビードが十分にマスターできていれば，比較的容易に習得できる．

各種アーク溶接法の隆盛によって，厚板にガス溶接が応用されることは，アーク溶接設備がない場合の応急修理時を除いて，昨今ほとんどなく，ウィービング ビードとはいっても，ガス溶接であまり広幅のビードを置くことはまれであるし，また困難でもある．ここでいうウィービング ビードとは，やや幅が広めのストリンガ ビードであるという程度に理解しておいてもらえばよい．

9·1·7　薄板の下向き突合せ溶接の実技

（1）準　備

板厚 1.6 mm の鋼板を 2 枚準備する．大きさは 120×30 mm 以上あれば適宜でよい．火口は，板厚に適したものをしっかりと固定する．

酸素圧力は 0.2 MPa（2.0 kgf/cm^2），アセチレン圧力は 0.02 MPa（0.2 kgf/cm^2）に調整する．このガス圧力は，以下の練習に共通である．溶接棒は 2 mm 径を使用する．

（2）仮付け

2 枚の板の間に 2 mm 以内のルート間隔をとって，図 9·43 のように両端と中央部の 3 カ所を仮付けする．ルート間隔がせますぎると，裏面まで十分に板が溶けずに溶込み不良となり，反対に広すぎると，溶落ちして溶接が続行できなくなるので注意する．適切なルート間隔は，I 形開先で行う薄板の突合せ溶接の場合，母材の板厚が目安で，これを基準にして，自分の技量に合ったルート間隔をとるようにする．

仮付けする際，板を並べた時点では十分なルート間隔をとったつもりでも，仮付けビードの溶接金属が冷却するときの収縮により，左右の母材を互いの方向に引き寄せるため，結果的に，ルート間隔が予定した値よりもせまくなってしまうのが通例である．このため，仮付けする板は，希望するルート間隔よりも 0.2〜0.3 mm 程度広めに配置して，重しで固定し，また，両端のほかに中央部も仮付けするようにする．

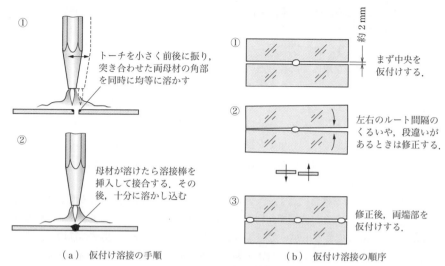

図9・43 薄板の仮付け

① 仮付けは，まず中央部から行う．
② 左右のルート間隔のくるいを修正してから，両端部を交互に仮付けする．
③ 仮付けが終わったら，ルート間隔を検査するとともに，もし目違いが生じていれば，ハンマで叩いて修正する．2枚の板の間に目違いがあると，これも裏波がきれいに出なくなる原因になるので，注意が必要である．

（3） 本溶接

仮付けがすんだ板を作業台表面から数mm浮かせて水平に置き，本溶接を行う．

① 溶接は，右から左に向かって前進法で行う（図9・44）が，熱の集中によるひずみの発生を軽減するために，まず，中央の仮付け部から左側へ板の半分だけ溶接し，その後，板の左右を反転して残る半分を溶接する方法をとる．溶接線がさらに長く，仮付け個所がもっと多い場合は，入熱を分散させる溶接順序を工夫する．

本溶接では，板のルート部をよく溶かし込むことが第一で，溶接棒の添加はあくまでもルート間のすきまを埋め，ビードを盛るための副次的なものであることを忘れてはならない．溶接棒を加えることにばかり気をとられて，ルート部の溶かし込みをおろそかにすると，溶接金属によって火炎の熱がさえぎられ，溶込みの不足，裏波が出ないなどの不都合が起きる．

薄板の溶接では，火炎が強すぎると溶落ちしやすく，溶落ちをおそれて火炎を弱く

図9・44 薄板の下向き突合せ溶接

すると，十分な溶込みが得られず，裏波も出なくなるので，火炎を最適な強さに調整することが非常に大切な要素となる．

② 2枚の板を均等に加熱し，プールの先端にできるキーホールの大きさに注意しながら，なるべく均一な速度で溶接を進める．キーホールが大きくなりすぎると，溶落ちが起こる前兆であるから，トーチの傾斜をさらに深くし，火炎のねらい位置をプール中央付近に移すなどして，これを回避する．逆に，キーホールが小さくなりすぎたり，見えなくなったりすると，溶込みが不足し，また，裏波も形成されなくなるので注意する．

③ 溶接線の終端部では，トーチを寝かせぎみにして火炎を横に逃がし，溶落ちを防ぐとともに，溶接棒を十分に添加して，クレータが残らないようにする．

(4) ビードの検査

溶接後，ビードの表裏を検査する．表ビードは幅7～8mmで，母材表面よりも適度に盛り上がっており，丸い波模様が均等に並んでいれば良好である．裏ビードは幅2～3mmで，1mm程度盛り上がっているのが理想である．部分的に裏波が途切れ，板の原形が残っているのは溶込み不足であるから，その原因を究明して反省材料とすることが，上達のためには不可欠である．

9・1・8　やや厚い板の下向き突合せ溶接の実技

(1) 準備

板厚3.2mmの鋼板を2枚準備する．大きさは適宜とする．火口は板厚に適したものをしっかりと固定する．溶接棒は3.2mm径を使用する．

(2) 開先加工と仮付け

① グラインダにより，図9・45のように，片側30°ずつの開先を加工する．ルート部は1mm強残す．

② 2枚の板の間に2mm以内のルート間隔をとって，両端と中央部の3カ所をしっかりと仮付けする．

(3) 本溶接

溶接は2層仕上げとする．溶接方向は，ふつう，この程度の板厚では前進法が用いられるが，後退法によってもよい．

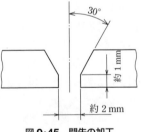

図9・45　開先の加工

① 第1層目の溶接で注意することは，前の薄板の本溶接と同じで，ルート部をよく溶かし込み，裏波の形成に神経を注ぐに尽きる．溶落ちを回避しようとして溶接棒を多量に添加すると，溶込み不足を招くので，注意すること．

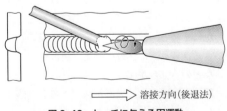

図9・46　トーチに与える円運動

2枚の板のルート部を均等に溶かすため，トーチには，図9・46のような連続した小さな円運動を与える．第1層ビードの表面は，開先の上端から1mmほど下にあるのが理想である．

② 第2層目の仕上げ層で注意することは，第1層目のビード表面と，両側開先面を十分に溶かすこと，および適度な余盛を形成することである．トーチには，第1層目よりもやや幅の広い円運動のウィービング動作を与える．なお，ビード幅が均等になるように注意する．

(4) ビードの検査

表ビードについては，薄板のときと同様に母材表面より適度に盛り上がっていることをチェックする．裏ビードについては，薄板の場合と全く同じである．

9・1・9　水平すみ肉溶接の実技

(1) 準 備

板厚3.2 mmの鋼板（大きさは適宜）を2枚準備する．溶接棒は3.2 mm径を使用する．

(2) 仮付け

① 2枚の鋼板をT字形状に組み合わせ，溶接線を避けて両端を仮付けする．

② さらに念のため，溶接線裏面の中央部も仮付けする．2枚の板間にすきま（ルート間隔）は設けない．

(3) 本溶接

溶接は，トーチを溶接進行方向と反対側に45°に傾けて，前進法で行う．

2枚の板に対するトーチの保持角度を，図9・47に示す．水平板に対して約50°，垂直板に対して約40°と，やや直立ぎみにかまえるが，これは，水平すみ肉溶接では，水平板に比べて垂直板側が先に加熱されやすく，2枚の板を均等に加熱するのが困難なためである．

溶接始端部では十分な予熱を行い，2枚の板の"すみ"の最奥部までプールが形成されたことを確認してから，溶接を開始する．この確認を怠り，2枚の板面

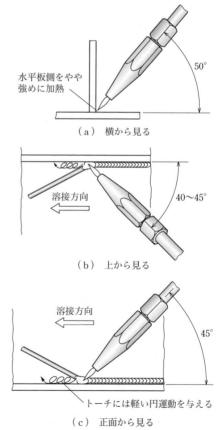

図9・47　トーチの保持角度

にプールができたのを見て直ちに溶接を開始すると，図9・48に示すように，肝心なすみ部が溶け込んでいない"橋渡し"ビードになってしまうので，注意が必要である．

　溶接は，トーチに連続した円運動を与えながら進めるが，これを下向き溶接のときと同様に漫然と行うと，重力の作用により，どうしても水平板側の脚長が長くなり，また，オーバラップぎみにもなる．また，垂直板側のビード止端にはアンダカットが生じやすくなる．

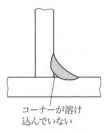

図9・48　橋渡しビード

　これを防ぐには，プールの幅をあまり広くしないようにする一方，火口の角度を微妙に調整して，火炎の吹付け力により，溶融金属を押し上げるような操作を，必要に応じて加えることが必要である．そのためには，トーチを軽い力で握り，手首をつねに柔軟な状態に保っておくことが大切である．

(4) ビードの検査

① まず，外観を検査する．溶接金属の垂下がり，垂直板側のアンダカット，水平板側のオーバラップがなく，ビードの波形が均等であることが良好なビードの条件である．

② つぎに，練習板を任意の位置で切断して，ビードの断面形状と，すみ部の溶込み状態を検査する．ビードの断面形状は，垂直板側と水平板側の脚長がほぼ等しく，表面が極端な凸形になっていなければ良好である．また"すみ部"まで完全に溶け込んでいることをチェックする．

9・1・10　立向き突合せ溶接の実技

(1) 準　備

板厚3.2 mmの鋼板（大きさは適宜）を2枚準備する．溶接棒は3.2 mm径を使用する．

(2) 開先の加工と仮付け

① 9・1・8項の"やや厚い板の下向き突合せ溶接"のときと同様の開先を加工し，同様のルート間隔をとって両端を仮付けする．

② 仮付けのすんだ練習板は，溶接終端部を上から見下ろせる高さになるよう，ジグに垂直に固定する．

(3) 本溶接

2層仕上げで行う．立向き溶接では，重力の作用による溶接金属の垂落ちや垂下がりを生じさせないことが良好な溶接のための条件となる．そのためには，ビードの幅をあまり広げないことと，板を溶かしすぎないことが一般的な注意事項である．

　トーチは図9・49に示す角度に保持し，練習板の下端から上方に向けて上進法で溶接する．

① 第1層目は，トーチに細かい円運動を与え，左右の板のルート部をよく溶かし込みながら溶接するが，ルート部をよく溶かすことに気を奪われて，トーチの進行が停滞すると，たちまち垂下がりが起きるので，休まず上進するよう注意する．プールの上端に形成されるキーホールを注視し，この穴に溶接棒を補充して埋めていくような感じで，テンポよく溶接を進める．

② 第2層目のビードは，第1層目のビード表面とよくなじませるとともに，開先縁部をよく溶かすことが大切であるが，これを緩慢に行うとビード中央部が垂れ下がるので，注意が必要である．

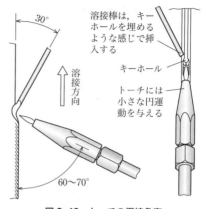

図9・49 トーチの保持角度

（4） ビードの検査

表ビードの外観を検査し，垂下がりがなく，ビード中央部が極端な凸形になっておらず，ビード止端部にアンダカットやオーバラップがなく，ビード波形が美しく並んでいれば良好である．ビード幅は，7〜8 mm 程度である．

裏波ビードについては，溶接線の全長にわたって途切れることなく，2 mm 以内の高さで，おおむね均一な幅で形成されていれば申し分ない．

9・2　ガス切断作業の実技

ガス切断法の原理については，2・7・2項(1)に説明があるので，参照してほしい．2・7節でも述べてあるように，およそ工業的にものをつくるためには，"切る"作業と"張る"作業とが最低限必要であるが，"張る"が溶接であるとすれば，"切る"のほうを担当するのが切断技法である．

金属材料の切断技法には多くの種類があるが，こと炭素鋼の切断に関しては，その設備の手軽さ，作業能率，適用可能な板厚において，ガス切断法（酸素-アセチレン切断，酸素-プロパン切断）の右に出るものは，現在にいたってもまだないといってよい．

9・2・1　ガス切断作業の準備

（1） 切断トーチと火口

9・1・4項(3)で説明した"トーチ"という言葉の用法にならって，ここでも，ガス切断作業に使用する器具を"切断トーチ"と呼ぶことにする．

切断トーチについては，JIS B 6801（手動ガス溶接器，切断器および加熱器）に，手動ガス切断器として，表9・10に示す5種が規定されているが，以下では，寸法規定の

ある1形および3形を中心に説明する．

1形トーチは，予熱用ガスの混合が吹管内で行われた後に火口に供給される形式（トーチミキシング タイプ）のもので，一方，3形トーチは，予熱用ガスの混合が火口内部で行われる形式（チップミキシング タイプ）のものである．低圧式・中圧式の区別に従えば，1形トーチが低圧式，3形トーチが中圧式で，溶接トーチとちがって，切断トーチは中圧式のものも多く用いられている．

表9・10 切断トーチの種類

形	10	1	20	30	3
号	—	1, 2, 3	—	—	1, 2, 3

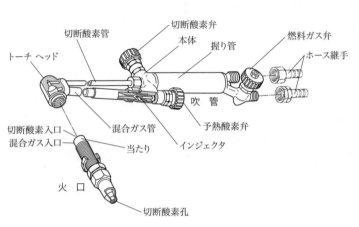

(a) 構造　　　　　　　　　　(b) 外観

図9・50　1形切断トーチの各部名称と外観（JIS B 6801）

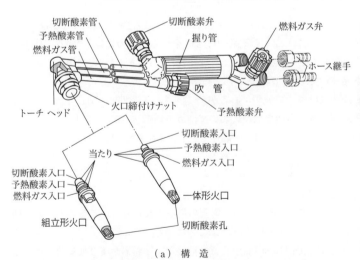

(a) 構造　　　　　　　　　　(b) 外観

図9・51　3形切断トーチの各部名称と外観（JIS B 6801）

9・2 ガス切断作業の実技

1形トーチは，図9・50に示すように，予熱炎をつくるための可燃性ガスと酸素を，あらかじめ吹管内部のインジェクタで混合してから火口に供給するため，吹管とトーチヘッドとを接続するのは，切断酸素管と混合ガス管の2本のみである．

一方，3形トーチは，図9・51に示すように，切断用酸素と予熱炎用の可燃性ガスおよび酸素を，それぞれ個別に火口に供給するため，吹管とトーチヘッドとの接続部には，切断酸素管，予熱酸素管および燃料ガス管の3本が存在しているのが特徴である．このタイプのものは，いわゆるインジェクタをもたないため，燃料ガスの圧力が低すぎると，逆火を起こしやすいので注意が必要である．

表9・11に，それぞれの切断トーチの能力（切断可能な板厚）を示した．

表9・11 切断トーチ能力

種類	形	10	1									20	30	3								
	号	—	1			2			3			—	—	1			2			3		
	火口番号	—	1	2	3	1	2	3	4	5	6	—	—	1	2	3	1	2	3	4	5	6
	最大切断板厚(mm)	300	7	15	20	15	25	50	80	150	200	300	300	7	15	20	20	30	50	80	150	200

（2）火口の取付けと切断トーチの接続

切断トーチに火口が正しく取り付けられていないと，逆火の原因となるので注意する必要がある．切断トーチへの火口の取付けは，図9・52に示す手順で行う．

切断トーチにホース（導管）を接続するときの手順や注意点は，溶接トーチの場合とほぼ同じであるので，そちらを参照してほしい．アセチレンホース取付け口の"吸引"

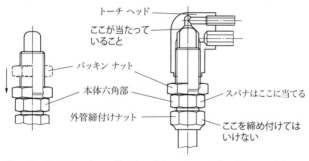

① パッキンナットを手で回転させ，火口本体の六角部上面に当たるまで矢印方向に下げる．

② 火口をトーチヘッドに当たって止まるまでねじ込んだ後，スパナを本体の六角部に当てて締め付ける．このとき，外管締付けナットにスパナを当てて締め付けると，内管と外管の心がくるって正常な火炎が得られなくなるので注意．

③ 下げておいたパッキンナットをトーチヘッド方向にねじ込み，スパナで締め付ける．

図9・52 火口の取付け方

確認をするにあたっては，切断トーチの場合，予熱酸素弁を開いたときだけでなく，切断酸素弁を開いたときの吸引の有無も確認しておくことが大切である．

（3） ガス圧力の調整

表9・12に，切断する鋼板の板厚に対する酸素圧力および切断速度との関係を示す．

表9・12 板厚と酸素圧力，切断速度の目安

板厚 (mm)	切断酸素孔径 (mm)	酸素圧力 (MPa) {kgf/cm²}	切断速度 (mm/min)
3	0.5～1.0	0.2　{2.0}	400～500
6	0.8～1.0	0.2　{2.0}	400～500
10	0.8～1.0	0.2　{2.0}	300～400
15	1.0～1.5	0.25 {2.5}	300～400
20	1.0～1.5	0.29 {3.0}	200～300
25	1.2～1.5	0.34 {3.5}	200～300
50	1.7～2.0	0.39 {4.0}	150～250

9・2・2　ガス切断作業の実技

（1） 切断トーチの操作

（i） 切断トーチのもち方　図9・53に従って，切断トーチのもち方を説明する．

① 右手で切断トーチの握り管を軽く包むように握り，親指と人差し指で，燃料ガス弁の外周をつまんで，自由に回転させられるようにする．

② 燃料ガス弁を開くときは，親指を前方へ押し出し，逆に閉じるときは，親指を手前に引けばよい．左手は切断トーチの左側面に添え，小指の腹を予熱酸素弁の外周下部に当てる．人差し指と親指で切断酸素弁の外周をつまみ，自由に開閉できるようにしておく．

③ かまえ方は図のとおりである．

（ii） 点火と予熱炎の調整，切断酸素気流のチェック　図9・54に従って，予熱炎の調整のしかたを説明する．トーチの各部名称については，図9・50，図9・51を参照してほしい．

① 燃料ガス弁に添えた右手の親指を前方に押し出して弁を少量開き，火口孔から噴出し始めたアセチレンガスに，左手にもったライターで点火する．

② 点火したら，左手の小指の腹を予熱

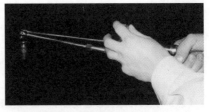
①

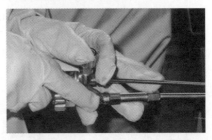
②

③

図9・53　切断トーチのもち方

① アセチレンガスに点火　② 酸素を送って標準炎にする．　③ 切断酸素気流を出すとアセチレン過剰炎ぎみになる．　④ 再度標準炎に調整する．　⑤ 切断酸素気流を止めて標準予熱炎とする．

図 9·54　予熱炎の調整

酸素弁の外周に押し当てたまま，左手の手のひらを切断トーチの下部に潜り込ませてやる．すると，予熱酸素弁は，小指先端付近の腹から手のひらにかけて摩擦を受け，反時計方向の回転運動を与えられて開き，火口から徐々に酸素が噴出し始める．

③　酸素が噴出するにつれて赤かった火炎がしだいに青白くなり，標準炎になったところで，左手の動きを止める．

④　ここで切断酸素弁を軽く開くと，火口から切断酸素気流が噴出し，さきほど調整した標準炎がくずれて，ややアセチレン過剰炎ぎみになるので，切断酸素気流を噴出させたままの状態で，予熱酸素弁と燃料ガス弁により，再度標準炎をつくり直す．

⑤　標準炎ができたところで切断酸素弁を閉じる．つまり，切断酸素気流を噴出させたときに標準炎になっていることが，正しい予熱炎をつくるときのポイントである．

⑥　またここで，切断酸素気流の状態をチェックしておく．良好な切断が行われるためには，切断される板厚に対して十分な長さをもつ，細くて鋭い気流が，火口の軸線と平行に発生していることが不可欠である．先が割れていたり，広がっていたりする気流は不良である．気流の状態が悪い場合，火口孔の内部を清掃すると，直ることがある．清掃は，切断酸素を軽く噴出させた状態で，専用の工具を用いて行う．清掃しても切断酸素気流の状態が改善されないときは，火口を交換する．

(iii) 切断トーチの保持　切断の場合も溶接と同じで，よい切断を行うためには，切断の開始点から終点まで，切断トーチを無理のない楽な姿勢で移動できるようにするこ

とが最も大切である．切断作業の途中でホースが切断トーチを引っ張って，その移動を妨げることのないよう，ホースの長さには十分な余裕をもたせておく．

また，切断の場合，切断される材料面に対する火口の高さを，切断作業中つねに一定に保つ必要がある．そのためには，できるだけ疲労の少ない楽な姿勢で材料に向かい，切断工程中に身体が不用意に揺れることのないよう注意する．

トーチは，図9・55に示すように，中・厚板の場合，切断トーチの火口部分が，材料面に対して各方向から見て直角になるようにかまえる．薄板の場合は，切断方向と逆の方向に火口を傾斜させる．火口先端と材料面との間隔は，火炎の白心の先端が材料面から約2～3 mm空くように保持する．火口先端が材料面に接触し，火口孔がふさがれると，逆火を起こす原因になるので注意する．

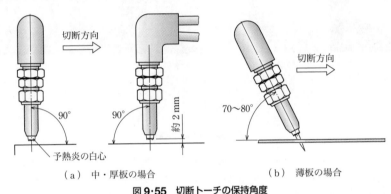

（a）中・厚板の場合　　　　（b）薄板の場合

図9・55　切断トーチの保持角度

(iv) 消火のしかた　切断が終わったら，以下の手順で火炎を消す．

① まず，左手で切断酸素弁を閉じて，切断酸素気流を止める．

② つぎに，左手の手のひらの腹で，予熱酸素弁を点火のときと逆方向に転がして閉じる．

③ 予熱酸素弁を閉じたら，最後に，燃料ガス弁の外周に当てた右手の親指を手前に引いて，弁をしっかりと閉じる．

これら三つの基本動作を，とくに意識せずに，ほぼ同時に行えるように練習を積んでおくと，万一，逆火などが起こったときに，落ち着いて対処できる．

(2) 切断作業の実技

(i) 練習板の準備　板厚9 mm，幅150 mm，全長適宜の鋼板を，作業台上に手前側を約100 mm突出させて配置する．作業中，または切断後に板が動かないようにおもり（錘）を載せておく．また，切断線の下部に大量の火花やスラグが飛ぶので，付近に可燃物などがないことを確認し，また，自らの足の防護にも万全を期す．必要があれば，チョークなどで，板端から約10 mm間隔に切断線をけが（罫書）いておく．

(ii) トーチと火口の準備　切断する鋼板の板厚に適合する火口を，表9・11から選

択し，JIS 1形1号トーチにしっかりと固定する．ここでは，板厚9 mmに適合する2番を選択する．

（iii）　ガス圧力の調整　酸素圧力は 0.2 MPa（2.0 kgf/cm^2），アセチレン圧力は 0.02 MPa（0.2 kgf/cm^2）に調整する．

（iv）　点火と火炎の調整

①　まず，予熱炎の調整をする．燃料ガス弁を約1/2回転開き，アセチレン ガスを噴出させてライターで点火した後，板厚に応じた適度な火炎長さに調節しておき，続いて予熱酸素を静かに送って標準炎にする．

②　アセチレン ガスに点火した際，燃料ガス弁の開きが大きすぎると，火炎の根元が火口孔から離れるブロー アウェイ現象が起こることがある．その場合は，いったん燃料ガス弁を閉じる方向に回して火炎の勢いを弱め，火炎の根元と火口孔を接続させた後，再度ゆっくりと燃料ガス弁を開く方向に回して，希望の火炎長さを得るようにする．

③　ここで，切断酸素弁を開くと，火炎がアセチレン過剰炎ぎみになるので，予熱酸素を調節して，再度，標準炎に調整する．その後，切断酸素弁を閉じる．

切断酸素気流を噴出させた際に，火炎が標準炎になっていることがポイントである．

（v）　予　熱

①　板の切断線全長にわたって，トーチが一直線に楽に移動できることを確認する．

②　点火して適切な強さの予熱炎をつくり，トーチの握り管を右手で軽く握り，左手の親指と人差し指で切断酸素弁をつまんで，板の一番手前側の切断予定線の右端を加熱する．このとき，図9・56に示すように，火口の高さは板面の上方約8～10 mmに保ち，火口孔の中心部を板端の上方に配置する．

③　板端が十分に赤熱するまで（約800℃内外），トーチを静止させて予熱する（図9・57）．このとき，板端が溶けるほど加熱しないように注意する．

良好な切断が行われるためには，その前に，板厚にふさわしい長さと強さをもつ予熱炎によって，適切な予熱が行われたことが条件となる．

予熱炎の強弱を見分けるポイントを以下に示すと，予熱炎が強すぎる場合には，

①　板の切断部の上角が，溶けて丸くなりやすい．

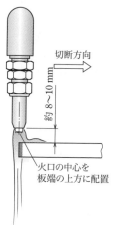

図9・56　予熱時のトーチの保持

図9・57　板端の予熱

② 切断線下部に，多量のスラグが付着する．

予熱炎が弱すぎる場合には，

① トーチの移動速度を速めると，切断が中断しやすい．

② ドラグライン（切断面に残る縦方向のしま模様のこと）の傾斜が増加し，切断面が粗くなる．

③ 逆火を起こしやすい．

などの現象が見られる．

（vi）切　断

① 予熱が十分に行われたことを板端面の赤熱状態（赤から白色に移行する直前まで）から確認したら，図9・58②のように，火炎をいったん材料端部から5～10mm離し，離すと同時に切断酸素弁を開いて切断酸素気流を噴出させ，再度，火炎を材料端部の切断開始点に当てて切断を開始する．火口は材料に対して直角に保ち，白心の先端と材料面間のすきまを2～3mmに維持して，トーチを一定の速度で一直線に移動する．

図9・59に中・厚板の場合，図9・60に薄板の場合の切断を示す．

② 左手の親指と人差し指は切断酸素弁につねに添えておき，いつでも弁を閉じられる状態にしておく．視線は，切断部とそのやや前方の切断予定線上とに振り分ける．あまり切断部だけを注目していると，切断線から脱線することがある．また，板の下面から飛ぶ火花の状態や方向にも注意する．

③ 飛散する火花の量が急に減ったり，切断方向と逆の方向に大きく傾いて飛ぶよう

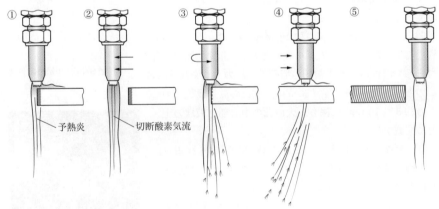

① トーチの中心を板の切断開始端部上方に合わせ，板端を十分に予熱する．
② 火炎を板端からわずかに遠ざけると同時に切断酸素弁を開き，切断酸素気流を噴出させる．
③ 切断酸素を出したら直ちに板端にもどり，切断酸素気流の側面を板端に当てたところでトーチの動きを一瞬停止し，切断が正常に行われることを，板の下方に飛ぶ火花の様子を見て確認する．
④ 切断が正常に行われることが確認できたら，トーチを一定速度で送り，切断する．
⑤ 切断が終了したら，切断酸素弁を閉じ，切断面の状態を検査する．

図9・58　切断の手順

(a) （b）

図9·59 中・厚板の切断

になったら，切断速度が速すぎることが考えられる．そのまま切断を続けると，切断が止まってしまうおそれがあるので，速度をやや落とす必要がある．

④ 切断が途中で止まってしまった場合は，直ちに切断酸素弁を閉じ，その場で予熱からやり直す．この場合，板端からの正常な切断とちがって，せまい切断溝の上方から再切断開始点に予熱炎を当

図9·60 薄板の切断

てなければならず，予熱が困難になるので，できるだけ途中で切断をストップさせないような切断速度で作業を行うようにする．（ⅴ）項でも記したように，予熱炎が弱すぎることも，切断が途中で停止する原因の一つになるので，こちらにも注意する．

⑤ 切断の終了間際では，トーチの移動速度をいくぶん落とす．切断が終了し，切断された鋼板の断片が落下したら，直ちに切断酸素弁を閉じ，トーチをつぎの切断開始点に移動して練習を反復する．まれに，切断された断片が，凝固したスラグによって固着して落下せず，そのまま鋼板の残部に止まってしまうことがあるが，これをトーチの火口の先で叩いて落とすようなまねは絶対にしてはならない．

⑥ 数回使用して過熱ぎみになったトーチは，酸素を少量出しながら火口部分をバケツの冷水に浸けて冷却する．これを怠ると逆火の原因となるので注意する．

（ⅶ）検査と評価 切断が円滑に行えるようになったところで，切断部を検査する（図9·61）．検査項目と，検査結果が思わしくなかった場合に考えられる原因を，表9·13にまとめる．

（a）やや不良の例　　　（b）良好な例

図9·61 切断面の検査

切断部を検査して，切断面の平滑さ，ドラグラインの傾き，切断面上端の"だれ"，下端に付着したスラグ量などを見れば，その人の切断の上手・下手をある程度判断することができる．しかし，いかに切断部が良好であっても，切断位置が

表9・13 検査項目と切断部不良の原因

検査項目	切断部不良の原因
板の上縁角部の状態	角がだれて丸くなっているのは予熱炎が強すぎたことが原因と考えられる．
切断線は直線状か切断面は平滑か	切断線が蛇行したり，切断面が波打ったりしているのはトーチの操作が不良．
切断溝の幅	幅が広いときは火口の不良を疑う．
板下部のスラグ付着量	多い場合は予熱炎が強すぎたこと，または高圧酸素が不足していたことが原因と考えられる．
ドラグラインの傾斜	傾斜角が多いのは，予熱炎が弱すぎたこと，または切断速度が速すぎたことが原因と考えられる．

規定よりもずれ，あるいは切断線が曲がっていたり（切断精度不良），酸素の消費量が標準値を大きく上回っていたり（切断効率不良）したのでは，よい切断とはいえないので，これらも含めて良好な切断が行われたかどうか総合的に評価する必要がある．

仮に満足する評価が得られなかった場合，確認すべき事項を以下にまとめておく．

① 切断する鋼種は，適切であったか．
② 切断する板厚に対し，トーチ，火口の大きさの選択は適切であったか．
③ 火口先端，火口孔内部に付着物がなく，傷や変形などの損傷はなかったか．
④ 酸素の純度に問題はなかったか．
⑤ 切断する板厚に対し，酸素の圧力は適切であったか．
⑥ 切断する板厚に対し，切断酸素気流の長さは十分であったか．
⑦ 予熱炎の強さ，予熱温度は適切であったか．
⑧ 材料に対する火口の高さ，保持角度は適切であったか．
⑨ 切断速度は適切であったか．

9・3　火炎ろう付け作業の実技

本章の最後に，ガス溶接用のトーチを用いて手軽に行うことのできる火炎ろう付け（**トーチろう付け**ともいう）について説明しておく．ろう付け法には，2章で説明したように各種の方法があるが，なかでも，はんだごてを用いた**こてろう付け**や，ここで説明する**火炎ろう付け**は，継手強度がすぐれている一方，ガス溶接に比べて板のひずみが少なく，応用範囲が広いので，覚えておくと便利である．

9・3・1　黄銅ろうによる軟鋼板の火炎ろう付け

黄銅〔真鍮（しんちゅう）〕溶接棒を用いる火炎ろう付け（**流しろう付け**とも呼ばれる）は，軟鋼のほかに，銅とその合金，合金鋼や鋳鉄などの接合に利用される．ろう材

が比較的安価なため，広く用いられている．

（1）準 備

板厚 3.2 mm，50×100 mm 程度の軟鋼板を 2 枚用意する．ろう材として，図 9・62 に示すような径 2 mm のフラックス付き黄銅ろう棒を準備する．

一般に，フラックスを用いるろう付け作業では，有害な金属蒸気やガスが発生するので，溶接作業と同様に，作業場の換気を十分に行うとともに，防じんマスクを着用する．

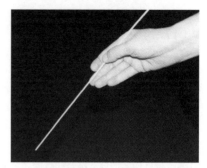

図 9・62　フラックス付き黄銅溶接棒

（2）継手の加工

薄板（板厚 1 mm 以下）の場合，継手部は，切落しのままでもかまわないが，ある程度の板厚がある場合は，図 9・63 のように開先を加工する．ろう付けでは，ルート間隔はとらず，密着させるのがふつうである．

開先の加工がすんだら，継手部周辺をワイヤブラシで磨いて清浄にしておく．

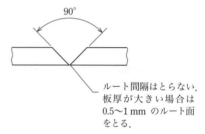

図 9・63　軟鋼板の開先加工

（3）予 熱

① トーチに点火し，標準炎に調節する．火力は，同じ板厚の板の溶接に比べて弱めにする．

② 火口先と板との間隔を 20～30 mm に保ち，図 9・64 のように，円を描くようにトーチを移動させ，継手周辺を全体に予熱する．予熱の範囲は，開先の両側 10～15 mm 程度である．

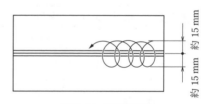

図 9・64　予熱の範囲

③ 継手部全体が赤橙色になるまで加熱する．

④ つぎに，火炎を遠ざけた状態でフラックス付きろう材の先端を，ろう付け開始点に触れさせる．フラックスとともに，ろう材の先端が溶け，開先面に水のように薄く広がれば（いわゆる，"ぬれた状態"である），予熱温度は適正である．

⑤ 継手全体にろう材を回し，図 9・65 のような状態にする．この段階では，決して分厚く肉盛しようとしないことがポイントである．

⑥ 途中でろう材が溶けなくなる，または溶けるのに時間がかかるようになったら，再加熱する．このとき，過熱により板

図 9・65　肉盛前の状態

を溶かさないように注意する．

（4）肉　盛

① 上記の作業で，開先表面に施したろう材の表面が溶け始めるまで再加熱する．

② ろう材を開先内に供給し，火炎を当ててなじませながら開先内の溝を埋めていく．

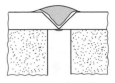

図9・66　肉　盛

③ 図9・66のように，十分な肉盛ができたら火炎を遠ざけ，冷却する．

（5）後処理

ろう付け作業では，接合部付近にフラックスが残留していることにより腐食することがあるので，後処理を入念に行うことが大切である．接合部を温水に浸け，ブラシでよく磨きながら，肉盛部表面や継手付近のフラックスかすやスラグを除去する．

（6）検　査

以下の点について検査する．

① 板の裏面にも，ろう材が回っているか．接合部の裏に，金色のろう材が薄くにじみ出ていれば良好である．

② 肉盛したろう材が板面とよくなじみ，いわゆるオーバラップ状態になっていないか．

③ スラグなどの付着物が残っていないか．

9・3・2　銀ろうによるステンレス鋼板の火炎ろう付け

銀ろうを用いたろう付けは，アルミニウム，マグネシウムとその合金を除く各種金属材料のろう付けに用いられるが，ろう材が銀を主成分とする（おもに銀と銅からなる）ため，高価なのが難点である．

（1）準　備

板厚2.0mm，50×100mm程度のステンレス鋼板（SUS 304など）を2枚用意する．ろう材として，径2mmの銀ろう棒を準備する．フラックスは，銀ろう用フラックスを水で練って使用する．作業場の換気と，防じんマスクの着用は，軟鋼の黄銅ろう付けの場合と同じである．

（2）継手部の加工・前処理

継手は，図9・67のような重ね継手とする．ろう付けの場合，板がよく密着していることが要求される．密着が悪いと，ろう付けそのものが困難であるばかりか，継手の強度も低下する．板端に"かえり"や"まくれ"があるときは，削って除去し，板の湾曲も修正しておく．

接合部の周辺をワイヤブラシで磨き，さらにサンドペーパで仕上げる．

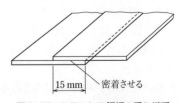

図9・67　ステンレス鋼板の重ね継手

(3) フラックスの塗布

フラックスに適量の水を加えて，かくはん棒で練る．濃度は，かくはん棒の先端に付いたフラックスが，自然に滴下しない程度の状態であれば，良好である．ポタポタと垂れ落ちるようであれば薄すぎる．逆に，あまり濃すぎると，**ボイド**（フラックスがすみに行きわたらず，空洞が残る現象）の原因になるので注意する．

練ったフラックスを，接合部全体に均一に，なるべく薄く塗布する．

(4) 予 熱

① トーチに点火し，標準炎に調節する．

② 火口先と板との間隔を 20 ～ 30 mm に保ち，図 9・68 のように，円を描くようにトーチを移動させ，接合部の周囲を全体に加熱する．

③ しばらく加熱すると，白いフラックスが溶け始め，透明な液状になる．

④ 予熱が適温に達したかどうかを確認するために，ろう材の先端を板に接触させる．このとき，ろう材が溶けて薄く広がるようであれば，適温と判断してよい．

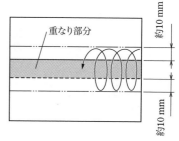

図 9・68 継手の予熱範囲

(5) ろう付け

① ろう材を，火炎に直接触れさせないように注意して接合部に添加する．

② 添加後，火炎の力でろう材を塗り広げるような感じで，接合部全体に行きわたらせる．添加したろう材が不足していた場合は，さらに供給する．

③ ろう材が継手全体に回ったら，加熱を止めて冷却する．

(6) 後処理

板を温水に付け，ブラシでよく磨き，残留したフラックスを除去する．

(7) 検 査

以下の点について検査する．

① 継手全体に十分にろう材が回っているか．継手の裏面にも，ろう材がにじみ出ていれば良好である．

② ろう材が過熱によって変色していないか．

③ フラックスは完全に除去されているか．

溶接関連の主な資格試験について

1. 鋼材溶接

・代表的なものとして，下表に示すような資格取得のための試験（溶接技能者評価試験と呼ばれる）がある．この試験は，同表のように，JIS 規格に定める試験方法および判定基準にもとづいて，（一社）日本溶接協会の WES 規格に定める資格認証基準に準拠して実施される．

資格の種別	認証適用規格	資格の適用事例
手溶接技能者	JIS Z 3801 手溶接技術検定における試験方法および判定基準 WES8201 手溶接技能者の資格認証基準	一般構造物の手溶接および溶接技能者の基本的な資格として．
半自動溶接技能者	JIS Z 3841 半自動溶接技術検定における試験方法および判定基準 WES8241 半自動溶接技能者の資格認証基準	一般構造物の半自動溶接
ステンレス鋼溶接技能者	JIS Z 3821 ステンレス鋼溶接技術検定における試験方法および判定基準 WES8221 ステンレス鋼溶接技能者の資格認証基準	ステンレス鋼の溶接

〔注〕 上記のほか，チタン，プラスチック，銀ろう付け，すみ肉，石油工業，PC 工法，基礎杭の溶接に関する資格がある．

詳細については，下記に問い合わせるとよい．
　　　　一般社団法人　日本溶接協会
　　　　〒101-0025　東京都千代田区神田佐久間町 4-20　溶接会館
　　　　TEL　03-5823-6325

2. アルミニウム溶接

・下表に示す資格取得のための試験があり，アルミニウムのティグ溶接・ミグ溶接について，同表のような JIS 規格にもとづいて実施される．

資格の種別	認証適用規格	資格の適用事例
アルミニウム溶接技術検定	JIS Z 3811 アルミニウム溶接技術検定における試験方法および判定基準	アルミニウムの溶接

詳細については，下記に問い合わせるとよい．
　　　　一般社団法人　軽金属溶接協会
　　　　〒101-0025　東京都千代田区神田佐久間町 4-20　溶接会館 6F
　　　　TEL　03-3863-5545

索引

【英数字】

1 周期 …………………… *081*
475℃脆性 ……………… *054*
A 形溶接トーチ ………… *221*
B 形溶接トーチ ………… *222*
HAZ …………………… *049*
JIS 検定 ………………… *114*
SM 材 …………………… *044*
SS 材 …………………… *044*
YAG レーザ …………… *025*

【ア行】

アーク ………………… *082*
アーク エア ガウジング
 ………………………… *039*
アークスタッド溶接 …… *020*
アーク ストライク …… *106*
アークスポット溶接 …… *020*
アーク電圧 ………… *151, 185*
アークの負特性 ………… *084*
アーク ブロー ………… *091*
アーク溶接機 …………… *087*
アーク溶接ロボット …… *006*
アース クランプ ……… *102*
アセチレン …………… *212*
アセチレン溶接 ……… *211*
圧接法 ………………… *004*
アプセット …………… *028*
圧力調整器 ………… *179, 216*
アフター フロー …… *178, 182*
アルゴン ガス …… *012, 143*
アルミニウム溶接
 …………………… *188, 193*
安全器 ………………… *225*
アンダカット ………… *110*
移行アーク …………… *019*
一般構造用圧延鋼材 …… *044*
イルミナイト系（被覆アー
 ク溶接棒） …………… *103*
インジェクタ ………… *221*
インバータ制御形直流アー
 ク溶接機 …………… *092*
ウィービング ビード … *109*
ウィッピング ………… *123*
右進法 ………………… *154*
裏波専用棒 …………… *103*
裏波溶接 ……………… *014*
上向きビード ………… *131*
上向き溶接 …………… *130*
エアプラズマ切断 …… *036*
エレクトロスラグ溶接 … *021*
延 性 …………………… *029*
黄銅ろう ……………… *248*
応力腐食割れ ………… *055*
オーステナイト系ステンレ
 ス鋼 ………………… *048*
オーバラップ ………… *112*
オープンバット法 ……… *031*
オームの法則 …………… *079*

【カ行】

開 先 …………………… *021*
外装電防 ……………… *098*
回転形直流アーク溶接機
 ………………………… *091*
ガウジング ………… *034, 039*
火炎ろう付け ………… *248*
拡散現象 …………… *029, 033*
重ね抵抗溶接 ………… *026*
下進溶接 ……………… *123*
ガス圧接 ……………… *030*
ガス集合装置 ………… *215*
ガス切断 …………… *034, 239*
ガス容器 ……………… *212*
ガス溶接 …………… *017, 209*
ガス溶接技能講習 …… *210*
ガス流量計 ………… *140, 179*
可動鉄心形交流アーク溶接
 機 …………………… *088*
可燃性ガス ………… *017, 211*
乾式安全器 …………… *226*
キーホール …………… *120*
キーホール効果 ……… *023*
気 孔 …………………… *016*
逆極性 ………………… *173*
脚 長 …………………… *113*

逆　火………………………… 226
逆ひずみ……………………… 116
ギャップ……………………… 119
許容溶接電流………………… 097
銀ろう………………………… 250
クリーニング作用
　　　………… 073, 096, 143, 174
クレータ……………………… 108
クレータ処理………………… 181
クレータ フィラ……………… 181
クローズバット法…………… 031
グロビュール移行…… 073, 142
携帯電流計…………………… 104
鋼……………………………… 041
合金鋼………………………… 042
工具鋼………………………… 042
高周波………………………… 181
高周波発生回路……………… 177
構造用合金鋼………………… 042
後退法………………… 154, 233
高張力鋼……………………… 045
交　流………………………… 081
交流の周波数………………… 081
固定管の突合せ溶接………… 134
こてろう付け………………… 248
ゴム ホース…………………… 218
混合ガスアーク溶接………… 012

【サ行】

再点弧電圧…………………… 096
再熱割れ……………………… 055
サイリスタ制御形交流アー
　　ク溶接機………………… 090
サイリスタ制御形直流アー
　　ク溶接機………………… 092
左進法………………………… 154

サブマージアーク溶接……… 016
酸　素………………………… 211
酸素-アセチレン溶接
　　　………………… 017, 211
三相交流……………………… 082
酸素プラズマ切断…………… 037
シーケンス制御回路………… 178
シールド ガス………… 009, 071
シールド ガス制御回路
　　　………………………… 177
磁気吹き……………………… 091
シグマ相脆化………………… 054
下向き突合せ溶接…………… 114
下向き溶接…………………… 105
実効値………………………… 081
始動時間……………………… 098
自動電撃防止装置…… 098, 102
自動溶接……………………… 005
支燃性ガス…………… 017, 211
周波数………………………… 081
ジュール発熱………………… 026
純　鉄………………………… 041
上進溶接……………………… 122
人工時効硬化処理…………… 058
垂下特性……………… 085, 089
垂下特性電源………………… 138
水封式安全器………………… 225
水平すみ肉溶接……………… 111
据込み………………………… 028
スカーフィング……… 034, 039
スケール ハンマ……………… 107
スタッド ガン………………… 021
スタッド溶接………………… 020
ステンレス鋼………………… 046
ステンレス鋼溶接
　　　………………… 199, 202

ストリンガ ビード…………… 107
スパッタ……………………… 143
スプレー移行………… 073, 142
スポット溶接………………… 027
すみ肉溶接…………………… 111
スラグ………………………… 107
スラグ ハンマ………………… 107
正極性………………………… 173
正弦波交流…………………… 082
静止形直流アーク溶接機
　　　………………………… 092
清浄作用……………………… 073
積層ビード法………………… 128
切断トーチ…………………… 239
セルフシールドアーク溶接
　　　………………………… 015
潜弧溶接……………………… 016
全自動溶接…………………… 005
前進法………………… 154, 233
ソリッド ワイヤ……………… 066

【タ行】

多層盛ビード………………… 111
多層盛溶接…………………… 111
脱シグマ処理………………… 054
タッピング法………………… 105
タップ切替え形交流アーク
　　溶接機…………………… 90
立向きウィービング ビード
　　　………………………… 124
立向きストリンガ ビード
　　　………………………… 122
立向きすみ肉溶接…………… 123
立向き突合せ溶接…………… 125
立向き溶接…………………… 121
垂下がり（ビード）………… 123

タングステン電極棒 ……………………… 070, 183
炭酸ガスアーク溶接 ……………………… 012, 137
炭酸ガスアーク溶接機 ……………………… 137
炭酸ガス レーザ ……… 025
鍛 接 ……………………… 032
単相交流 ……………………… 082
鍛 造 ……………………… 032
炭素鋼 ……………………… 041
炭素当量 ……………………… 050
短絡移行 ……………… 073, 142
チッピング ハンマ …… 107
遅動時間 ……………………… 099
鋳 鉄 ……………………… 041
超音波圧接 ……………………… 030
超音波溶接 ……………………… 030
調質高張力鋼 ……………………… 045
直 流 ……………………… 081
つかみ ……………… 066, 103
突合せ抵抗溶接 ……………………… 026
定格出力電流 ……………………… 097
定格使用率 ……………………… 097
ティグ溶接 ……………… 014, 173
ティグ溶接機 ……………………… 176
ティグ溶接トーチ ……………………… 179
抵 抗 ……………………… 079
抵抗溶接法 ……………………… 026
低水素系（被覆アーク溶接棒） ……………… 054, 103
低炭素鋼 ……………………… 052
定電圧特性 ……………………… 086
定電圧特性電源 ……………………… 138
定電流特性 ……………………… 085
電 圧 ……………………… 079

電子ビーム切断 ……………… 038
電子ビーム溶接 ……………… 022
電磁ピンチ力 ……………… 141
展 性 ……………… 029
デンドライト組織 ……………… 048
電 防 ……………… 098
点溶接 ……………… 027
電 流 ……………… 079
電流の発熱作用 ……………… 080
電 力 ……………… 080
導 管 ……………… 218
トーチ ……………… 017
トーチ ケーブル …… 139
トーチろう付け ……………… 248
特殊鋼 ……………… 041, 042
特殊用途鋼 ……………… 043

【ナ行】

流しろう付け ……………… 248
軟 鋼 ……………… 042, 052
ぬれ現象 ……………… 032
熱影響部 ……………… 049
ノーガスアーク溶接 …… 015

【ハ行】

バーンバック現象 ……… 152
配 管 ……………… 218
ハイテン ……………… 045
パウダ切断 ……………… 035
パルス電流 ……………… 144
半自動溶接 ……… 005, 011
はんだ付け ……………… 033
非移行アーク ……………… 019
引き角 ……………… 154
火 口 ……………… 239
フィルタ プレート …… 103

光励起 ……………… 025
ひずみ ……………… 018
非調質高張力鋼 ……………… 045
被覆アーク溶接 ……… 009, 101
被覆アーク溶接棒 … 061, 103
被覆剤 ……………… 009, 061
ヒューム ……………… 006
プール ……………… 015, 108
フェライト系ステンレス鋼 ……………… 048
普通鋼 ……………… 041
浮遊固体微粒子 ……………… 006
プラズマ ……………… 019
プラズマ アーク ガウジング ……………… 040
プラズマ ガウジング … 040
プラズマ ジェット …… 019
プラズマ切断 ……………… 036
プラズマ溶接 ……………… 018
フラックス …… 009, 061, 251
フラックス入りワイヤ … 068
フラッシュ溶接 ……………… 028
ブラッシング法 ……………… 106
プリフロー …… 178, 181
ブロー ホール ……… 016
分解爆発 ……………… 212
粉末切断 ……………… 035
ベース電流 ……………… 144
ヘリウム ……………… 013
ボイド ……………… 251
放電励起 ……………… 025
棒プラス ……………… 173
棒マイナス ……………… 173
棒焼け ……………… 066, 104
母材部 ……………… 050
ボンド部 ……………… 049

【マ行】

マグガス ················ 143
マグ溶接 ················ 010
摩擦圧接 ················ 031
マルテンサイト系ステンレ
　ス鋼 ·················· 047
ミキサ ·················· 220
ミグ溶接 ·········· 012, 143
無負荷電圧 ·············· 098

【ヤ行】

ヤグレーザ ·············· 025
融合部 ·················· 049
融接法 ·················· 004
溶解アセチレン容器 ······ 214
溶加棒 ·················· 184
溶接金属部 ·············· 048
溶接構造用圧延鋼材 ······ 044
溶接速度 ·········· 147, 185
溶接電流 ················ 184
溶接トーチ ········ 139, 219
溶接入熱 ················ 080
溶接熱影響部の最高硬さ
　······················· 050
溶接棒ホルダ ············ 102
溶接ボンド部脆化 ········ 049
溶接用保護面 ············ 103
溶体化処理 ·············· 058
溶着金属 ················ 048
溶着効率 ················ 066
溶滴の移行現象 ·········· 141
溶融池 ············ 015, 108
横向きビード ············ 127
横向き溶接 ·············· 127

【ラ行】

リモコン装置 ······ 140, 180
粒界腐食 ················ 055
臨界電流 ·········· 073, 142
ルート間隔 ·············· 119
冷間圧接 ················ 029
冷却水循環装置 ···· 141, 180
レーザビーム切断 ········ 038
レーザビーム溶接 ········ 024
ろう材 ·················· 032
ろう接法 ·········· 004, 032
ろう付け ················ 033

【ワ行】

ワイヤ送給装置 ·········· 138
ワイヤの突出し長さ ······ 148

- **本書の内容に関する質問**は，オーム社ホームページの「サポート」から，「お問合せ」の「書籍に関するお問合せ」をご参照いただくか，または書状にてオーム社編集局宛にお願いします．お受けできる質問は本書で紹介した内容に限らせていただきます．なお，電話での質問にはお答えできませんので，あらかじめご了承ください．
- 万一，落丁・乱丁の場合は，送料当社負担でお取替えいたします．当社販売課宛にお送りください．
- **本書の一部の複写複製を希望される場合**は，本書扉裏を参照してください．
  JCOPY <出版者著作権管理機構委託出版物>
- 本書籍は，理工学社から発行されていた『図でわかる 溶接作業の実技』を改訂し，第2版としてオーム社から版数を継承して発行するものです．

図でわかる 溶接作業の実技（第2版）

2007年11月30日　第1版第1刷発行
2016年 5月25日　第2版第1刷発行
2020年10月25日　第2版第4刷発行

著　者　小　林　一　清
発行者　村　上　和　夫
発行所　株式会社　オ　ー　ム　社
　　　　郵便番号　101-8460
　　　　東京都千代田区神田錦町3-1
　　　　電話　03(3233)0641(代表)
　　　　URL　https://www.ohmsha.co.jp/

© 小林一清 2016

印刷　三秀舎　製本　協栄製本
ISBN978-4-274-21897-2　Printed in Japan

● 好評既刊

AutoCAD LT2019 機械製図
間瀬喜夫・土肥美波子 共著　　B5判　並製　296頁　本体2800円【税別】

3日でわかる「AutoCAD」実務のキホン
土肥美波子 著　　B5判　並製　152頁　本体2000円【税別】

◉ 機械工学入門シリーズ

機械材料入門 （第3版）
佐々木雅人 著　　A5判/232頁　本体2100円【税別】

本書は、ものづくりに必要な、材料の製法、特性、加工性、用途など、機械材料全般の基本的知識を広く学ぶための入門テキストです。第3版では、材料技術の進展にともない新たに開発された新素材や新しい機械材料（合金鋼、希有金属、非金属材料、機能性材料等）について増補するとともに、JIS材料関係規格についても最新規格に準拠。企業内研修および学校教育用テキストとして最適です。

機械力学入門 （第3版）
堀野正俊 著　　A5判/152頁　本体1800円【税別】

材料力学入門 （第2版）
堀野正俊 著　　A5判/176頁　本体2000円【税別】

生産管理入門 （第4版）
坂本碩也・細野泰彦 共著　　A5判/232頁　本体2200円【税別】

機械工学一般 （第3版）
大西 清 編著　　A5判/184頁　本体1700円【税別】

機械設計入門 （第4版）
大西 清 著　　A5判/256頁　本体2300円【税別】

要説 機械製図 （第3版）
大西 清 著　　A5判/184頁　本体1700円【税別】

流体のエネルギーと流体機械
高橋 徹 著　　A5判/184頁　本体2100円【税別】

溶接技術入門 （第2版）
小林一清 著　　A5判 208頁　本体2240円【税別】

◉ 実用機械工学文庫

よくわかる 仕上ゲ作業法
大西久治 編　　B6判　312頁　本体1700円【税別】

◎本体価格の変更、品切れが生じる場合もございますので、ご了承ください．
◎書店に商品がない場合または直接ご注文の場合は下記宛にご連絡ください．
TEL.03-3233-0643 FAX.03-3233-3440　https://www.ohmsha.co.jp/

● 好評既刊

自動車工学入門（第3版）
齋 輝夫 著　　　　　　　　　　　　A5判　並製　240頁　本体 2400 円【税別】

これから自動車工学を学ぶ方、整備士試験を受ける方など、自動車産業に携わる方に向けて、自動車の基本原理・構造・機能を、技術的・工業的な観点から、明解な図版を約340点を用い解説。第2版発行から現在までの技術革新（電子制御、EV技術、運転支援装置）を大幅に盛り込み、材料および部品要素の解説を増補。これから自動車産業に参入する電子・情報系の方々にもおすすめ。

詳解 工業力学（第2版）
入江敏博 著　　　　　　　　　　　　A5判　並製　224頁　本体 2200 円【税別】

総説 機械材料（第4版）
落合 泰 著　　　　　　　　　　　　A5判　並製　192頁　本体 1800 円【税別】

メカニズムの事典
伊藤 茂 編　　　　　　　　　　　　A5判　並製　240頁　本体 2400 円【税別】

● 板金の本

板金製缶 展開板取りの実際 ─厚板・求角・曲げ計算まで─
繁山俊雄 著　　　　　　　　　　　　A5判　並製　192頁　本体 2700 円【税別】

従来の経験的な工場板金法を理論的に解明し、作図または計算による合理的な展開板取り法を紹介．平面用器画法、一般の展開板取り法はもとより、大きな現寸図を計算によってかく方法、板厚を考慮した展開板取り法、作図による折曲げ角度の求め方など、これまで公開されなかった方法を、実物写真や二色刷りにより、見やすく使いやすく図解詳述．板金板取りは、万能の威力を発揮する本書で完ぺき．

実用本位 板金展開詳細図集（改訂版）
池田 勇 著　　　　　　　　　　　　A5判　並製　148頁　本体 2100 円【税別】

円すい、円筒、角すい、角筒あるいはこれらの組合わせなど、あらゆる形状を網羅収録．種々の板金製品を形状別に分類し、簡単なものから複雑なものへと体系づけて配列するとともに、個々に明快な立体図を掲げ、作図順序を箇条書きで示して、展開図の描き方の詳細を理解しやすく説明．学生・技術者の皆さんにとって最も使いやすく、わかりやすい参考書．

実物写真入り 板金板取り展開図集（全訂版）
大西久治 著　　　　　　　　　　　　A5判　並製　152頁　本体 1600 円【税別】

板取りは、経験や秘法のみならず、理論的な展開図法によって正確にできる．展開図を描くには、投影図法を知り、それには平面図法を学ぶ必要がある．本書では、平面図法と投影図法の基礎から展開図の描き方の実際を、形状ごとに実物写真と展開図を掲げて、初歩の方にもわかりやすく図解詳述した．実務に携わる方々、学生諸君のテキストに好適．

◎本体価格の変更、品切れが生じる場合もございますので、ご了承ください．
◎書店に商品がない場合または直接ご注文の場合は下記宛にご連絡ください．
TEL.03-3233-0643 FAX.03-3233-3440　https://www.ohmsha.co.jp/

● オーム社の好評図書

マンガでわかる**溶接作業**

[漫画] 野村宗弘 ＋ [解説] 野原英孝　　A5 判　並製　168 頁　本体 1600 円【税別】

大人気コミック『とろける鉄工所』のキャラクターたちが大活躍！
さと子のぶっとび溶接を手堅くフォローするのは溶接業界人材育成の第一人者による確かな解説。溶接作業の［初歩の初歩］が楽しく学べます。
[主要目次]　プロローグ　溶接は熱いっ、んで暑い!!　1　ようこそ！溶接の世界へ　2　溶接やる前、これ知っとこ　3　被覆アーク溶接は棒使い　4　「半自動アーク溶接」〜スパッタとともに〜　5　つやつや上品、TIG 溶接　6　溶接実務のファーストステップ　エピローグ　さと子、資格試験に挑戦！　付録　溶接技能者資格について

溶接・接合工学概論（第 2 版）

佐藤邦彦 著　　A5 判　並製　136 頁　本体 2000 円【税別】

本書は、現代の工業技術の中で最も重要な接合技術について、そのしくみや、高い品質を得るための留意点などといった基本事項から、新しい熱加工技術の実際に至るまで、接合技術の現状を総合的・系統的に概説したものである。各章末に練習問題を掲げてあるので、大学・短大・高専の教科書・参考書として絶好である。第 2 版では、溶接記号や溶接棒などの JIS 改正に準拠して改訂を行った。

機械工作概論（第 2 版）

萱場孝雄・加藤康司 共著　　A5 判　並製　256 頁　本体 2500 円【税別】

本書は、大学工科系の機械工作法の教科書として鋳造、切削、研削、塑性をはじめ、各種精密加工、溶接、切断、粉末冶金にいたる幅広い加工技術をコンパクトにまとめたものである。加工技術の概要が、素早く修得できるよう、順序よく平易、簡明に解説されているので、大学、高専の機械工作講座用として好個の著である。第 2 版では、単位系 SI 移行による改訂を行った。

機械工作要論（第 4 版）

大西久治 著　伊藤 猛 改訂　　A5 判　並製　288 頁　本体 2300 円【税別】

本書は、鋳造・溶接・塑性加工・切削加工から NC 加工・特殊加工・手仕上げと組立て・精密測定まで、広範な機械工作の全分野を平易に図説したものである。各種加工の原理としくみ、工作法の実際を豊富な図版によってやさしく解説。第 4 版では、最新の JIS に準拠するとともに、NC 工作機械・金型による成形加工を増補改訂。大学・高専の教科書・参考書に最適。

JIS にもとづく **機械設計製図便覧**（第 12 版）

大西 清 著　　B6 判　上製　720 頁　本体 4000 円【税別】

JIS にもとづく **標準製図法**（第 15 全訂版）

大西 清 著　　A5 判　上製　256 頁　本体 2000 円【税別】

JIS にもとづく **機械製作図集**（第 7 版）

大西 清 著　　B5 判　並製　144 頁　本体 1800 円【税別】

◎本体価格の変更、品切れが生じる場合もございますので、ご了承ください。
◎書店に商品がない場合または直接ご注文の場合は下記宛にご連絡ください。
TEL.03-3233-0643 FAX.03-3233-3440　https://www.ohmsha.co.jp/